普通高等教育农业农村部"十三五"规划教材

Python
语言程序设计

谢元澄　沈　毅◎主编

中国农业出版社
北　京

内容简介 ●●●

　　本教材从计算思维的角度出发，按照编程学习路径介绍了Python语言的编程规范、基本词法、数据结构和语法规则。通过列举大量的实例讲解编程思维，并详细阐述了Python编程中的重点和难点，以及程序设计的基本方法与技巧。使学习者能快速掌握编程技术，并依托该技术初步掌握解决问题的能力，同时也为学习者进一步学习高级编程技术打下牢固的基础。

　　本教材共分为6章，主要内容包括：Python开发环境搭建、Python编程规范与编程基础、流程控制与程序错误处理、字符串处理与正则表达式、数据结构与操作、函数与函数的高级话题、程序组织的模块化方法、文件操作以及面向对象的编程方法。内容涵盖且不限于全国计算机等级考试大纲的全部内容。

　　本书可作为高等院校各专业学生学习Python程序设计语言的教材，也可作为编程爱好者的自学参考资料。

编写人员名单

主　编　谢元澄　沈　毅

副主编　梁敬东

参　编　朱正礼　杨万扣　舒　欣　沈　昊

前　言

　　伴随着人工智能技术的高速发展，Python 语言在 2022 年跃升为全球排名第一的流行语言。Python 语言因其易于入门、跨平台及拥有庞大的第三方库支持等特点，被认为是最理想的入门编程语言之一。本书的内容主要围绕两条路径安排：一是以程序设计语言学习为手段，重点培养学生分析问题、解决问题的能力，同时为进一步学习其他计算机语言打下扎实的基础；二是为初学者设置一条最直观的学习路径，在知识的介绍中力求解释清楚学习过程中会遇到的每一个难点，使读者能够无障碍阅读，同时又避免使读者陷入对复杂概念的迷思。

　　本书以计算思维为导引，以问题驱动为方法，通过大量实例讲解 Python 语言与计算机编程中所涉及的抽象概念，由浅入深，循序渐进，理论讲解与实践操作紧密结合，帮助读者快速理解和掌握编程思维。

　　撰写本教材的目标并非仅限于编程工具的学习，而是寄希望于学生通过计算机编程的学习，提升自身的逻辑能力与抽象能力，初步掌握观察世界、分析世界、模拟及求解问题的思维与方法。案例中的代码既是 Python 编程的实例也是解决问题的实例，学生不仅需要理解代码含义，更应了解解决问题的思维方法与流程。

　　本教材的编写人员都为从事计算机基础教学多年、有着丰富教学经验的教师。其中第 1 章由谢元澄和梁敬东编写，第 2 章由沈毅和舒欣编写，第 3 章由梁敬东和朱正礼编写，第 4 章由谢元澄和舒欣编写，第 5 章由沈毅和杨万扣编写，第 6 章由谢元澄和沈昊编写。黄芬与郭小清也参加了本书部分代码的调试工作。全书由谢元澄统稿。

　　本书可作为普通高等院校本科非计算机专业学生学习计算机编程的教材，也可作为初学者的自学教材。全书按 90 学时布局，教学与实验 2∶1 分配，可根据实际情况灵活选择不同的知识模块组合进行教学。除书中理论知识的学习外，应向学生强调对案例代码和注释的阅读学习。

　　因作者水平有限，不当之处在所难免，恳请读者批评指正。

编　者
2022 年 4 月

目 录

第 3 章　流程控制与程序错误处理 ·· 69

第 4 章　数据结构与操作 ··· 103

第 1 章
Python 入门导引

Python 可以用来做什么？其应用领域之广泛超乎想象。无论是常规的 Web 程序开发、桌面程序、游戏开发、科学计算和图像处理，还是自动化运维、自动化测试、网络爬虫、硬件开发，甚至现在热门的大数据分析与统计、人工智能、在线教育，它都可以做。无论是编程初学者还是已经学习使用其他编程语言许多年的人，都可以快速上手。其现实的意义在于 Python 使得编程不再成为一种负担而将成为专业学习和工作中最得力的工具。

1.1 初识 Python

1.1.1 为什么使用 Python？

回顾 70 多年来计算机编程语言的历史，第一代最古老的基于二进制方式承载的机器语言，需要采用穿孔纸带进行编程；第二代以标记、符号作为语言载体的汇编语言，虽是最能体现硬件性能的语言，却无法跨越不同的处理器架构；第三代的高级语言呈现出面向过程和面向对象的特点。Python 作为三代半的编程语言，体现了更高级的封装性，更高级的抽象性和更丰富的表现力，编程方法也更简单。表 1-1 展示了常用编程语言之间的区别。

表 1-1　常用编程语言比较

语言	关注点	解决问题
C	指针、内存、数据类型	硬件操作、操作系统
Java	面向对象、跨平台、运行时	跨平台、多线程、大型商业网站
C++	面向对象、多态、继承	底层开发、图形处理、图像处理
C#	代码托管、类型安全、可视化编程	Web 与桌面应用程序、分布式应用
Python	编程逻辑、计算生态、胶水语言	多领域的各类问题

一般而言，一件事实现起来越简单，效果就越好，这就是通常所说的"奥坎姆剃刀原理"。它是由 14 世纪英格兰的逻辑学家、圣方济各会修士奥卡姆的威廉（William of Occam，1285—1349 年）提出的，这个原理也即"简单有效原理"。对于程序设计者而言，一个功能有两种实现方法，一种用 10 行代码实现，一种需要 100 行代码实现，显然前者无论是在出错率方面还是运行的效率上都会优于后者。在大多数情况下，实现相同的功能时，Python 的代码量通常不到 C 语言的 1/10、Java 的 1/5，它是一种代码量非常小的纯功能性语言。

除此之外,Python 还是一种全功能性语言。比如 lisp 语言,适用于符号处理、自动推理、硬件描述和超大规模集成电路设计等,使用表结构来表达非数值计算问题,实现技术简单,是一种使用十分广泛的人工智能语言,是属于特定领域的语言。而 Python 的全功能,是指适合几乎所有领域。另外重要的一点是 Python 可以自动化处理琐碎的东西,从而使用户可以更专注于令人兴奋而有意义的事情。

随着近年来人们对数据科学和人工智能需求的激增,Python 成为发展最为迅猛的编程语言之一,在编程语言社区 TIOBE 发布的 2022 年 3 月编程语言排行榜中位列第一,排名高于 C 和 Java,表 1-2 为排名前十的语言近年来的位次变化。

表 1-2　排名前十的编程语言历年位次变化

编程语言	2022 年	2020 年	2015 年	2010 年	2005 年	2000 年
Python	1	3	7	6	6	21
C	2	2	1	2	1	1
Java	3	1	2	1	2	3
C++	4	4	3	4	3	2
C#	5	5	5	5	9	9
Visual Basic	6	10	—	—	—	—
JavaScript	7	6	8	8	10	6
PHP	8	7	6	3	5	22
Assembly Language	9	9	9	—	—	—
SQL	10	8	—	—	—	—

Python 的一些显著特点:

(1)高级语言。Python 封装深,抽象性高,语法简单,屏蔽底层语法细节,强制缩进,代码整洁,可读性强,简单易学,支持多种编程方式。Python 是脚本语言,明码编写,解释执行,支持命令行模式。被称为胶水语言,可扩展性强,可嵌入性强。

(2)跨平台。Python 是一种真正的跨平台语言,可移植性好,几乎无须修改就可运行于多个系统,如运行于 Windows、Unix、Linux、Macintosh、Android 等系统。

(3)开源与计算生态。Python 是 FLOSS(自由/开源源码软件)之一,用户使用 Python 进行开发和发布自己编写的程序,不用担心版权问题。Python 具有丰富的库资源,其代码仓库中已收集了超过 13 万个包,实现了代码共享。

(4)繁荣的社区。Python 有自己非常著名的社区,也有众多小的社区,这些社区人气爆棚,开发者众多,资源丰富。在社区里几乎可以找到任何想要的东西和答案,这为 Python 的学习和开发带来了巨大的便利。

(5)支持者众多。Python 得到很多国际知名公司和研究机构的支持,如 Google、Facebok、NASA 等。许多知名网站基于 Python 开发,如豆瓣网、YouTube、Pinterest 等。GitHub 上的众多项目均由 Python 开发,在涉及人工智能、爬虫、数据处理等项目中,使用得最多的编程语言是 Python 语言。

1.1.2　Python 发展简史

Python 诞生于 1989 年,创始人为荷兰人 Guido von Rossum(吉多·范罗苏姆),Guido 参加设计一种名为 ABC 的教学语言,该语言优美而强大,是专门为非专业程序员设计的。Guido 认为是非开放性造成了 ABC 语言最终的失败,因此他决心开发一种全新的继承 ABC 语言优点,同时又结合 Unix shell 和 C 习惯的新的脚本解释语言,即 Python。之所以选中 Python 作为程序的名字,是因为 Guido 是 BBC 电视剧《蒙提·派森的飞行马戏团》(*Monty Python's Flying Circus*)的铁粉。

1991 年 Guido 用 C 语言实现了第一个 Python 编译器(同时也是解释器),不但继承了 ABC 语言的一些规则,如缩进,也聪明地选择服从 C 语言惯例,如用 def 定义函数等。到今天,Python 的框架已经确立,后续的发展强调基于框架的多个层次的拓展性。Python 语言以对象为核心组织代码,支持多种编程范式,支持采用动态类型,支持内存自动回收,支持解释运行和支持 C 库调用拓展。随着 Python 标准库体系的稳定,其生态系统开始向第三方包快速拓展。众多开源的科学计算软件包都提供了 Python 的调用接口,例如著名的计算机视觉库 OpenCV、三维可视化库 VTK、医学图像处理库 ITK。Python 专用的科学计算扩展库就更多了,例如经典的科学计算扩展库:Numpy、Scipy 和 Matplotlib,它们分别为 Python 提供了快速数据处理、数值运算以及绘图功能。

同年,Guido von Rossum 在 alt. sources 新闻组里正式发布了 Python 1.0 版本。随着 Python 社区的不断壮大,其逐步拥有了自己的新闻组(newsgroup)、网站(python. org),以及基金(Python software foundation)。完全开源的方式促使来自不同背景的用户将不同领域的优点引入 Python,不断对其现有的功能进行拓展与改造,并由 Guido 决定是否将新的特征加入 Python或者标准库中。2018 年 Guido 宣布退出决策层,不再担任 Python 社区主要负责人。

1991 年,第一个 Python 编译器诞生,Python 自诞生起就具有了类(class)、函数(function)、异常处理(exception),包括表(list)和词典(dictionary)在内的核心数据类型,以及以模块(module)为基础的拓展系统。

Python Web 框架的鼻祖 Zope 1 发布于 1999 年。

Python 1.0,1994 年,增加了 lambda、map、filter 和 reduce。

Python 2.0,2000 年,加入了内存回收机制,构成了现在 Python 语言框架的基础。Python2.0 的理念是使 Python 更加开放,并以社区为向导,透明度更高。

Python 2.4,2004 年。同年目前最流行的 Web 框架 Django 诞生。

Python 2.5,2006 年。

Python 2.6,2008 年。

Python 2.7,2010 年。2014 年 11 月,Python 2.7 将在 2020 年被停止支持的消息被发布,并且不会再发布 2.8 版本。

Python 3.0,2008 年,对语言进行了彻底改变,不再向后兼容先前的版本。开始默认使用 UTF-8 编码,进而能支持中文或其他非英文字符。

Python 3.1,2009 年,用 C 语言实现 io 模块比 3.0 版本快了 2~20 倍;新增 OrderedDict 类,能记住元素添加顺序的字典;新增 importlib 模块;json 模块用 C 语言扩展,性能更好。

Python 3.2,2011 年,新增 argparse 模块,解析命令行参数;新增 concurrent. futures 模块,定

义了异步运行 callable 对象的接口（Future 类），并提供了两个异步运行管理器：线程池、进程池；对标准库进行了大量改进；WSGI 版本更新到 1.0.1；更新 Unicode 数据到 6.0 等。

Python 3.3，2012 年，重新组织了操作系统相关异常的体系；新增 lzma 压缩模块，就是 7-zip 使用的压缩算法；新增 venv 模块，用于创建虚拟环境，每个虚拟环境都能安装一套独立的第三方模块，可以更灵活地部署多个项目；新增 unittest.mock 模块，可以模拟某个对象（类、实例、函数）的行为，从而方便测试。

Python 3.4，2014 年，集成了 pip，用于安装、更新、卸载 pypi 上的第三方模块；新增 asyncio 模块，关于协程的模块，用于异步处理并发 I/O；新增 statistics 模块，提供了基本的统计功能；新增 enum 模块，提供枚举功能；新增 tracemalloc 模块，一个调试工具，用于追踪、统计 Python 的内存分配；更新 Unicode 数据到 6.3 等。

Python 3.5，2015 年，为协程新增 async 和 await 语句；新增矩阵乘法运算符 @；新增 zipapp 模块；不再支持 Windows XP 及之前的系统；更新 Unicode 数据到 8.0。

Python 3.6，2016 年，在 f 修饰的字符串里直接使用变量；新增 secrets 模块，生成强随机数；新增变量注释；新增（文件系统）路径协议；更新 Unicode 数据到 9.0。

Python 3.7，2018 年，增添了众多新的类，可用于数据处理、针对脚本编译和垃圾收集的优化以及更快的异步 I/O；高精度的时间函数；生成器异常处理等。

Python 3.8，2019 年，新增海象赋值表达式；新增 F 字符串支持；改进 typing 模块；多进程共享内存；新版本的 pickle 协议；性能提升，许多内置方法和函数的运行速度提升了 20%～50%。

Python 3.9，2020 年，新增字典合并运算符；类型提示改善；移除前缀和后缀的字符串方法；放宽对装饰器语法的限制；支持 IANA 时区数据库；Math 模块新增多个数学运算函数；使用基于 PEG 的新解析器。

Python 3.10，2021 年，在调试代码时，能够提供更多的错误新信息和提示，报告可以指出错误的语法；结构模式匹配以 match 语句和 case 语句的形式使用；以 X|Y 的形式引入了新的类型联合运算符；pprint() 添加了一个新的关键字参数：-underscore_numbers；Statistics 增加了协方差函数，可以完成线性回归算法。

1.1.3　Python 类库及应用领域

Python 类库分为两种，一种为 Python 语言内置类库，即标准库；另一种为第三方库。标准库提供了系统管理、网络通信、文本处理、数据库接口、图形系统、XML 处理等额外的功能，常用标准库如图 1-1 所示。如前所述，Python 之所以受到广泛的欢迎更主要的原因是拥有规模庞大的第三方库，其功能覆盖科学计算、Web 开发、数据库接口、图形系统等多个领域。第三方模块除使用 Python 来实现外还可以用 C 语言来实现。这些库为人们基于 Python 语言来解决实际问题带来了巨大的便利，避免了重复造轮子的尴尬，提高了生产效率，极大地节约了软件开发时间。

标准库包含了数百个模块，可实现多种任务，提供了内置函数、内置常量、内置类型及各类常用模块。学会如何合理使用这些模块是衡量 Python 程序员能力的一项重要依据。图 1-1 中展示的部分常用模块的大体功能如下：OS 模块提供了使用操作系统的接口，shutil 提供了高级文件操作和目录处理方法，sys 模块提供了与系统相关的参数和函数，io 模块提供了处理流的核心工具，re 模块提供了类似 perl 的正则表达式操作，math 模块提供了常用的数学函数，random 模块用于生成伪随机数，statistics 模块提供了数学统计函数，fractions 模块用于解决分数运算，time 模块提供了对时间的访问和转换，csv 模块提供了对 CSV 文件的读写支持，urlib 是收集了多个使用 URL 模块的软件包，smtplib 模块提供了 SMTP 协议客户端，socket 模块提供了底层网络接口，http 提供 HTTP 模块，json 模块提供 JSON 编码和解码器，zlib 模块提供与 gzip 兼容的压缩，hashlib 模块支持完全哈希与消息摘要。

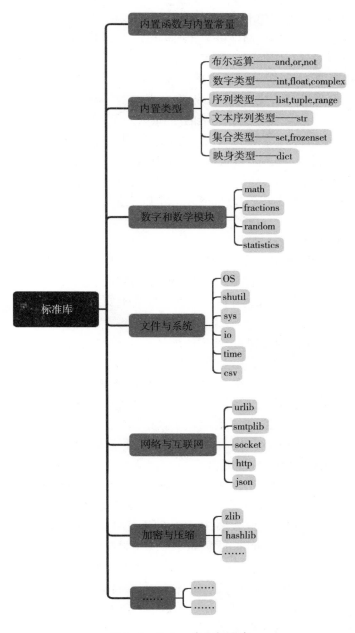

图 1-1　Python 常用标准库

Python 标准库和第三方库提供了大量应用场景，具体如下：

（1）网络服务与运维。

①服务器端编程。在目前 Python 语言支持的数十个开发框架中，几乎所有的全栈网络框架都强制或引导开发者使用 MVC 架构开发 Web 应用，快速完成一个网站的开发和 Web 服务。目前主流 Python 网络框架有 Django、Tornado、Flask、Twisted 等。企业级开发框架 Django 是 Python 世界里最流行、最成熟且功能最完整的网络框架；高并发处理框架 Tornado 是一个强大的、可扩展的 Web 服务器，它在处理高网络流量时表现得足够强健，常被用作大型站点的接口服务框架；支持快速建站的框架 Flask，吸收了其他框架的优点，并且把自己的主要领域定义在了微小项目上；底层自定义协议网络框架 Twisted，是一个用 Python 语言编写的事件驱动的网络框架，对于追求服务器程序性能的应用，Twisted 框架是一个很好的选择。

②系统网络运维。Python 是一门非常适合运维工作场景的语言，在这种场景中存在大量重复性工作，同时需要做管理系统、监控系统、发布系统等，能够将运维工作自动化，可以大幅提高工作效率。Python 有 20 多个用于运维的库和模块，例如，psutil 是一个跨平台库，主要用于系统监控、性能分析和进程管理；IPy 用于辅助 IP 规划；dnspython 是一个 DNS 工具包；filecmp 可以实现文件、目录、遍历子目录的差异对比；paramiko 可以实现 SSH2 远程安装连接，并支持认证及密钥方式；playbook 是一个可以简单配置管理和多主机部署的系统；saltstack 是一个服务器基础架构集中化管理平台；func 是一个解决集群管理、监控问题的系统管理基础框架。

③网络爬虫。例如，Requests 是最友好也是最主要的页面级的网络爬虫功能库，提供了简单易用的类 HTTP 协议网络爬虫功能；支持连接池、SSL、Cookies、HTTP(S)代理等；Scrapy 提供了构建网络爬虫系统的最专业的框架功能，支持批量和定时网页爬取、提供数据处理流程等，是 Python 数据分析高层次应用库；pyspider 是强大的 Web 页面爬虫系统，支持数据库后端、消息队列、优先级、分布式架构等。

（2）数据处理与科学研究。Python 被广泛地运用于科学研究中，例如生物信息学、物理、建筑、地理信息系统、图像可视化分析、生命科学等，其主要的途径就是对科学领域的大量数据进行分析和挖掘。具体涉及数据表示（采用恰当的数据类型表示数据源）、数据清洗（纠正数据文件中可识别的错误，保持数据一致性，处理异常数据和缺失数据）、数据分析（数据的统计与概要理解）、数据可视化（数据的视觉表示）、数据挖掘（通过算法获取数据中的隐藏信息）。

①数据分析。例如，Numpy 是 Python 存储和处理大型矩阵进行数据分析及科学计算的基础库，用 C 语言实现，计算速度快；Pandas 是基于 Numpy 开发的一个 Python 数据分析包，提供了大量的数据分析函数，包括数据处理、数据抽取、数据集成、数据计算等基本的数据分析手段。

②数据可视化。例如，Matplotlib 是基于 Numpy 开发的类似 Matlab 的 2D 数据可视化功能库，它提供了上百种数据可视化展示效果，以各种硬拷贝格式和跨平台的交互式环境生成出版级别的图形；Seaborn 是基于 Matplotlib 的更高级的 API 封装，是统计类数据的可视化功能库，实现了高层次的统计类数据可视化展示效果，可以展示数据间分布、分类和线性关系等内容；Mayavi 是三维科学数据可视化功能库，可以实现 3D 科学计算数据可视化。

③科学研究。例如，Scipy 是基于 Numpy 开发的数学、科学和工程计算功能库，在优化、非线性方程求解、常微分方程、傅里叶变换、信号处理等方面有广泛应用，与 Numpy、Pandas、Matplotlib 结合可部分替代 Matlab；Dash Bio 是一个在 Python 中构建生物信息学和药物开发应

用程序的开源工具包,可探索 3D 小分子、可视化基因突变、测量和注释医学图像等;RadioDSP 是针对无线通信领域的数字信号处理库,基于 ThinkDSP 的思想,可为无线通信中的 IQ 信号绘制频谱图和时域图;PsychoPy 旨在允许为各种神经科学、心理学和心理物理学实验提供数据收集功能;SageMath,其功能涵盖数学的许多方面,包括代数、组合学、数论和微积分;SymPy,面向统计建模与计量经济学;ObsPy,地震学的 Python 工具箱。

(3)机器学习与人工智能。

①机器学习。例如,PyBrain,一个灵活而有效的针对机器学习任务的模块化 Python 机器学习库;PyML,提供机器学习模型的标准契约,实现使用 Docker 容器打包和部署机器学习模型的一致性;scikit-learn,最流行的机器学习库,旨在提供简单而强大的解决方案,并将机器学习作为科学和工程的一个多功能工具,集成了众多经典的机器学习的算法,也基于此,Python 在人工智能方面扮演了不可或缺的重要角色。

②自然语言处理。例如,NLTK,自然语言处理工具包,在 NLP 领域中最常使用的一个 Python 库,支持语言文本分类、标记、语法句法、语义分析等;jieba,最好的 Python 中文分词组件;TextBlob,具有文本处理、情绪分析、词性标注、名词短语提取、翻译等功能的一个库;langid.py,独立的语言识别系统。

③深度学习。例如,Caffe,一个兼具表达性、速度和思维模块化的深度学习框架,支持 CNN、RCNN、LSTM 和全连接神经网络设计,支持基于 GPU 和 CPU 的加速计算内核库;TensorFlow,一个基于数据流编程的符号数学系统,是一个端到端开源机器学习平台,拥有全面而灵活的生态系统,是 Google 创建的最受欢迎的深度学习框架;Keras,开源人工神经网络库,可以作为 Tensorflow、Microsoft-CNTK 和 Theano 的高阶应用程序接口,进行深度学习模型的设计、调试、评估、应用和可视化;Pytorch,是 Facebook 开源的神经网络框架,基于 Torch,用于自然语言处理等应用程序,具有强大的 GPU 加速的张量计算能力;Neupy,支持从简单感知器到深度学习模型的许多不同类型的神经网络的运行与测试;Theano,是最早的深度学习开源框架,初衷是为了执行深度学习中大规模神经网络算法的运算。

(4)人机交互与游戏开发。

①图形用户界面。例如,PyQt5,Qt 开发框架的 Python 接口,Qt 是非常成熟的跨平台桌面应用开发系统,完备 GUI;Tkinter,是 Python 事实上的标准 GUI 包;wxPython,是 Python 语言对流行的 wxWidgets 跨平台 GUI 工具库的绑定;Flexx,用来创建图形化界面应用程序,可使用 Web 技术进行界面的渲染;kivy,用于创建在 Windows、Linux、Mac OS X、Android 和 iOS 上运行的应用程序和其他采用自然用户界面的多点触控应用软件的库。

②虚拟现实。例如,VR Zer,针对树莓派的 VR 开发库,支持设备小型化,配置简单化,适合初学者 VR 实践开发与应用;pyovr,针对 Oculus VR 设备的 Python 开发库;Vizard,基于 Python 的企业级虚拟现实开发引擎,支持多种主流的 VR 硬件设备,具备一定通用性和专业性。

③游戏开发。例如,pyglet 是 Python 的跨平台窗口和多媒体库,用于开发游戏和其他视觉丰富的应用程序,支持开窗、用户界面事件处理、加载图像和视频以及播放声音与音乐;Cocos2d,基于 pyglet 构建 2D 游戏和其他图形/交互应用程序的框架;Pygame,建立在 SDL 基础上,允许实时电子游戏研发不受低级语言束缚,所有需要的游戏功能和理念都可简化为游戏逻辑本身,支持游戏对外部输入的响应机制及角色构建和交互机制;Panda3D,迪士尼 VR 工作室和卡耐基梅隆娱乐技术中心维护的 3D 游戏引擎。

1.1.4 Python 程序运行机制与解释器

计算机并不能够直接识别并运行高级语言,把高级语言转变成计算机能读懂的机器语言通常有两种途径:第一种是编译,第二种是解释。

编译型语言,如 C 语言,一般是先通过编译器对程序进行编译,然后直接转化为机器语言进行执行。解释型语言,如 Ruby 语言,则是在程序运行时通过解释器对程序逐条解释,然后直接执行。前者的特点主要体现在启动慢、执行速度快、消耗内存少、调试支持少、平台依赖等方面。后者的特点主要体现在启动快、执行效率低、占用内存与 CPU 资源较多、优秀的调试测试、不依赖平台、高度的安全性等方面。

在上述两种途径的基础上又衍生出了两种新的语言类别。

一类是先编译后解释的语言,如 Java,首先是通过编译器将源文件编译成字码文件,然后在运行时通过虚拟机解释成机器文件。其优点是可以方便地运行在任何能安装 JVM 虚拟机的平台,实现跨平台。

另一类是二次编译的语言,如 C#,首先是通过编译器将 C#文件编译成 IL 文件,然后通过 CLR 将 IL 文件编译成机器文件。其优点体现在:.NET 平台上的语言之间可以方便地进行融合,实现跨语言。

Python 采用了类似 Java 的程序运行机制,它并不是一步将 Python 源代码(.py 文件)编译为二进制机器语言直接运行,而是首先通过 Python 解释器将源代码转换为字节码(.pyc 文件),然后再通过 Python 虚拟机(PVM,Python virtual machine)来执行编译好的字节码。字节码在 Python 虚拟机程序里对应的是 PyCodeObject 对象,如图 1-2 所示。在源码没有改变的前提下,生成的.pyc 文件可以重复利用,从而提高开发效率。

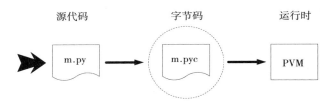

源代码　　　　　　字节码　　　　　　运行时

m.py　　　→　　　m.pyc　　　→　　　PVM

图 1-2　Python 运行机制

与 C/C++、Java 或者 Delphi 等静态语言不同,Python 是动态编译的语言。动态编译语言是高级程序设计语言的一个类别,在计算机科学领域已被广泛应用。它是一类在运行时可以改变结构的语言。例如新的函数、对象甚至代码可以被引进,已有的函数可以被删除或是进行其他结构上的改变。因此 Python 在进行密集运算时运行效率要低于静态语言,如 Java。

Python 解释器有多种实现方式,常见的有:

(1)CPython。即 C 语言实现的官方 Python 解释器,完全按照 Python 的规范和语言定义来实现,是其他版本实现的参考版本。CPython 在执行代码的时候,Pythond 代码会被转化成字节码(bytecode)。大多数 Linux 和 Mac OS X 机器预装的 Python 解释器,也是所有 Python 解释器中运行最快、最完整、最健全的。

(2)Jython。是 Java 实现的解释器。Jython 允许程序员把 Java 的模块加载在 Python 的模块中使用。Jython 使用了 JIT 技术,运行时 Python 代码会先转化成 Java 字节码然后使用 JRE (Java runtime environment)执行。Jython 支持把 Python 代码打成 jar 包,这些 jar 和 Java 程序打

包的 jar 一样可以直接使用。这样就允许 Python 程序员写 Java 程序了。并不是所有 Java 模块都可以在 Jython 中使用。

（3）IronPython。C#语言实现的解释器，可以使用在.NET 和 Mono 平台中。IronPython 是兼容 Silverlight 的，配合 Gestalt 就可以直接在浏览器中执行。IronPython 也是兼容 Python2 的。

（4）PyPy。Python 实现的解释器，针对 CPython 的缺点进行了各方面的改良。CPython 将代码转化成字节码，PyPy 将代码转化成机器码，PyPy 使用了 JIT 技术，在性能上得到了很大的提升。但是，PyPy 无法支持官方的 C/Python API，导致无法使用如 Numpy、Scipy 等重要的第三方库。

（5）Cython。Python 的超集，是一门编程语言，将 Python 语言丰富的表达能力、动态机制和 C 语言的高性能汇聚在了一起，并且支持以 Python 的方式编写代码，是 C、C++与 Python 之间的桥梁。Cython 是一个编译器，可以将 Cython 源代码翻译成 C 或 C++源代码，Cython 执行 Python 脚本的效率比 CPython 更高。Cython 源文件被编译后可以作为独立可执行文件或直接被编译成类库当作一个 Python 模块来使用。

（6）QPython。是一个运行在安卓系统上的 Python 引擎，QPython 来自 Python 的安卓模块。

1.2　Python 开发环境配置

1.2.1　Python 的安装

本书基于 64 位 Windows 10 平台开发 Python 程序，接下来将介绍在 Windows 环境下安装 Python 的步骤。

步骤一，下载一个 Python 程序安装包。

打开 Python 的官方网站 www.python.org，找到 Downloads 区，单击 Windows 按钮进入下载页，找到适合自己系统的版本安装包，如图 1-3 所示。本书选择的是 Python 3.10.3 版本 Windows installer(64-bit)安装包。如果是 32 位的 Windows 操作系统请选择 Windows installer (64-bit)安装包。如果是 Windows 7 操作系统请选择 3.8 或更早一些的 Python 版本。

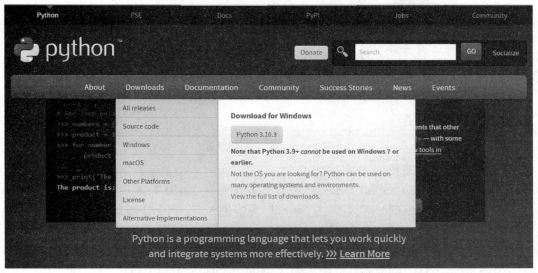

图 1-3　选择合适的 Python 安装文件

步骤二,选择安装方式。

双击安装包,进入安装界面,如图 1-4 所示。有两种安装方式:默认安装方式("Install Now")和自定义安装方式("Customize installation")。本书选择自定义安装。注意:务必勾选"Add Python 3.10 to PATH"选项。

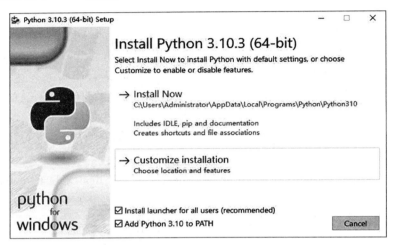

图 1-4　安装界面

步骤三,自定义安装设置。

按照提示执行安装步骤,具体操作如图 1-5 所示,单击"Next"按钮进入下一步。

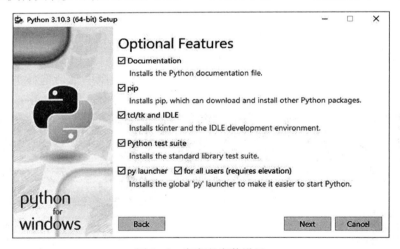

图 1-5　自定义安装设置

步骤四,设置安装路径。

在最后的"Customize install location"中设置安装路径,如图 1-6 所示。注意:勾选"Add Python to environment variables",并单击"Install"按钮进入下一步,等待安装过程结束,出现安装成功界面,如图 1-7 所示。

步骤五,设置环境变量。

需要注意的一点是,如果步骤二中未勾选"Add Python 3.10 to PATH",则后续需要手动配置环境变量。用鼠标单击"此电脑"→"属性"→"高级系统设置",弹出如图 1-8 所示的系统属

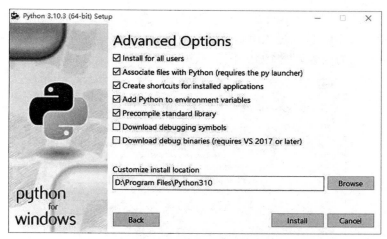

图 1-6　设置安装路径

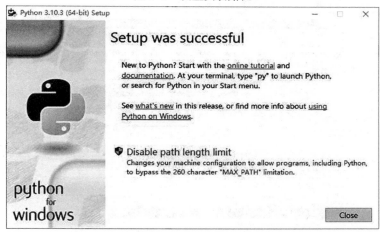

图 1-7　安装完成

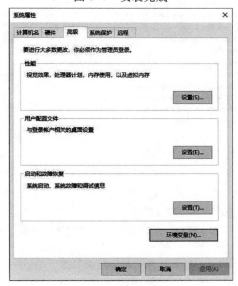

图 1-8　系统属性设置

性窗口,单击"环境变量"按钮,在弹出的环境变量对话框的"系统变量"栏单击变量"Path",如图 1-9 所示。单击"编辑"按钮进入编辑环境变量窗口,单击"新建"按钮,输入 Python 安装路径,并单击确认,输入的内容如图 1-10 中第一、第二行所示。

图 1-9 编辑系统变量

图 1-10 添加环境变量

1.2.2　shell 与 IDLE

Python 的优点之一是拥有交互式解释器,此解释器称为 shell。一般而言从计算机的角度来看,shell 是操作系统最外面的一层,相对于操作系统的内核而言,shell 管理操作系统与人的交互,向操作系统解释使用者输入的命令,读者要注意两者的异同。Python 虽然只是一种动态、解释型语言,但是拥有自己的 shell,可以直接执行 Python 程序代码,这些代码也称为脚本。依托 Python 的 shell,通过交互界面,使用者只需要几行 Python 脚本就可以快速地检验方法的正确性。进入 shell 的方式很多,例如:

(1)通过控制台进入 shell。按"Win + R",输入"cmd",启动 Windows 控制台,输入"Python",显示版本信息。此时控制台交互界面中出现提示符">>>",表明系统已经处于输入等待状态。在提示符后输入:

```
>>> print("Hello,world!")
```

然后按下回车键,结果如图 1-11 所示。

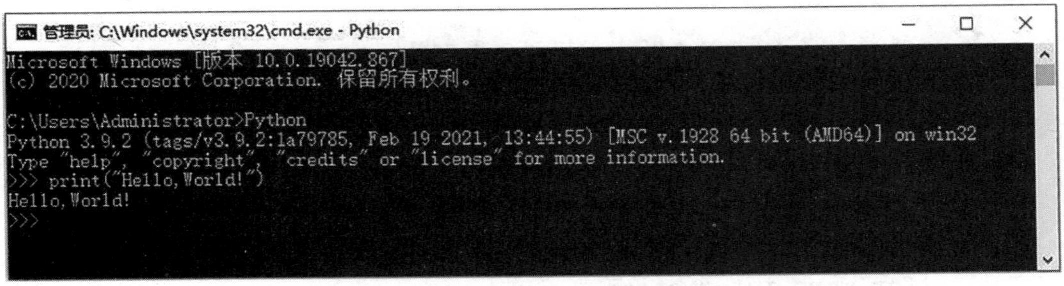

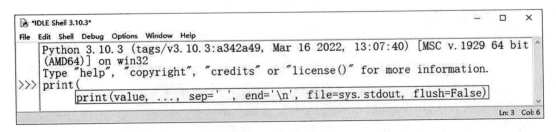

图 1-11　控制台运行 shell

(2)IDLE。Python 安装完后,会自带一个叫 IDLE 的集成开发环境,它是《蒙提·派森的飞行马戏团》中成员埃里克·艾多尔(Eric Idle)的姓氏。单击 Windows"开始"按钮,在 Python 3.9 文件夹中单击 IDLE 图标,运行 IDLE 开发环境,此环境界面友好,如设有函数语法提示,如图 1-12 所示。IDLE 有两种运行模式:交互模式和脚本模式。

交互模式就是输入一行执行一行代码。操作模式与在控制台中使用 shell 相同。

图 1-12　IDLE 运行 shell

脚本模式就是将多行代码输入后保存,然后批量运行的模式。在进入 IDLE 界面后,单击"File"→"New File"菜单命令,就可以打开程序编辑器。代码编辑完成后,保存为扩展名为".py"的文件,然后运行这个文件。IDLE 编辑器除文本编辑外,还提供关键字颜色区分、简单智能提示、自动缩进等功能。创建如图 1-13 所示的文件,选择"File"→"Save"将文件名设为 helloworld.py,并保存。单击菜单"Run"→"RunModule",或者按 F5 可以得到如图 1-14 所示的结果。

可以用任何文本编辑器编辑".py"的文件,例如 Windows 操作系统自带的文本编辑器,推荐使用 PyCharm 或 VSCode 等成熟的开发系统,它们具备完善的 IDE,支持用户创建插件来增强体验,是更加专业的代码编辑器。两者都拥有强大的社区,未来可以根据个人所需和要求来选择。

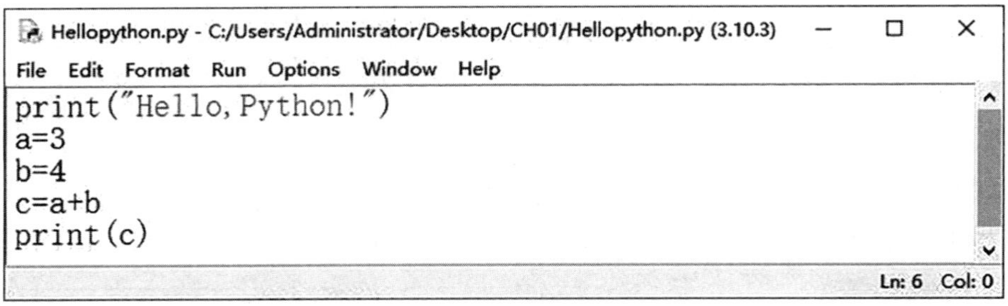

图 1-13　编辑 Python 程序代码文件

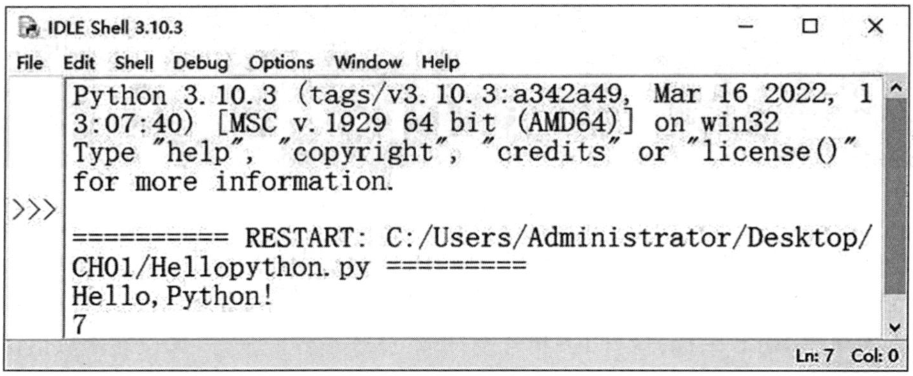

图 1-14　运行 Python 程序代码文件

1.2.3　安装包与加载包

1.使用 pip 安装包

由于第三方库通常由全球不同的开发者分别维护,在早期因标准不统一,一度成为 Python 发展的羁绊。Python 官方为保证统一管理推出了 pip 管理包,通常而言这是最直接最高效的 Python 类库安装方法,Python3 版本对应 pip3,后文统一采用 pip3。

按前面所述方法进入 cmd 控制台,输入 pip3 就可以显示所有参数的用法,如图 1-15 所示。

常用的 pip3 命令有 install(安装)、download(下载)、uninstall(卸载)、list(列表)、show(显示)、search(查找)等。

查看 pip 所在的位置,如图 1-16 所示。

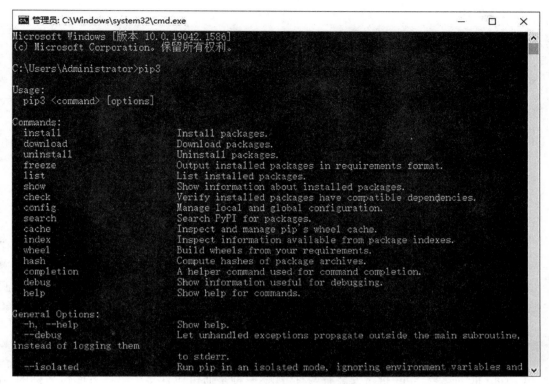

图 1-15　pip 3 查看命令

```
管理员: C:\Windows\system32\cmd.exe                              —    □    ×

C:\Users\Administrator>where pip3
D:\Program Files\Python310\Scripts\pip3.exe

C:\Users\Administrator>_
```

图 1-16　查看 pip 的位置

（1）下载包命令。pip3 download <package_name>，下载获得.whl 文件，但不安装。例如：

```
pip3 download numpy
```

（2）安装包命令。pip3 install < package_name >，安装指定的包，后面可以跟多个包名，中间用空格进行分隔。例如：

```
pip3 install django
pip3 install django flask
```

pip3 install <package_name==version>，安装特定版本的包。例如：

```
pip3 install django==2.0.5
```

（3）更新指定的包。pip3 install-upgrade <package_name>，更新已安装库的版本。例如：

```
pip3 install-upgrade pip3
```

也可以使用：

```
pip3 install-U pip3
```

（4）列举已安装包命令。pip3 list，列出当前环境已经安装的库。

（5）查询指定包相关信息。pip3 show<package_name>。

（6）pip 国内镜像源。

清华：https://pypi.tuna.tsinghua.edu.cn/simple。

阿里云：http://mirrors.aliyun.com/pypi/simple/。

中国科技大学 https://pypi.mirrors.ustc.edu.cn/simple/。

华中理工大学：http://pypi.hustunique.com/。

山东理工大学：http://pypi.sdutlinux.org/。

豆瓣：http://pypi.douban.com/simple/。

pip 安装 Python 第三方库时，默认源地址是 https://pypi.python.org/simple/。这个源存在两个问题：一是国外的网站访问速度比较慢，甚至会发生超时报错；二是使用该源需要遵循 http 协议，若机器上没有安装 openssl 或 ssl 配置不对，将导致 easy_install 或 pip 访问该源失败。

可以利用国内镜像安装，例如：

```
pip3 install flask-i https://pypi.tuna.tsinghua.edu.cn/simple
```

（7）pip 批量安装。pip 批量安装有两种方法：一种是通过包含多个第三方库包名称的 txt 文档来进行批量安装，通常可以在一台已经配置好的机器上，将所需要的包直接导出到 requirements.txt，如图 1-17 所示，命令如下：

```
pip3 freeze > D:\requirements.txt
```

打开 cmd 命令行，输入：

```
Pip3 install-rD:\requirements.txt -i https://mirrors.aliyun.com/pypi/simple/
```

图 1-17　通过文本文件批量安装包

另一种方法是通过 Python 脚本批处理安装多个包，例如创建 py 文件，如图 1-18 所示。务必注意代码中"pip3 install "最后的空格。

```
import os
libs = {"numpy==1.16.6","matplotlib","sklearn","django==2.0.5",\
                    "jieba","pandas==0.24.2","pygame","sympy",\
                    "pyqt5","pandas","pyopengl","docopt"}
try:
        for lib in libs:
                os.system("pip3 install " + lib+\
                            "-i https://mirrors.aliyun.com/pypi/simple/")
        print("successful")
except:
        print("failed somehow")
```

图 1-18　Python 脚本批量安装包

2.加载包

Python 的流行依赖于具备众多功能的第三方库和标准库,它们可以满足大多数的编程需求。除了函数库以外,模块(module)和包(package)这两个概念也常被提及。下面对这个三个概念分别进行解释:

Python 模块:指自我包含并且有组织的代码片段。Python 代码的一个 py 文件就可称为一个模块。

Python 包:包是一个有层次的文件目录结构,它定义了由 n 个模块或 n 个子包组成的 Python 应用程序执行环境。通俗的解释是:包是一个包含__init__.py 文件的目录,该目录下一定得有这个__init__.py 文件和其他模块或子包。

Python 库:借鉴其他编程语言的说法,Python 库是指 Python 中相关功能模块(包)的集合,是供用户使用的代码组合。在 Python 中是包和模块的形式,也可以是 Python 的一个项目。

为了便于阐述,后文中除特殊章节外,并不严格区分库、包和模块这三个概念,对于 import 导入的代码,统称位“模块”。

基于第三方库的模块编程可以大大提高编程的效率。一个模块如果被多次导入,只会加载一次以防止多次导入时多次执行,加载时模块顶层代码会被执行,使用内建函数 reload 可以对已导入模块进行再导入。为增强代码的可读性,通常建议在文件首部导入模块,导入多个模块时,先导入标准库,再导入第三方模块,最后导入程序自定义模块,同类模块放在一起导入。创建 py 文件时严禁与已存在模块同名。

下面介绍加载第三方库功能模块的导入方法。

(1)使用 import 命令导入模块。import 使用格式如下:

import<module1_name>[as alias1_name],[<module2_name>[as\2_name]],…,
　　　　[<moduleN_name>[as aliasN_name]]

其中,module_name 为模块名,alias_name 为别名,意为将导入模块 module_name 重新命名为 alias_name,一条命令可以完成多个模块的导入和重命名。使用格式为:

模块名.<函数名>(参数)

例如:

```
>>>import math
>>>math.cos(math.pi/3)
0.5000000000000001
>>>import math as shuxue
```

```
>>>shuxue.sin(shuxue.pi/6)
0.49999999999999994
>>>math.pi
Traceback (most recent call last):
        File "<pyshell# 6>", line 1, in <module>
        math.pi
NameError: name ' math ' is not defined
```

（2）使用 from… import 命令导入模块的属性。from …import 使用格式如下：

from <module1_name> import name1[, name2[,…,nameN]]

from <module1_name> import ∗

第一种方式导入模块中的部分属性,第二种方式导入模块中的所有属性,这里的属性可以是模块中的变量、函数也可以是对象。此时使用模块函数可以不加模块名作为前缀,直接使用。例如：

```
>>>from math import sqrt       # 从 math 库导入 sqrt 函数
>>>from math import ∗          # 从 math 库导入所有函数
>>>sqrt(4)
     2.0
```

一般不推荐使用 import ∗ ,因为不同的模块可能存在相同名称的函数,从而会增加出错风险。如果函数同名,后导入模块中的同名函数会替换前导入模块中的同名函数,程序可能访问了错误函数而导致不能正常工作。

（3）修改导入模块的搜索路径。当使用 import 语句导入模块后,Python 会按照以下顺序查找指定的模块文件:在当前目录,即当前执行的程序文件所在目录下查找;到 PYTHONPATH（环境变量）下的每个目录中查找;到 Python 默认的安装目录下查找。搜索路径在 sys 模块的 path 变量中,如果导入的模块不在路径中,Python 解释器会抛出如下错误：

```
ModuleNotFoundError: No module named '模块名'
```

解决的方法有两种：

第一种,import 命令导入模块的搜索路径存放在 sys 模块的 path 变量中,因此可通过添加搜索文件夹直接修改 sys.path 来实现。例如：

```
>>>import sys
>>>sys.path.append(' 路径')
```

注意:完整路径中的"\",需要使用"\"进行转义,否则会导致语法错误。例如：

```
sys.path.append(' D:\\python_module ')
```

需要导入的模块需要放置在"D:\ python_module"目录中。

第二种,设置环境变量 PYTHONPATH,方法同设置 path 环境变量。右击"此电脑"→"属性"→"高级系统设置"→"环境变量"→"新建",变量名写 PYTHONPATH,变量值为要导入模块的路径,若导入其他模块,只需再添加对应路径即可,与 Python 自身搜索路径无关。

（4）动态加载模块。动态加载模块的方法有三种：

第一种，使用系统函数__import__（），例如：

```
>>>stringmodule=__import__('string')
```

第二种，使用 imp 模块，例如：

```
>>>import imp
>>>stringmodule=imp.load_module('string',*imp.find_module('string'))
```

第三种，使用 exec，例如：

```
>>>import_string="import string as stringmodule"
>>>exec import_string
```

3.查看模块的属性

加载模块或包，是为了使用其组件，使用内置函数 dir（）可以查看模块或包的属性。例如：

```
>>>import math
>>>print(dir(math))
['__doc__','__loader__','__name__','__package__','__spec__','acos','acosh','asin','asinh',
'atan','atan2','atanh','ceil','comb','copysign','cos','cosh','degrees','dist','e','erf',
'erfc','exp','expm1','fabs','factorial','floor','fmod','frexp','fsum','gamma','gcd','hypot',
'inf','isclose','isfinite','isinf','isnan','isqrt','lcm','ldexp','lgamma','log','log10','log1p',
'log2','modf','nan','nextafter','perm','pi','pow','prod','radians','remainder','sin','sinh',
'sqrt','tan','tanh','tau','trunc','ulp']
```

1.2.4　Jupyter

Jupyter 项目是 2014 年从 IPython 项目中诞生的一个非营利开放源代码项目，为开发开放源代码软件、开放标准和跨几十种编程语言的交互式计算服务。

1.交互式解释器 IPython

IPython 的开发者吸收了标准解释器的诸多优点，并在此基础上进行了大量的改进，创造出一个性能更为优越的 Python shell。IPython 是一个增强的交互式 Python shell，拥有火爆数据科学社区的 Jupyter 内核，实现对交互式数据可视化和 GUI 工具的完美支持，是简单易用的高性能并行计算工具，可以将交互式 IPython 包含在各种 Python 应用中。其主要功能有：Tab 补全、对象自省、强大的历史机制、内嵌的源代码编辑、集成 Python 调试器、%run 机制、使用 %timeit命令快速测量时间、使用%pdb 命令快速 debug 、使用 pylab 进行交互计算以及调用系统 shell 等。

安装 IPython 很简单，可以直接使用 pip 管理工具，在 Windows 控制台中输入以下命令：

```
pip3 install ipython - i https://pypi.tuna.tsinghua.edu.cn/simple
```

或

```
pip install ipython
```

执行命令后,IPython 会自行安装,如图 1-19 所示。

图 1-19　安装 IPython

安装完成后,可按照图 1-20(a)所示方式按"Win+R"键,直接在"运行"对话框中输入"ipython"启动 IPython,也可按照图 1-20(b)所示方式,在 Windows 控制台输入 ipython 命令启动 IPython。

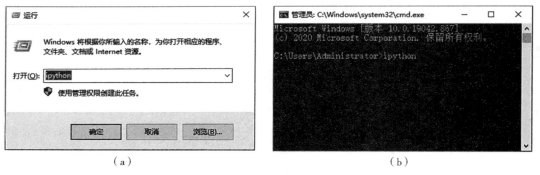

（a）　　　　　　　　　　　　　　　　　　　　（b）

图 1-20　启动 IPython

注意:如无法启动 Ipython,可能是版本不匹配,解决办法就是降低版本:

```
pip install --upgrade prompt-toolkit == 2.0.1
```

安装成功后,执行:

```
python -m ipykernel-version
```

下面介绍 IPython 的一些常用功能:

（1）Tab 键自动补全功能。在 shell 中输入表达式时,按下 Tab 键,当前命名空间中任何与输入的字符串相匹配的变量(对象或者函数等)会以提示的方式显示出来,输入前几个字母后按 Tab 键完成补全,如图 1-21 所示。

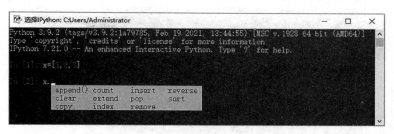

图 1-21　按 Tab 键自动补全

（2）内省。当 Python 程序中对象的相关信息不明确时,可在该对象的前面或者后面加上一个"?",就可以显示该对象有关的一些通用信息,这就叫作对象的内省,如图 1-22 所示。

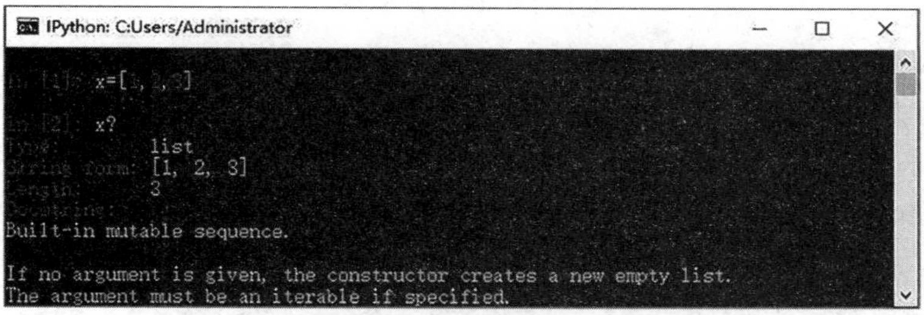

图 1-22　对象自省

如果 Python 对象是一个函数或者实例方法,通过添加"?"也可以显示其内省信息;如果使用两个问号"??",则可以进一步显示出该方法的源代码,如图 1-23 所示。

图 1-23　函数信息查询

当对某些名称无法正确拼写时,可以基于通配符字符串查找出所有相匹配的名称,例如查找 re 模块下所有包含"find"的函数,如图 1-24 所示。

（3）使用历史命令 hist。在 IPython shell 中,可以使用 hist 命令查看所有的历史输入（或使用%hist）,如果在 hist 命令之后加上 -n,即 hist-n,则可以显示输入的序号,如图 1-25 所示。

另外,"_""__""___"和"_i""_ii""_iii"6 个变量保存着最后 3 个输出和输入对象。

图 1-24　基于通配符查找

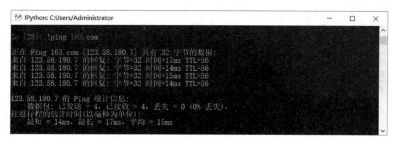

图 1-25　历史命令查询

"_n"和"_in"（n 代表具体的序号）变量返回第 n 个输出与输入的历史命令。

（4）运行脚本%run 命令。在 IPython 会话环境中,所有 Python 文件都可以将%run 命令当作 Python 程序来运行,输入%run 路径+Python 文件名称即可。将图 1-13 中创建的文件复制到安装位置 D:\python\python39 目录下,使用%run 运行该脚本文件,如图 1-26 所示。

图 1-26　运行 Python 文件

（5）使用%debug 命令进行快速 debug。IPython 具备一个强大的调试器,当控制台抛出了一个异常,可以使用%debug 命令在异常点启动调试器,然后在调试模式下访问所有的本地变量和整个栈回溯。使用 u 和 d 向上、向下访问栈,使用 q 退出调试器。在调试器中输入"?"可以查看所有的可用命令列表。

（6）在 IPython 中使用系统 shell。可以在 IPython 中直接使用操作系统 shell,只需在系统 shell 命令前添加感叹号"!"作为前缀。比如直接在 IPython 中 ping 网易,如图 1-27 所示。

图 1-27　运行系统 shell 命令

注意:在 IPython 中使用"! ipython"可以再次进入一个新的 IPython shell 中。

2.Jupyter Notebook

Jupyter Notebook 是基于网页形式的,可以创建和共享包含实时代码、公式、可视化和叙述性文本文档的开源 Web 应用程序。可用于数值模拟、数据清洗和转换、统计建模、数据可视化、机器学习等。

在 Jupyter Notebook 中,以文档的形式体现所有交互计算,编写说明文档、数学公式、图片以及其他富媒体形式的输入和输出,并可保存为后缀名为.ipynb 的 JSON 格式文件。既便于版本控制,又方便共享。文档还可以导出为 HTML、LaTeX、PDF 等格式。

Jupyter Notebook 的主要特点包括:

①编程时具有语法高亮、缩进、Tab 补全的功能以及各种快捷键可供使用。

②可直接通过浏览器运行代码,同时在代码块下方展示运行结果。

③以富媒体格式展示计算结果。富媒体格式包括 HTML、LaTeX、PNG、SVG 等。

④对代码编写说明文档或语句时,支持 Markdown 语法。

⑤支持使用 LaTeX 编写数学性说明。

(1)安装启动 Jupyter Notebook。使用 pip 安装 Jupyter Notebook,命令如下:

```
pip3 install jupyter - i https://pypi.tuna.tsinghua.edu.cn/simple
```

启动 Jupyter Notebook,只需在 cmd 控制台中输入:

```
jupyter notebook
```

Jupyter Notebook 将在默认浏览器中自动打开,如图 1-28 所示。需要确保本机 IIS 服务开启。

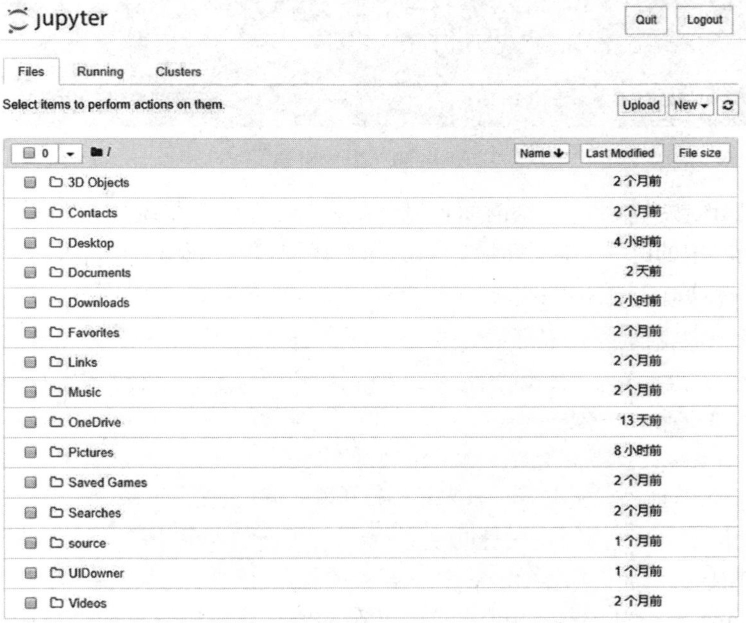

图 1-28　在浏览器中打开 Jupyter Notebook

也可以在浏览器地址栏中输入 http://localhost:8888/,进入 JupyterNotebook 主界面,此时需要输入 token,获取 token 需要通过 cmd 控制台输入命令:

```
jupyter notebook list
```

通过单击"新建"(new)按钮并选择"python3"选项,可以创建新笔记本,如图 1-29 所示。

图 1-29　创建新笔记本

（2）配置 Jupyter 远程服务。Jupyter Notebook 除作为本地计算环境，还可以部署在服务器上提供远程访问服务。

首先，需要生产配置文件，打开 cmd 控制台，输入如下命令：

```
jupyter notebook --generate-config
```

记住控制台输出的配置文件路径。

其次，输入密码生成密钥，如图 1-30 所示"Out[2]:'密钥'"。打开 IPython，输入如下命令：

```
from notebook.auth import passwd
passwd()
```

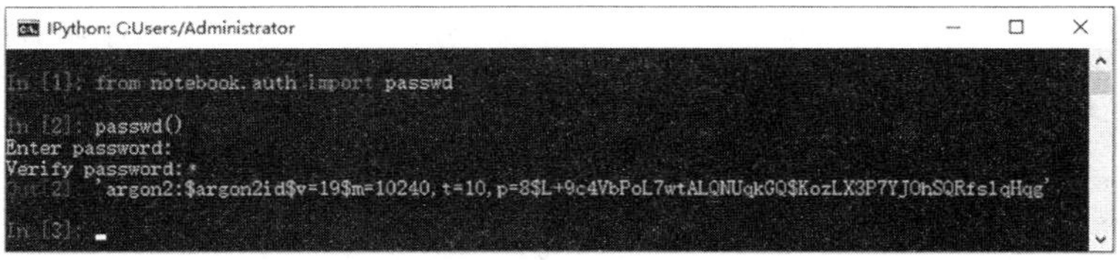

图 1-30　生成密钥

最后，需要修改配置文件，根据前面控制台提示路径，修改系统用户目录/.jupyter/jupyter_notebook_config.py 中的配置，在文件最后添加如下代码（"c.NotebookApp.password="后的内容对应图 1-30 中的 Out[2]输出）：

```
c.NotebookApp.password
='argon2:$argon2id$v=19$m=10240,t=10,p=8$L+9c4VbPoL7wtALQNUqkGQ$KozLX3P7YJOhSQRfslqHqg'
                                                                              # 密钥
c.NotebookApp.ip='*'          # * 允许任何 ip 访问
c.NotebookApp.open_browser=False      # 默认不打开浏览器
c.NotebookApp.port=8888        # 可自行指定一个端口，访问时使用该端口
allow_remote_access=True
```

重新启动 Jupyter Notebook。测试方法可以在本地计算机浏览器地址栏中输入 http://127.0.0.1:8888/，如果手机与 Jupyter Server 在同一网段，只需要在手机浏览器地址栏中输入 http://<JupyterServerIP>:<Port>，输入第二步设置的密码，就可以进入如图 1-28 所示的开发界面了。

3.Jupyter Lab

Jupyter Lab 是 Jupyter 主打的最新数据科学生产工具，包含了 Jupyter Notebook 的所有功能。其作为一种基于 Web 的集成开发环境，可以把 Jupyter Lab 当作 Jupyter Notebook 的拓展

版本,是 Python 数据科学强大的生产工具。

Jupyter Lab 有以下特点:

(1)交互模式。Python 交互式模式可以直接输入代码,然后执行,并立刻得到结果,因此 Python 交互模式主要用来调试 Python 代码。

(2)内核支持的文档。使用户可以在 Jupyter 内核中运行的任何文本文件(Markdown、Python、R 等)中启用代码。

(3)模块化界面。可以在同一个窗口同时打开好几个 Notebook 或文件(HTML、TXT、Markdown 等),都以标签的形式展示,更像是一个 IDE。

(4)镜像 Notebook 输出。让用户可以轻易地创建仪表板。

(5)同一文档多视图。使用户能够实时同步编辑文档并查看结果。

(6)支持多种数据格式。可以查看并处理多种数据格式,也能进行丰富的可视化输出或者 Markdown 形式输出

(7)云服务。使用 Jupyter Lab 连接 Onedrive 等服务,极大地提升生产力。

使用 pip 安装 Jupyter Lab,命令如下:

```
pip3 install jupyterlab -i https://pypi.tuna.tsinghua.edu.cn/simple
```

前面已经较为详尽地介绍了 IPython 和 Jupyter Notebook 的使用方法,读者几乎可以方便地将工作环境切换到 Jupyter Lab 下。在默认浏览器中打开 Jupyter Lab,如图 1-31 所示,只需在 cmd 控制台输入如下命令:

```
jupyter lab
```

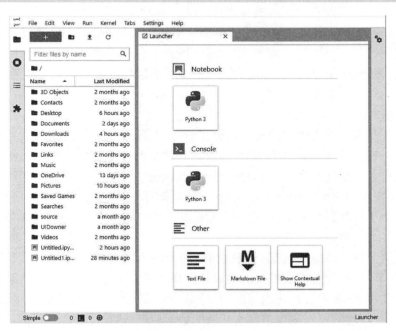

图 1-31　启动 Jupyter Lab

也可以通过在浏览器地址栏输入 http://localhost:8888/lab 进行登录,如已经按前面的方法配置好远程访问,可以在其他计算机浏览器地址栏中输入 http://<JupyterServerIP>:<Port>/

lab 进行远程登录。

1.3 怎样学好 Python？

1.3.1 规划学习路径

学习 Python 较为高层次的目的,不是获得别人的赞许,也不是大家长期以来一直误解的了解这门语言,而是要学会一种分析问题、解决问题的思维方式,这种思维称为程序思维,并掌握依托这一思维来解决问题的能力与方法。学习 Python 较为底层次的目的,是掌握这门语言,并学会将这门语言转化为一种工具,即能成为帮助用户解决专业问题的有力计算助手和助推器。这个时代是一个数据驱动的时代,用户需要一个驾驭它的工具。

Python 的计算生态无比庞大,应用方向几乎涉及所有领域,因此没有一个人敢声称了解 Python 的一切。在 Python 基础知识学完之后,应当结合自身兴趣与专业选择学习的方向。如果想学习 Python 数据分析,则应该从 Numpy、Pandas 等知识入手,按照数据分析的流程:数据获取→数据处理→数据分析→数据可视化,为自己建立学习地图。

1.3.2 学习编程需要注意的问题

1.系统性学习

大道甚夷,而人好径,终为所误。学习 Python 最忌讳的就是一下找来很多本书同时学习,或者在网上找来一堆技术文章和视频,东一榔头西一棒子地学习。每个作者对 Python 的理解都不同,编写讲解的出发点也不同。高度碎片化的知识,常常让初学者一片茫然,无从下手,难以维系后续的学习。因此选中一本教材进行系统性学习是非常必要的。通过对这本书的系统学习,初步形成对 Python 语言的一个理解框架。不用担心这个框架是残缺的,甚至某些地方是错误的。要明确只有基于这个框架,才可以快速地消化和吸收其他教材和网上大量碎片化的知识,实现查漏补缺,更新迭代,继而大大加速学习的过程。罗马不是一日建成的,学习编程也是同样的。

2.建立对基本概念的认知

Python 可能是大多数人学习的第一门编程语言,学习 Python 重要的开端是对这一领域的基本概念建立正确的认知。许多熟稔于心的名词,程序设计语言中的概念和在生活中熟知的理解在内涵上可能完全是背离的,例如变量、数据、函数、对象、类等。初学者往往被旧的知识体系所羁绊,仅仅因为字面结构和发音完全一样,就简单地用已有的经验去猜测和理解,却不知在新的环境中了解其另一种解释,进而在编程学习的道路上误入歧途,徘徊不前。

3.分清主次

学习编程最大的陷阱是容易陷入获取高级编程能力的渴望中和深层原理的学习上。例如,刚开始学习 Python,就想用最强大的集成开发环境开发最复杂的程序,结果将时间浪费在环境的搭建与学习上;学习过程调用与嵌套,却想着一步就学会编写递归程序来解决问题;学习调用算法模块,却想着要深刻理解算法背后的数学原理,诸如此类。这样的想法虽然不是错误的,但极大地增加了学习的难度。学习程序设计的诱惑太多,需要加以辨别。

4.阅读代码,运行代码

与学习任何一门外语相同,最好的学习方法,就是进行大量的阅读以及主动并积极地去运用它。坚持阅读别人的代码，坚持进行编程练习并在计算机上运行，是学习编程的不二法门。学习时，应在代码编辑和调试中理解书本的知识与概念，而非仅仅通过阅读来理解。

5.学会使用调试

初学者对编程最直观的想法通常是美好的，希望自己未来可以掌握一次性就编出能正确运行代码的能力，这其实是一个理解上的误区。程序自身的复杂性，决定了没有人能够一次性编写出正确无误的代码。很多的代码问题，在初期并不显现，随着程序应用场景的变化、功能的扩充、代码行数的增加，程序内在的缺陷会逐渐浮出水面，这时就需要学会调试。通过跟踪编写代码每一步的执行，观察程序中变量的每个变化细节，来找到问题的根源和加深对代码的理解，并以此为基础通过迭代的方法修改缺陷并提高代码的质量。

1.3.3　程序设计学习策略

在日常生活中，当遇到问题的时候，人们总是寻求一个特定的策略去解决它。并且由于思维方式的不同，人们通常选择适合自己思维习惯的策略去解决问题，这适合日常生活和工作，但不一定适合用计算机来解决问题。同时，不同的问题往往需要不同的解决策略，我们无法得到通用的办法解决所有的问题。下面仅给出几个一般性的程序设计学习策略：

1.立刻开始并付诸实施

专注与坚持无疑是解决一切问题的通行法则，但开始永远是第一位的。学习程序设计的第一要务，就是打开书，找到第一个范例，敲下第一行代码，这远比结果重要得多，因为第一步已经迈出。下面为初学者提两个简单的建议：

①不要担心出现错误，错误绝对不是第一步所要考虑的事情，产生错误是必然的，这是进步的必经途径。

②良好的抗干扰能力，调整好学习状态并坚持。

2.观察与思考,发现问题

程序设计其实就是寻找用计算机解决问题的方案，求解的前提是观察。发现问题永远是解决问题的第一步，那么问题怎么发现？需要观察，并在观察得到的素材的基础上进行深入的分析与思考。

初学编程者渴望快速达成目的，而忽略了过程实施需要的条件，甚至不考虑目的及目的达成的难度，容易出现意想不到的困难。例如，准备驾车出门旅行的时候，不明确到达目的地的具体路径、不知道旅行本身的目的是什么、不明确中途是否需要住宿就餐，往往只想着立刻出发、上车、启动，而当真正在路上的时候才发现问题，导致寸步难行。

分析所要解决的计算机程序设计问题，回想生活或过往学习过程中是否有类似的问题和可能的求解方法(解决问题的"模板")。

对于计算机问题的求解，首先需要对问题进行划分，这是在问题抽象基础上的分解与实例化。正确的问题划分对求解过程是非常有效的，例如：

▲已知条件是什么? 已知条件如何转化为输入?

▲输入的方式是什么? 如何测试输入是否满足条件? 输入后以什么方式存储?

▲预期的输出是什么? 输出的方式如何?

▲针对输出，是否有中间过程? 中间结果如何保存与传递?

▲如何证明程序运行过程与输出结果的正确性?

▲是否存在其他类似问题?

应该注意到教材例题往往已经提供了对问题较为详尽的描述,而真实世界的问题,需要由程序设计者自己完善对问题的描述,这里面存在巨大的鸿沟。应用对待解决真实世界问题的态度来对待教材例题的学习。

看清楚问题,绝不是将问题停留在大脑里,需要把问题具体化、真实化。为了更加清楚地看问题,需要用最接近真实的情况来模拟,需要在草稿纸上画出表或示意图,甚至画出模型的原型。这是加深对问题的理解和描述的重要步骤。例如,当想要设计一个"大富翁"手游的时候可以采用如下策略:

▲最直接的办法是先找一套"大富翁"游戏道具,亲自体验一下。

▲和有经验的玩家进行交流,收集他们的观点和建议。

▲找到类似的游戏,分析它们与"大富翁"游戏的异同。

▲拿出纸和笔(也可以采用其他便于理解的手段,如专业建模工具),把游戏的流程、对游戏的理解与构思以图或文字的方式记录下来,越详细、越细致越好。

3.先思考,后编程

对于初学编程者来说,想到自己编写的代码将运行并得到一个期盼的结果是一件令人兴奋的事。但是在真正开始敲击代码的时候,对问题是否真的理解了呢? 当很多人开始学习编程的时候,总觉得把案例中的代码快速地输入计算机是一件最紧迫的事,完全不关心敲进去的代码和需要解决的问题之间的关联性。纵然得到正确的结果,其实也只是完成了一个打字员而非程序员所做的事。需要对整体解决方案的结构和步骤有深入的思考,并做出适当的规划与安排,然后才是编程的开始。

4.通过代码验证想法

初学编程者习惯有一种心态,当确定解决方案后希望能够一次性将代码正确地编写完,然后直接得到最终答案。这种心态普遍存在,却是有害无益,只会拖慢学习的进度。当对一个问题有想法的时候,并不能保证这种想法是合理的,是可以实现的,它需要被验证。设计出针对初步想法的代码实验,用实验的方式来逐步完善思考,进而找到最终正确的解决方案,为最终代码的完成提供素材。类似于拼图游戏,每一个位置都需要逐一地进行尝试,没有人能一次性给出所有拼图的正确顺序。

代码的实现除了通过自身的理解外,还可以寻求别人的帮助,查找书籍、特别是通过互联网来进行搜索。通过学习别人的代码来完善自己的代码实验是高效的程序设计学习手段。

注意:这样的想法验证实验大多数情况下都是不可能一次成功的,需要反复试错,进行多次尝试后才能得到最终答案。通过实验对想法进行不断尝试与验证才是解决问题的有效手段。

5.分解与简化

当问题的复杂性达到一定程度时,没有人可以一次性给出答案,简单的办法是找到问题产生的原因。这就需要对一个问题进行分解,包括以下几个步骤:

①将一个较为复杂的问题分解为多个简单问题。

②在理清这些小问题之间关系的基础上,逐个解决。

③将这些小问题重新拼装起来以解决原来的大问题。

这种"分而治之"的策略大大降低了求解问题的难度。这种方式的最大难点在于问题分解,这需要经验也需要技巧,但要注意并不是每个问题都是可以分解的。

在程序设计过程中,需要对问题进行合理的分解,并得到一个解决方案框架。框架确定了每个子问题在代码中的位置。通过前面提到的实验验证方法,获得子问题的具体解决方案,并将其填充到代码框架中。逐个尝试,直至框架完成并获得最终全面的解决方案。这种工作的方式是逐层递进的,先解决简单的子问题,相对复杂一点的子问题可以进一步分解成新的子问题或寻求帮助来解决,这需要耐心和细致,一蹴而就是不存在的。

6.再思考与迭代

当完成一个阶段性目标的时候,需要停下来重新审视已经完成和未完成的工作,对已完成的工作做出适当的评估,以确保当前解决问题的方向是正确的,工作的方式是正确的。如果方向或方式不合理,就需要舍弃错误的途径,通过再思考重新寻找正确的路径。这是一个迭代进化的过程。不要总是埋头敲代码,应适当停下来观察、分析和思考,通过不断的迭代来进行优化。程序设计的本质是代码的优化。

本章习题

一、填空题

1.Python 可以运行在多个平台上,主要体现了 Python 的_____特性。

2.Python 属于_____语言。

3.Python 程序的扩展名是_____。

4.Python 内置的开发工具是_____。

5.Python 3.X 默认使用的编码是_____。

6.Python 源代码被解释器转换后的格式为_____。

二、判断题

1.( )Python 3.X 版本后向兼容 Python 2.X。

2.( )交互式解释器 IPython 的性能优于 Python 自带的 shell。

3.( )Python 从 ABC 语言发展而来,并没有借鉴 C 语言的特性。

4.( )Python 的解释器直接将 Python 编译为二进制代码。

5.( )Python 除了可以开发 Web 程序,还可以开发实时操作系统。

6.( )常量命名一般都采用大写,单词之间用下划线隔开。

三、简答题

1.简述 Python 的应用领域。

2.简述 Python 程序的运行机制。

3.简述学习编程需要注意的问题。

四、操作题

1.编写程序,实现图 1-17 所示的库的批量安装。

2.用 pip3 工具安装 Jupyter Lab,并配置远程服务。

第 2 章
Python 编程基础

从本章开始,将学习使用 Python 语言对计算机进行控制并实现简单的编程任务。通过前面关于 Python 历史和程序设计概念的介绍,学好 Python 首先在于了解其基础的语法知识。编程入门并不难,真正难的是何时开始敲下第一行代码。本章首先从最简单的内容开始介绍 Python 编程的基本知识,只需按部就班完成教材示例即可。值得一提的是,Python 功能强大,相关知识浩如烟海,学习编程没有一蹴而就,只有涓涓细流,持之以恒。下面就开启编程之旅吧。

2.1 程序与规范

2.1.1 什么是程序?

从某种意义上来讲,程序就是具体的解决方案,这种解决方案通过计算机以"自动化"的方式,将"算法"即解决方案的抽象,转化为具体的实现手段和途径。或者换个角度,程序也可以被理解为符合某种规范的艺术作品,这种规范,既包含编程语言本身的语法规则,又符合人们阅读程序的习惯。因此程序需具备以下的特征:

1.可读性

程序最重要的特点是具有良好的可读性,写出可以让他人读明白的代码是计算机编程的目标之一,而非初学者所理解的"可以在计算机上运行,能够得到正确的结果",这如同一个人能够把所做的事解释清楚有时会比事情本身更加重要。

首先,程序需要被易于阅读的一个重要原因是成功的程序会被持续使用。它除了是代码,更是一个文档,这个文档写得是否清晰,决定了其他人是否可以从代码中理解解决问题的思路。其次,由于程序自身的复杂性,就算作者本人在经过一段不太长的时间之后也可能遗忘写程序时的思路和逻辑,这甚至会导致作者无法理解自己写过的代码。程序难以被理解所带来的维护与升级的难度和工作量甚至会超过重新开发一套新程序。然后,大型软件工程项目,必须通过多人协作来完成,写出便于合作者易于理解的代码也是很重要的,否则团队协同工作无法完成。最后,一个难以阅读的代码,只能是融入设计者自己的思想方法,单个人往往无法确定程序的合理性,别人无法读懂代码,也就无法提供有效的建议和帮助。计算机发展的历史告诉我们,没有经过多双眼睛检查过的代码,往往是不安全的代码。这也从侧面说明一个易于读懂的代码必然是逻辑清晰和正确的代码,其隐含的错误会更少。

为了提高程序的可读性,可以起一个直观易懂的名字、对程序进行注释和遵循代码缩进原则。

2.鲁棒性

程序编写完成后,能够正确地应对运行环境中出现的众多不确定性,体现了程序的鲁棒性。计算中的不确定性,例如"0"被作为除数,这时就需要程序进行正确的应对,而非直接崩溃。由于编程者自身的局限性,没有人可以在问题分析的时候就得到与真实世界完全匹配的模型,只能是尽量接近,这其中的误差也带来了不确定性。程序的鲁棒性就是指能够处理这些设计者没有考虑的情况,并能做出恰当的处理。

提升程序的鲁棒性,需要考虑两点:

①程序在设计之初就应该考虑到如何面对运行中产生的异常,并给出合理的应对策略和方法。

②通过程序测试,及时修正设计缺陷,能尽量减少出错状况。

3.正确性

程序应正确地解答问题分析时所要解决的问题。完全证明程序的正确性是不可行的,但设计可以在特定范围内无误运行的程序始终是编程学习者的主要目标之一。学会编程和证明程序的正确性是编程学习的两个截然不同的阶段,需要在设计者角度和测试者角度不断地尝试,这不仅是一种技能更体现了一种自我修正和不断进步的能力。

2.1.2　编程符号

1.标识符

在现实世界中,人们通常使用名称来标记和区分事务,同理,在程序中也需要定义符号或名称。关键字、变量名、函数名、类名、对象名、文件名和模块名,这些统称为标识符。除了语句定义符、关键字、标准函数名等由系统定义外,其余均由用户自定义实现。

Python 语言对自定义标识符有严格的限定,规则如下:

· 标识符由字符(A~Z 和 a~z)、下划线和数字(0~9)组成,首字符不能是数字。

· 标识符不能与 Python 中的关键字和内置函数同名。

· 标识符中不能包含空格、@、/、%和 $ 等特殊符号。

· 标识符中的字母严格区分大小写。

· Python 支持 Unicode 编码,支持中文命名。

说明:从编程习惯和兼容性角度进行考虑,标识符以及用到的标点符号,诸如小括号、引号、逗号等,尽量使用英文符号,这样做可以提高程序的鲁棒性。

在标识符的定义中,应尽量避免歧义,使用直观易懂的名字。好的名字既应该具备强大的描述能力,又应该遵循良好命名习惯。推荐使用下面的命名规范:

(1)驼峰命名法(upper camel case)。即每个单词的首字母都采用大写字母,例如 UserName。通常用于类名、Type 变量、异常 exception 名。遇到缩写字母全部用大写,如 HTTPServerError。

(2)蛇形命名法(lower case with underscores)。又称下划线命名法,即用下划线来连接小写单词,例如 user_name。通常用于包名、模块名、方法名和普通变量名等。

(3)见名识义。标识符中的单词应直接明确含义,提高代码可读性。例如"得分"可定义为 score,"年龄"可定义为 age。

（4）变量、函数、属性和方法名的所有单词字母用小写，使用蛇形命名法。

（5）常量名的所有单词字母用大写，使用蛇形命名法。

（6）Python 标识符的长度并不受限制，但出于计算资源的合理使用，一般建议控制在 32 个字符以内。

（7）不要使用易混淆的字母如"l"（小写 L）、"O"（大写 o）或"I"（大写 i），这些字母难以与数字"1"和"0"区分。

（8）避免以下划线开头命名标识符。下划线开头的标识符有特殊含义，含义如下：

①单前导下划线 _var。以单个下划线开头的变量或方法仅供内部使用，这些变量也称保护变量，是一种约定，在模块和类外不能使用，必须通过类提供的接口才能访问。只作为对程序的提示。

②单末尾下划线 var_。一个变量的最合适的名称已经被一个关键字所占用，可以附加一个下划线来解决命名冲突。

③双前导下划线 __var。以双下划线开始的是类中的私有变量或私有方法，这会触发解释器重写属性名称，只有类对象才能访问。

④双前导和双末尾下划线 __var__。由双下划线前缀和后缀包围的变量为 Python 语言保留名称，是特殊属性和特殊方法的专用标识。不推荐使用。

⑤单下划线 _。单个独立下划线用作一个名字来表示某个变量是临时的或无关紧要的，也表示 Python 交互界面中最近一个表达式的值。

2.关键字

关键字（key word），是 Python 语言中具有特定含义的字符串，通常也称为保留字（reserved word），是具有特殊功能的标识符，在语法环境中具有特定的语义，这也是自定义标识符不能与关键字同名的原因，会引入歧义。Python 的标准库中包含 keyword 模块。在交互环境中输入如下命令，可以输出当前版本中所有的关键字：

```
>>>import keyword
>>>keyword.kelist
```

Python 中共有 35 个关键字，简单说明如表 2-1 所示，相关使用方法和确切含义，将在后续章节中详细讲述。

表 2-1　Python 关键字

关键字	描述
False 和 True	布尔类型，False 表示假，True 表示真
None	Python 中一切皆可看作对象，"None"表示"空对象"
and、not 和 or	逻辑与、逻辑非和逻辑或
as 和 with	as 起别称作用；as 与 except 组合使用；as 与 with 组合使用
assert	断言，用于判断变量或条件表达式是否为真
async 和 await	async 声明一个函数为协程；await 调用这个协程
break 和 continue	break 跳出循环；continue 结束本轮循环，进入下一轮循环
class	定义类

（续）

关键字	描述
def	定义函数或方法
del	作用于变量,删除变量与对象间的引用关系
if,elif,else	条件分支语句
try,except,finally	异常处理语句
for 和 while	循环语句
from 和 import	模块导入与库引用
global 和 nonlocal	global 声明全局变量;nonlocal 声明外层嵌套函数的变量
in	配套 for 循环,也可以判断变量是否在可迭代对象中
is	判断对象是否为某个类的实例
lambda	定义匿名函数
pass	空的类、方法或函数的占位符,方便后期完善代码
raise	手动抛出异常
return	用于函数返回计算结果
yield	用与创造生成器

2.1.3　代码风格

为了使程序拥有良好的可读性和视觉感知度,Python 引入大多数软件开发者遵循的编码风格。保持稳定的编码风格对编程学习而言至关重要。

1.注释

注释是可读性的关键。程序设计语言有别于日常的语言,即便代码是正确的,往往理解起来也艰涩难懂。在代码中添加注释,可以帮助程序员直观地理解代码工作的方式,这比通过读代码猜测并验证作者的意图效率要高很多。注释太多或太少对阅读和理解程序都没有太多的帮助。添加注释一般的规律是:

①在代码顶部说明代码的总体目标,也是代码的总结。

②说明对象的属性,如控件对象、变量等。

③对系统中的函数、自己编写的函数,以及输入输出函数进行说明。

④一些功能特殊、设计奇特精妙、需要仔细思考、不易理解的地方应加以说明。

⑤在代码编写遇到困难时,需要解决的问题、正在解决的问题、已经解决的问题都要加以注释。

Python 中的注释分为两种,一种是以"#"开始的单行注释,另一种是用 3 对双(单)引号引起的文档字符串。单行注释一般用于说明当前选择行为与当前实现的原理和难点;文档字符串一般用来说明使用的包、模块、类和函数(方法)等,有时还包括示例和单元测试。例如:

```
# 第一个注释
Print("Hello,Python!!!")  # 第二个注释
```

在"#"右边的文字仅被作为说明文字,并非可执行的代码。为了提升可读性,"#"号的后面通常会增加一个空格,如果紧跟在代码后方,与代码之间至少保留两个空格位。一般建议注

释信息独占一行,成为注释行。例如:

```
def first_pro( ):
    """
    这是第一个 Python 程序
    """
    print( "Hello,Python!!!" )
help( first_pro)
```

上述代码的前 5 行定义了函数 def first_pro( ),并通过 3 对双引号添加了文档字符串,对该函数进行了说明,其缩进必须和函数体的缩进策略保持一致。通过调用最后一行代码中的 help 函数可以显示文档字符串中的内容。第二种方式一般也可以用于多行注释。

2.语句行

语句是 Python 程序的基本组成元素,是 Python 的对象、关键字、属性、函数、运算符等能够被解释器识别的符号的组合。

一条语句可以占用一个物理行,也可以占用多个物理行,无论是否跨行,都属于同一条语句。Python 建议每行代码不超过 79 个字符,这主要受到早期显示器每行 80 个字符的限制,因此也有编程者建议以每行 120 个字符限定为宜。当一个过长的语句需要多行显示时,通常在当前行代码末尾添加续行符"\"。Python 同时也会把圆括号、方括号、花括号中的物理行识别为一个逻辑行,实现隐式连接,此时在二元运算符或逗号等标点符号之前或之后断开都是允许的。例如:

```
str_google_1 = "This is gooooooooooooooooooooooooooooo\
ooooooooogle!"
str_google_2 = ( "This is gooooooooooooooooooooooooooooo"
        "ooooooooogle!" )
income = ( gross_wages
            +tax_interest
            -student_loan_interest)
testlist = [ ' we ',' are ',
    ' students ']
```

以上第 1、第 2 句与第 3、第 4 句作用相同。需要注意的是在以上代码中,第 1 物理行续行符后不能添加注释,而第 3 物理行引号后可以添加注释。在第 2 物理行开始处添加空格会影响程序结果,而在第 4 物理行开始处添加空格不会影响程序的结果。

Python 同样也支持使用复合语句,即在一个语句行中输入多条语句,语句之间用";"隔开。例如:

```
>>> a=8;b=9;c=a * b;print( c)
    72
```

3. 空白和缩进

空白通常用于分隔单词。在 Python 中,空格键、制表符、回车符、换行符等都可以产生空白。表达式或语句内的空白通常会被忽略,但空白的存在会使得程序代码含义更加清晰,如把空格放在运算符的两侧或逗号后面,很多编辑器都自带格式化处理,自动添加空格以提升代码的可读性。空白行也是一种空白,可以出现在程序的任何地方,一般使用空白行来分割语句块、函数、类和模块等对象。例如,函数和类的定义,代码前后都要用两个空行进行分隔,类中的各个方法之间也用一个空行进行分隔。

　　缩进是指每行语句前的空白部分,缩进是代码编辑的一种手段,正确的缩进可以显示代码和控制语句之间的逻辑关系,这对可读性是非常重要的。从编辑缩进及格式对齐中可以直接看清楚程序的控制结构,这对理解程序是非常重要的,否则将花大量的时间在人工字符查找和匹配上,而现在通过缩进格式直接从排版上就一目了然。Pyhton 采用缩进来表示程序的层次性和包含关系,而非使用花括号、某些关键词或者某种开始结束标志来限定代码块,缩进是 Python 语法的一部分。

　　Python 的缩进可以通过制表符或空格来实现,同一层次的语句必须具备相同的缩进量。一般不建议使用 Tab 键实现缩进,Python 推荐使用 4 个空格作为语句的缩进。Tab 键缩进与空格缩进不要混用,虽然二者在视觉感官上没有差异,但当进行跨平台操作时会带来潜在的风险。

　　如果代码是简单顺序执行时,一般就不需要缩进,顶行编写,行首的空格会引发 IndentationError 异常,显示语法错误。如遇分支、循环、函数、类等采用缩进,编译环境也会根据程序自动给出缩进,但仍需检查,以免出现错误。如果在程序调试时,出现"unexpected indent"错误,则一般是缩进不匹配造成的。

2.2　变量

2.2.1　变量的概念

1.变量的本质

　　变量的概念源自数学,是指没有固定的值,可以改变的数。变量以非数字的符号来表达,一般用拉丁字母。

　　从计算机语言的角度而言,变量是程序中创建的名字,其意义在于方便程序设计人员使用一个简单、易于记忆的名字来指代和跟踪程序中的"数据"。"数据"可以是多种实体,如一个值、一组数据、一个文件、一个对象或运行的另一个程序。变量可理解为值的保留器,对初学者而言,值可以是整数、字符串或浮点数等。

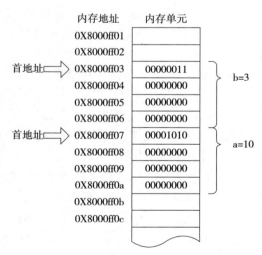

图 2-1　变量在内存中的存储

　　变量既代表值的抽象,也代表存储空间的抽象。如图 2-1 所示,以整型变量为例,变量本质上代表了一段可操作的内存,是内存的符号化表示。在程序中,定义变量可以在内存中申请相应的存储空间,变量 a 代表的是内存中一段连续的存储空间 0X8000ff07 ~ 0X8000ff0a 的名字,这段空间内存放的值为整数 10,是名字和值的关联。

变量的类型决定数据存放的方式,通过变量名调用则可以使用这段存储空间。

　　对于代码编写而言,变量可以保存程序运行时用户输入的数据、特定运算的中间或最终结果以及最后在交互界面显示的数据等。

2.变量的使用

（1）先定义，后使用。在程序设计中，使用数据时，首先需要定义变量，因为变量是程序运行中数据的存储与运输载体。"变量定义"其首要的含义就是告诉编译器，程序运行过程中需要哪些变量，并为处理的数据对象分配内存空间。磨刀不误砍柴工，先定义后使用是符合计算思维的程序编写方式，是良好的编程习惯。

在 Python 中通常采用直接赋值的方法来创建变量，变量类型由赋值数据的类型决定，无须事先定义，这显示了 Python 与其他高级语言的不同。

（2）变量使用规范的命名方式。如同通过姓名来区分不同的人一样，也可以通过不同的变量名来区分不同的数据。与取名需要遵循一定的规范一样，变量名的命名也应该遵循规范的命名方式。其基本的原则就是直观而不产生歧义，如可以直接从变量名称中获知该变量代表的数据含义、具体的存储类型，同时不能和系统固有关键词重名，防止语义混淆。变量命名规范参考标识符命名规范。变量通常有唯一的名字，但如 C++等计算机语言可以给变量取别名。

（3）变量的类型。变量是一个容器，不同类型的数据应选择不同大小的容器。错误的容器选择往往会带来极大的资源浪费或产生重大的计算错误。例如，用客车运送旅客，显然比用卡车运送效率更高也更安全。在变量定义时选择正确的存储方式可以提高程序的执行效率，在 Python 中由编译器根据赋值对象类型来自动选择容器。

（4）变量的作用域。变量的作用域（scope），简单地说就是变量在什么范围内可操作、有意义。在这里引入全局变量（global）和局部变量（local）的概念。例如，校园道路、教室、供水供电等公共设施属于大学这个全局的附属资源，这些资源可以供全校各下属学院或行政单位所使用。但是下属学院作为全局中的局部，自有资源一般情况下是不能外借其他单位使用的，仅可在内部被使用。

全局变量可用于不同局部区域之间数据的交换，但减少全局变量的使用是程序设计的一个基本原则。全局变量的优点：全局可视，任何一个函数都可以访问和更改变量值；内存地址固定，读写效率高。缺点：容易造成命名冲突；当值不正确或者出错时，难以确定是哪个函数更改过这个变量；不支持多线程。

变量搜索路径：本地变量→全局变量。

（5）变量的生命周期。在程序运行中通过变量来保存和处理程序，变量定义方式影响对应内存的使用方式。所谓使用方式是指程序在什么范围和什么时间可以使用该变量，即变量的作用范围和生命周期。当一个变量生命周期结束时，也就意味着这个变量对应分配的内存空间被释放，并可以被分配做其他工作。

（6）作为常量使用。Python 与其他高级语言有所不同，没有专门用于定义常量的语法与关键字，即 Python 中没有常量，因此将变量作为常量使用。约定俗成的方法是将变量名全部大写，从而标识为一个常量，例如，NORMAL_BODY_TEMPERATURE = 36.5。注意：这种方式仅从视觉感官上默认提示是常量，在实际使用中仍然可以改变其值。

2.2.2 变量的赋值

1.变量的创建与赋值

Python 在第一次使用变量（赋值、定义函数名等）时创建变量。通过更新命名空间的列表,加入新的变量名字及其相关的值。当使用赋值方法创建变量时,赋值的目的就是建立名称与值之间的关系。赋值语句的数学表达式为:

左侧(变量)= 右侧(表达式)

从数学的角度来讲,上式是一个方程,中间的"="表示方程左右表达式相等(Python 中的相等使用"=="符号),但从计算机程序设计语言角度而言,"="在这里表示先对右侧表达式进行计算,再将结果赋给左侧的变量。赋值本质上就是将变量名和值进行关联。Python 采用基于值的内存管理模式,运行过程时首先把等号右侧的值计算出来,然后在内存中寻找一个合适的位置放进去,最后创建变量指向这个地址。Python 变量并不直接存储值,而是存储该值的内存引用,这是 Python 变量可变的原因。虽然不需要指定类型,但是 Python 是强类型编程语言,Python 解释器会自动推断变量的类型。

下面从对象的角度理解赋值语句"var = 1",该语句实现如下操作:

①创建一个整数类型对象"1",存储在内存中的某一片区域。

②如果变量(名称)var 不存在,则声明一个变量(名称)var,存进命名空间列表。

③赋值运算符"="将变量(名称)var 和整数类型对象"1"进行关联。

与大多数编程语言不同,Python 作为一门动态语言,其变量可以随时命名、随时赋值、随时使用,即拿来就用,不用像其他语言一样,用前需要定义。常规语言如 C 语言,需要先定义后使用,定义的过程其实就是为将要准备存储的值预留内存空间,因此赋值的过程是把"值"往内存特定区域装的过程。而 Python 的方式与此相反,它类似一个贴标签的过程。前者将变量名称与内存存储空间存储格式绑定,后者将变量名称与值绑定,两者有异曲同工之妙。绑定方式类似于 C 语言中的引用,变量名称对应(存储)一个地址,该地址指向值所在的内存存储区域。例如:

```
>>>str_var = "Hello,World!!!"              # ①
>>>str_var = "Hello,Python!!!"             # ②
>>>a = 10                    # ③
>>>b = a                    # ④
>>>id(a);id(b)
    2574235402768
    2574235402768
>>>a = 20                      # ⑤
>>>id(a)
    2574235403088
```

以上变量在内存中的赋值过程如图 2-2 所示。执行语句①,变量名称 str_var 就指向内存中的字符串类型数据"Hello,World!!!";执行语句②,变量名称 str_var 就指向内存中的字符串类型数据"Hello,Python!!!",原数据"Hello,World!!!"不再被程序使用时,会自动将其销毁,释放所占用的内存空间;执行语句③,变量名称 a 就指向内存中的整数类型数据"10";执行语句④,变量名称 b 指向与变量名称 a 共同的内存区域,而不是为 b 在内存中创建一个新的整数类型数据"10";执行语句⑤,变量名称 a 将指向内存中新的整数类型数据"20"。

例如:

```
>>> new_var = 0
>>>new_var = 3+2 * 8
```

```
>>>print( new_var)
>>>new_var = new_var+1
>>>print( new_var)
```

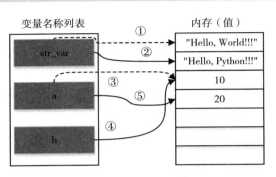

图 2-2 　变量的赋值

两次使用 print 函数输出 new_var 的值分别为 19 和 20。第二行代码中左侧的 new_var,此时的值为 0,此时语句的含义并非 0=3+2*8,因为 0 是一个常数,并非一个变量,其值不能被改变,这样理解显然不合理。正确的理解为计算 3+2*8 的值得到 19,然后将变量名称 new_var 指向"19"所在的内存区域,也就是前面所述的贴标签。

如果把赋值语句反过来,则是不合法的表述方式,系统将提示错误,赋值语句的左侧不能为变量、数值、表达式或其他。例如:

```
>>>new_var+1 = new_var
    SyntaxError：cannot assign to expression here. Maybe you meant '==' instead of '='?
>>>9 = new_var * 2
    SyntaxError：cannot assign to literal here. Maybe you meant '==' instead of '='?
```

2. count=count+1

"count = count+1"这个表达式,初学编程者通常会对此产生疑惑,因为"自己"加上一个数再赋值给"自己",从数学的角度难以理解,主要的原因就是对变量的二重属性不理解。前面已经提到变量既代表值的抽象,也代表存储空间的抽象。假设赋值符号" = "右侧"count+1"中的 count 是数值 3 的抽象,则右侧的表达式结果为 4,整个语句的含义是把 4 赋值给" = "左侧的 count。而这个 count 是变量 count 所对应的内存存储空间的抽象表示。因此"count = count+1"的完整含义是指,将变量 count 的内容取出来进行"+1"运算,得到结果 4,此时变量 count 抛弃指向原 3 所在的内存区域,同时系统将该区域内存释放,变量 count 重新指向内存中 4 所在的区域,完成重新贴标签的过程,此时可以用 count 来表示结果 4。所以该语句不是表示一个静止的恒等状态,而是表示一个状态的转化过程," = "右侧的"count"表示变量 count 指向前一个状态," = "左侧的 count 则表示变量 count 指向运算后的一个新的状态,是状态的更新过程。变量指向的值(内容)在程序运行中根据需要可以随时变化,但永远只能指向当前状态的值,先前状态的值都会被抛弃,如需要保留旧的状态,就需要另外再定义一个变量来指向该状态的值。

理解了"count = count+1"中 count 变量不同的属性,也就理解了变量的本质。

需要特别指出的是"count = count+1"表达式本身还有一个含义是计数器,理解计数器的概念,并将计数器运用到程序运行控制中去,对后面程序语言的学习大有裨益。

3.链式赋值与解包赋值

链式赋值用于多个变量同时被赋予相同的值的情况。例如:

```
>>>i=j=k=2022
>>>print(i,j,k)
    2022 2022 2022
```

在这里,i=j=k=2022 等价于 i=2022、j=2022、k=2022 三条语句。

Python 语言支持将数据序列解包赋值给对应的变量序列,两者数量需相同。例如:

```
>>>x,y,z=100,200,300
>>>print(x,y,z)
    100 200 300
>>>a,b,c=100,200    # 报错
    Traceback(most recent call last):
        File "<pyshell# 4>", line 1, in <module>
            a,b,c=100,200
    ValueError: not enough values to unpack (expected 3, got 2)
```

可以通过解包赋值方便地实现变量值的交换。例如:

```
>>>a,b=100,200
>>>a,b=b,a
>>>print("a=",a,"b=",b)
    a=200 b=100
```

以上代码等同于:

```
>>>a,b=100,200
>>>c=a
>>>a=b
>>>b=c
>>>print("a=",a,"b=",b)
    a=200 b=100
```

2.3　数据类型

2.3.1　数据类型的本质

使用计算机时,首先需要解决的就是如何使用可以被计算机识别、存储和处理的符号集合来描述被处理的客观事物。在计算机系统中,这些符号是计算机可以操作的对象,我们称之为数据。当使用计算机来处理客观世界中各领域的实际操作对象时,需要基于二进制对其进行抽象描述,根据二进制在计算机内部描述与存储方式的差异,进一步提出了数据类型(data type)的概念。数据类型在数据结构中的定义是一个值的集合以及定义在这个值集合上的一组操作,是创建"值"在计算机中以二进制存储表示方式及使用方式的模板。不同的数据在计算机内部以不同的二进制格式存放,有明确的数据范围和相应的运算模式。定义数据类型的

优点在于,可以高效利用内存空间和提高数据使用效率。

1.数据类型的概念

(1)"类型"是对数据的抽象。

(2)类型相同的数据有相同的表示形式、存储格式以及相关的操作。

(3)程序中使用的所有数据都必定属于某一种数据类型。

2.数据类型的分类

(1)基本类型。可进一步细分为数字类型、字符类型和枚举类型。数字类型又可细分为整型和实型。基本类型通常代表单个数据,是不可再分的最基本的数据类型,包括整型、浮点(单精度)型、双精度型、字符型、无值类型、逻辑型及复数型。

(2)构造类型。是由已知的基本类型通过一定的构造方法构造出来的类型,可分为数组、结构体、联合体、枚举类型等。构造类型通常代表一批数据。

(3)指针类型。指针可以指向内存地址,访问效率高,用于构造各种形态的动态或递归数据结构,如链表、树等。

(4)空类型。表示一个空的对象,用 None 表示。空类型不是指"0",不是 False,也不是指空字符串。None 有自己的数据类型 NoneType,可以赋给任何类型的变量。

3.数据类型的本质

(1)类型确定了值在内存中的存储方式与存储空间的大小。数据输入计算机,不同类型的数据因其二进制描述方式的不同在内存中的存储方式与占用的存储空间大小也不同。如数"12",在以二进制整型存储时可表示为 000C(16 进制表示),占两个字节;用单精度浮点型存储时可表示为 41400000(16 进制表示),占 4 个字节。计算机根据不同类型数据使用二进制表示位数的多寡,分配不同的大小的空间。这就像金鱼观赏只需要一个玻璃鱼缸,而海豚表演则需要一个深水游泳池。

(2)类型确定了值描述的范围。由于二进制描述方式的不同,值在内存中存储方式和存储空间大小也不同,这决定了不同类型的数据其描述的取值范围是不同的。如整型的取值范围是 $-32768 \sim 32767$,长整型的取值范围则是 $-2147483648 \sim 2147483647$。需要说明的是因机器软硬件系统的差异,同一种数据类型其存储空间所占的字节数会有所差异,如常整型在 32 位系统中占 4 个字节,而在 64 位系统中占 8 个字节,相应表示的数的范围也就产生了大小差异。

(3)类型决定值的操作。不同类型的数据支持不同的操作。如整型有取余操作,而实型没有。1+1 表示两个整型数相加,结果为整型数 2;1.0+1.0 则表示两个浮点数相加,结果为浮点数 2;"1"+"1" 则表示两个字符串连接,结果为"11"。都是"+"运算符,但在计算机内部其运算方式完全不同。

4.Python 的数据类型

Python 的基本数据类型主要有数字(number)、字符串(string)、布尔(bool)。数字类型中包括整数类型(int)、浮点数类型(float)和复数类型(complex)。Python 构造类型也称为复合类型,包括列表(list)、元组(tuple)、字典(dictionary)、集合(set)。Python 的数据类型如图 2-3 所示。

Python 是面向对象的一门语言,程序中出现的数据都可以理解为对象,并基于类创建数值、字符串、列表、元组、字典和集合。在 Python 中,数据就是对象,对象的概念更为宽泛、更能

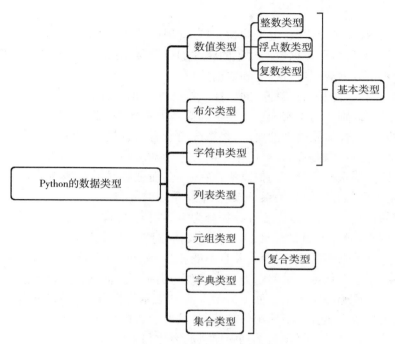

图 2-3　Python 的数据类型

揭示本质。

　　Python 对象有三要素：标识（identity）、类型（type）和值（value）。标识是对象的唯一标识，可以用内置函数 id( ) 来获取，可狭义理解为对象在内存中的地址。类型决定了对象保存值的类型，并拥有相对应的属性与方法，可以用"."来访问它们，内置函数 type( ) 可以获取对象类型。值是对象的内容。使用关键字 del 可以删除对象，本质上删除的是变量和值之间的引用关系。例如：

```
>>>id( 123)
    2574235406384
>>>a = 123
>>>id( a)
    2574235406384
>>>type( a)
    <class ' int '>
>>>a
    123
>>>del a
    a    # 变量名 a 已经不存在,报错
    Traceback ( most recent call last)：
      File "<pyshell# 13>" , line 1, in <module>
        a
    NameError：name ' a ' is not defined
```

2.3.2　程序设计中统计数据分类

当为某个领域,如医疗诊断、电子购物、政务管理等设计计算机管理程序时,必须进行正确的统计数据分类调研分析,根据数据对象的属性加以分类,并采用不同的处理方式,然后才能选择恰当的计算机数据类型进行存储和数据处理。

统计数据分类就是把具有某种共同属性或特征的数据归并在一起,通过其类别的属性或特征来对数据进行区别。为了实现数据共享和提高处理效率,必须遵循约定的分类原则和方法,按照信息的内涵、性质及管理的要求,将系统内所有信息按一定的结构体系分为不同的集合,从而使得每个信息在相应的分类体系中都有一个对应位置。换句话说,就是相同内容、相同性质的信息以及要求统一管理的信息集合在一起,而把相异的和需要分别管理的信息区分开来,然后确定各个集合之间的关系,形成一个有条理的分类系统。

按照数据的计量层次,可以将统计数据分为定类数据、定序数据、定距数据与定比数据。

(1)定类数据。这是数据的最底层。它将数据按照类别属性进行分类,各类别之间是平等并列关系。这种数据不带数量信息,并且不能在各类别间进行排序。例如人类按性别分为男性和女性也属于定类数据。虽然定类数据表现为类别,但为了便于统计处理,可以对不同的类别用不同的数字或编码来表示。如 1 表示女性,2 表示男性,但这些数码不代表这些数字可以区分大小或进行数学运算。不论用何种编码,其所包含的信息都没有任何损失。对定类数据执行的主要数值运算是计算每一类别中项目的频数和频率。

(2)定序数据。这是数据的中间级别。定序数据不仅可以将数据分成不同的类别,而且各类别之间还可以通过排序来比较优劣。也就是说,定序数据与定类数据最主要的区别是定序数据之间还是可以比较顺序的。例如,人的受教育程度就属于定序数据。定序数据仍可以采用数字编码表示不同的类别:小学＝2,初中＝3,高中＝4,大学＝5,硕士＝6,博士＝7。通过将编码进行排序,可以明显地表示出受教育程度之间的高低差异。虽然这种差异程度不能通过编码之间的差异进行准确的度量,但是可以确定其高低顺序,即可以通过编码数值进行不等式的运算。

(3)定距数据。定距数据是具有一定单位的实际测量值(如摄氏温度、考试成绩等)。此时不仅可以知道两个变量之间存在差异,还可以通过加、减法运算准确地计算出各变量之间的实际差距是多少。可以说,定距数据的精确性比定类数据和定序数据前进了一大步,它可以对事物类别或次序之间的实际距离进行测量。例如,甲的英语成绩为 80 分,乙的英语成绩为 85 分,可知乙的英语成绩比甲的高 5 分。

(4)定比数据。这是数据的最高等级。它的数据表现形式同定距数据一样,均为实际的测量值。定比数据与定距数据唯一的区别是:在定比数据中是存在绝对零点的,而在定距数据中是不存在绝对零点的(零点是人为制订的)。因此定比数据间不仅可以比较大小,进行加、减运算,还可以进行乘、除运算。例如,月收入、子弹的飞行速度等均为定比数据。

2.3.3　简单数据类型

1.数字类型

数字类型有 3 种:整数类型(int)、浮点数类型(float)和复数类型(complex)。例如,1234是整数类型,12.34 是浮点数类型,12+34j 是复数类型。

（1）整数类型。计算机中采用存储器存储的整数类型与数学中的整数是一致的，众所周知，整数的取值范围是 $[-\infty, +\infty]$。只要计算机内存中能够存储的，Python 程序就可以使用任意大小的整数。即可以认为整数类型的取值范围很大，这与其他语言如 Visual Basic、C 等不同，Python 使用内存更为灵活，用户在使用时，不需要考虑整数所占的位数。

当然，在计算机中为了编程的方便，可以将整数类型表示成 4 种进制：十进制、二进制、八进制和十六进制。默认情况下采用十进制，如要使用其他进制，则需要增加引导符号，如表 2-2 所示。二进制数以 0b 开头说明，八进制数以 0o 开头说明，十六进制数以 0x 开头说明，其中开头说明的字母不区分大小写。下面是整数类型的例子：

1110　　　−1110　　0b1110　　0o1110　　0x1110

表 2-2　整数类型的 4 种进制表示

说明符	进制种类	描述
不需要	十进制	124，−345
0b 或 0B	二进制	由字符 0 和 1 组成，如 0b1010、0B1010
0o 或 0O	八进制	由字符 0 到 7 组成，如 0o123、0O234
0x 或 0X	十六进制	由字符 0 到 9、a 到 f、A 到 F 组成，如 0x1abc0

使用进制的不同仅仅是数值表示的呈现形式不同，便用于更好地开发程序，程序处理时只要数值相同就无区别。不同进制的整数之间可以直接进行运算或比较。计算机内部存储和计算与数值采用何种进制描述无关，初学者一般采用十进制表示，但是也要注意不同进制之间的关系。可以用函数将十进制数转成二进制。例如：

```
>>>0x1bc+100
    544
>>>0o34−10
    18
>>>0b11111−129
    −98
>>>type(0x1bc)
    <class 'int'>
>>>bin(256)        # 将十进制数 256 转化为二进制
    '0b100000000'
>>>oct(256)        # 将十进制数 256 转化为八进制
    '0o400'
>>>hex(256)        # 将十进制数 256 转化为十六进制
    '0x100'
```

可以看出，在计算时，计算机可以自动转换，并用十进制呈现。

（2）浮点数类型。浮点数类型即实数，表示带有小数的数值。它有两种主要表示形式：

①Python 语言中的浮点数类型必须带有小数部分，小数部分可以是 0。例如，122.0 是浮点数，而 123 是整数。整数和浮点数可以混合计算。

②与整数不同，目前在 Python 中，浮点数只有两种表示方法：十进制形式和科学计数法形

式。下面是浮点数类型的例子：

122.0 −122. 0.3 = 3 ∗ 0.1（表达式值为 false）

1.21 e3 和−1.21E−3 是科学计数法的表示形式，即 $1.21×10^3$ 和−$1.21×10^3$。

与整数表示范围只受计算机本身限制不同，在 Python 中，浮点数类型遵循 IEEE754 双精度标准，每个浮点数占 8 个字节，表示的范围为−1.79E308~1.79E308 浮点。例如：

```
>>>1.2222+3.454545
    4.676745
>>>999999999999.999+9999999999.999
    1099999999999.998
>>>99999999999999999.999+9999999999999999.999
    1.1e+19
>>>1.1e10 ∗ 2.11
    23210000000.0
>>>−1.8e308        # 超出可表示范围
    −inf
>>>1.8e308         # 超出可表示范围
    inf
```

（3）复数类型。Python 中引入了复数类型用来表示数学中的复数，例如，1+1j、3−5j 等。复数由实部和虚部组成，表示为 real+imag，其中 real 和 imag 都用浮点数类型来表示。注意：复数的表示中必须包含虚部，虚部哪怕为 0 也不能省略，虚数部分后缀可以是 j 或 J。例如：

```
>>>a=1+1j
>>>a
    (1+1j)
>>>a.real
    1.0
>>>type(a.real)
    <class 'float'>
>>>b=1+0j
>>>type(b)
    <class 'complex'>
```

2.布尔类型

布尔类型也称为逻辑类型，只有两个取值：True 和 False，分别对应整型的 1 和 0，可以作为整数 1 或 0 参与运算，一般在程序中作为逻辑判断的"真"和"假"使用。例如：

```
>>>True == 1
    True
>>>False == 0
    True
>>>True*5+False+6
    11
```

Python 对象都具备逻辑属性，并可以在逻辑判断中用于布尔测试。大多数对象的布尔值

都可默认为 True,只需记住以下对象的布尔值默认为 False:

None、False(布尔型)、0(整型 0)、0.0(浮点型 0)、0.0+0.0j(复数型)、""(空字符串)、[ ](空列表)、( )(空元组)、| |(空字典)。

3.字符串

计算机程序经常用于处理文本信息,文本信息在程序中用字符串类型来表示。字符串是字符的序列,在 Python 语言中只有字符串的概念,一个字符也是字符串。Python 使用单引号或双引号作为字符串界定符,其共有四种方式:

(1)单引号(' ')。用成对的单引号界定字符串,中间可以嵌套双引号。

(2)双引号(" ")。用成对的双引号界定字符串,中间可以嵌套单引号。

(3)三单引号(''' ''')。用三对单引号界定字符串,中间可以嵌套单引号和双引号,可以跨行。

(4)三单引号(""" """)。用三对单引号界定字符串,中间可以嵌套单引号和双引号,可以跨行。

例如:

```
>>>str1 = " Beautiful is better than ugly!"
>>>str2 = ' Simple is better than complex! '
>>>print( str1)
    Beautiful is better than ugly!
>>>print( str2)
    Simple is better than complex!
>>>str = "Let ' s go!"    # 不会报错
>>>print( str)
    Let ' s go!
>>>str = ' let ' s go '    # 会报错
    SyntaxError: invalid syntax
```

除了嵌套方式,如果字符串中包含"" ",也可使用转义符"\",字符串采用 Unicode 编码,支持包括中文内的多种语言。字符串支持使用加法运算符和进行乘法操作,其中加法运算符只能拼贴纯字符串或使用内置函数 str( )进行类型转换后连接。例如:

```
>>>name = " \"张山\""    # 使用转义符" \"
>>>print( name)
    "张山"
>>>x = "Hello, "
>>>y = "Python!"
>>>x+y
    ' Hello, Python! '
>>>"Hello" +str( 2022)
    ' Hello2022 '
>>>3 * " 123"
    ' 123123123 '
```

```
>>>str2 = " Now is better than never. \nAlthough never is often better than ' right ' now."
>>>print( str2)
    Now is better than never.
    Although never is often better than ' right ' now.
```

2.3.4 复合数据类型

复合数据类型包括列表、元组、字典、集合等,将在后续章节"容器"中详细介绍。这里只给出简单范例。

(1)列表。一种有序的数据集合,可以保存任意数量和类型的值,这些值被称为"元素",通过下标(索引)访问元素,并且可以对元素进行修改、添加和删除操作。序列中的每个元素都分配一个数字表示它的位置或索引,第一个索引是 0,第二个索引是 1,以此类推。如 list = [1, 2, 3, 4, 5]。

(2)元组。Python 的元组与列表类似,不同之处在于元组的元素不能修改,相当于只读列表。元组使用小括号,列表使用方括号标识。如 tup2 = (1, 2, 3, 4, 5)。

(3)字典。字典是另一种可变容器模型,且可存储任意类型对象。字典的每个键和值用冒号":"分隔,每个键值对之间用逗号","分隔,整个字典包括在花括号({})中。列表是有序对象集合,字典是无序对象集合,字典中的元素通过键来获取,如 dict = { ' abc ': 123, 98.6: 37 }。

(4)集合。无重复对象的无序集合序列,更加关注集合中的元素存在与否,而非次序和频次。可以使用大括号{ }或者 set( )函数创建集合。如 basket = { ' orange ', ' banana ', ' pear ', ' apple '}。

2.4 内置函数与标准库函数

2.4.1 内置函数

Python 解释器自带的函数称为内置函数,这些函数可以直接使用,不需要导入某个模块,灵活使用这些函数能够提高编程效率。内置函数和标准库函数是不一样的。内置函数是解释器的一部分,它随着解释器的启动而生效。Python 解释器也是一个程序,它给用户提供了一些常用功能,并给它们起了独一无二的名字,这些常用功能就是内置函数。Python 解释器启动以后,内置函数也生效了。Python 的内置函数都在一个名为__builtins__的模块中输入:

```
>>>dir( __builtins__)
```

可以查看其中可用的变量和常量,也包括用来表示 48 个错误的异常类型,如 NameError。

常用内置函数如下所示:

abs( )	delattr( )	hash( )	memoryview( )	set( )
all( )	dict( )	help( )	min( )	setattr( )
any( )	dir( )	hex( )	next( )	slicea( )

ascii( )	divmod( )	id( )	object( )	sorted( )
bin( )	enumerate( )	input( )	oct( )	staticmethod( )
bool( )	eval( )	int( )	open( )	str( )
breakpoint( )	exec( )	isinstance( )	ord( )	sum( )
bytearray( )	filter( )	issubclass( )	pow( )	super( )
bytes( )	float( )	iter( )	print( )	tuple( )
callable( )	format( )	len( )	property( )	type( )
chr( )	frozenset( )	list( )	range( )	vars( )
classmethod( )	getattr( )	locals( )	repr( )	zip( )
compile( )	globals( )	map( )	reversed( )	__import__( )
complex( )	hasattr( )	max( )	round( )	

1.数学内置函数

abs(x)函数的功能为返回 x 的绝对值,x 可以为整数或浮点数类型,如果参数是复数类型则返回复数的模。

pow(x,y[,z])函数的功能为返回 x 的 y 次方幂,如果 z 存在,则返回 x 的 y 次幂对 z 取余数。pow(x,y)等价于 x**y。

round(x[,n])函数的功能为返回 x 舍入到小数点后 n 位的精度,如果 n 省略,则返回最接近 x 的整数,正数进位方向为数轴正向,负数进位方向为数轴负向。一般进位规则为:四舍六入,奇进偶不进。但因存在浮点数存储误差,以及需考虑进位位的后一位情况会变得较为复杂。

max(x1,x2,x3,…)函数的功能为返回范围参数序列中的最大值。

min(x1,x2,x3,…)函数的功能为返回范围参数序列中的最小值。

例如:

```
>>>abs(-3.1415)
    3.1415
>>>abs(3+4j)
    5.0
>>>pow(2,3)
    8
>>>pow(2,3,3)
    2
>>>round(3.1415,3)
    3.142
>>>round(-3.1415)
    -3
>>>max(2,5,3,9)
    9
>>>min(-1,0,-3,8)
    -3
```

2.数据类型转换

int( )函数的功能为将数字字符串或浮点数转化为整型数据类型,取整方式为截掉小数部分。

  float( )函数的功能为将数字字符串或整型数据转化为浮点类型。

  str( )函数的功能为返回参数的字符串类型。

  bool( )函数的功能为返回参数的布尔类型。

  ord( )函数的功能为返回 Unicode 字符对应的整数。

  chr( )函数的功能为返回整数对应的 Unicode 字符。

  eval( )函数的功能为将字符串当成有效 Python 表达式来求值,并返回计算结果。

  例如:

```
>>>int(-5.5)
    -5
>>>float("12.34")
    12.34
>>>str(3.1415)
    '3.1415'
>>>bool(0)
    False
>>>bool("0")
    True
>>>ord('A')
    65
>>>chr(97)
    'a'
>>>eval('5*3+1')
    16
```

3.对象操作

  help( )函数的功能为帮助系统。如果参数为一个字符串,则在模块、函数、类、方法、关键字或文档主题中搜索,并在控制台打印搜索信息。如果参数为对象,则显示该对象的帮助页。

  dir( )函数的功能为返回参数对象的属性列表。

  type( )函数的功能为返回参数对象的数据类型。

  len( )函数的功能为返回对象的长度,即对象中包含的元素个数。对象可以是序列或集合。

  例如:

```
>>>import math
>>>help(math.cos)
    Help on built-in function cos in module math:
    cos(x, /)
    Return the cosine of x (measured in radians).
>>>dir(math)
    ['__doc__', '__loader__', '__name__', '__package__', '__spec__', 'acos', 'acosh', 'asin', 'asinh',
    'atan', 'atan2', 'atanh', 'ceil', 'comb', 'copysign', 'cos', 'cosh', 'degrees', 'dist', 'e', 'erf',
```

```
' erfc ', ' exp ', ' expm1 ', ' fabs ', ' factorial ', ' floor ', ' fmod ', ' frexp ', ' fsum ', ' gamma ',
' gcd ', ' hypot ',
' inf ', ' isclose ', ' isfinite ', ' isinf ', ' isnan ', ' isqrt ', ' lcm ', ' ldexp ', ' lgamma ', ' log ',
' log10 ', ' log1p ',
' log2 ', ' modf ', ' nan ', ' nextafter ', ' perm ', ' pi ', ' pow ', ' prod ', ' radians ', ' remainder ',
' sin ', ' sinh ',
' sqrt ', ' tan ', ' tanh ', ' tau ', ' trunc ', ' ulp ']
>>>type( math)
    <class ' module '>
>>>len( " Python" )
    6
```

2.4.2　标准库函数

Python 标准库相当于解释器的外部扩展,它并不会随着解释器的启动而启动。标准库可以让 Python 编程事半功倍。Python 标准库非常庞大,包含了很多模块,Python 标准库参考图 1-1。要想使用某个标准库函数,必须提前导入对应的模块,否则函数是无效的,加载方法见 1.2.3。

1.数学模块(math 模块)

Python 内置的数学模块可以进行相对复杂的数学运算,此模块包含了众多常用的数学函数和数学常数,支持对整数和浮点数的运算。表 2-3 列出了其中常用的函数和常数。

表 2-3　数学模块常用函数与常数

函数与常数	描述	示例
ceil(x)	≥x 的最小整数（int）	ceil(2.2)结果为 3
floor(x)	≤x 的最大整数（int）	floor(3.6)结果为 3
fabs(x)	x 的绝对值	fabs(−2)结果为 2
factorial(x)	x 的阶乘（int）	factorial(4)结果为 24
fmod(x, y)	取余	fmod(7, −2)结果为 1
gcd(* integers)	所有参数（int）的最大公约数	gcd(4, 6, 8)结果为 2
lcm(* integers)	所有参数（int）的最小公倍数	lcm(3, 5)结果为 15
trunc(x)	将实数 x 截断为 int	trunc(3.4)结果为 3
exp(x)	e 的 x 次幂	exp(2)结果为 7.3890560…
log(x[, base])	以 base 为底,x 的对数	log(81,9)结果为 2
pow(x, y)	x 的 y 次幂	pow(2, 3)结果为 8
sqrt(x)	x 的平方根（square root）	sqrt(4)结果为 2
sin(x)	x 弧度的正弦值	sin(pi/2)结果为 1
asin(x)	x 的反正弦,单位:弧度	asin(1)结果为 1.5707963…
cos(x)	x 弧度的余弦值	cos(pi)结果为−1
acos(x)	x 的反余弦值,单位:弧度	acos(−1)结果为 3.1415926…

（续）

函数与常数	描述	示例
tan(x)	x 弧度的正切值	tan(pi/4)结果为 1
dist(p, q)	p、q 两点间的欧氏距离	dist((1, 1), (2, 2))结果为 1.4142135…
degrees(x)	将角度 x 从弧度转换为角度	degrees(pi)结果为 180
radians(x)	将角度 x 从角度转换为弧度	radians(180)结果为 3.1415926…
pi	圆周率 π	3.1415926…
e	自然常数 e	2.7182818…

2.随机模块（random 模块）

Python 中的 random 模块提供生成伪随机数的函数,如表 2-4 所示。需要注意所生成的数字并不是真正意义的随机数。

表 2-4　random 模块常用函数

函数	描述	示例(s=[1,2,3,4,5])
random()	[0,1]范围的一个伪随机数	random()结果为 0.56842953…
randint(start,end)	[start,end]范围的一个伪随机整数	randint(1,10)结果为 6
uniform(start,end)	[start,end]范围的一个伪随机实数	uniform(10,100)结果为 33.024…
randrange(start,end,step)	在指定范围内按不特定步长返回随机数	randrange(1,10,2)结果为 7
choice(seq)	从序列中随机返回一个数	choice(s)结果为 3
shuffle(seq)	将序列随机排序(打乱)	shuffle(s)结果为[3,4,5,1,2]
sample(seq,n)	从序列中随机采样 n 个数	sample(s,2)结果为[4,1]
seed(x)	设置种子,默认为当前时间	random.seed(0)

3.turtle 模块

著名的小乌龟画图,即 turtle 库,是 Python 语言中入门级的图形绘制函数库。根据一组绘图函数指令控制小乌龟在一个个平面坐标系中移动,并将其爬行的轨迹绘制成图形。

（1）画布。画布就是 turtle 用于绘图区域,可以设置它的大小和初始位置。设置画布大小的代码格式如下:

```
turtle.screensize(canvwidth=None, canvheight=None, bg=None)    # 设置画布的宽(单位像素)、高、背景
                                                                 颜色
turtle.screensize(800,600, "green")    # 显示当前画布大小与背景色
```

（2）画笔。画笔就是处在画布原点上的小乌龟,面朝向 x 轴的正方向,turtle 通过调整小乌龟位置与朝向来控制画笔的姿态。除此之外还可以通过修改画笔属性来选择不同的画笔,代码格式如下:

```
turtle.pensize()      #设置画笔的宽度;
turtle.pencolor()     #设置画笔颜色,如" red "或 RGB 3 元组,无参数则返回当前画笔颜色
turtle.speed(speed)   #设置画笔移动速度,速度范围[0,10],整数,数字越大越快
```

如表 2-5 所示为 turtle 模块常用函数。

表 2-5　turtle 模块常用函数

函数	描述
forward(distance)	沿画笔方向移动 distance 像素长度
backward(distance)	沿画笔相反方向移动 distance 像素长度
right(degree)	顺时针移动 degree
left(degree)	逆时针移动 degree
pendown( )	落下画笔,移动时绘制图形,缺省时也为绘制图形
penup( )	抬起笔移动,不绘制图形,用于另起一个地方绘制
goto(x,y)	将画笔移动到坐标 (x,y)的位置
stamp( )	复制当前图形
circle(radius,extend)	以半径 radius、角度 extend 画弧形,extend 为 none 时画整个圆形
fillcolor(colorstring)	设置图形填充颜色为 colorstring
color(color1,color2)	同时设置 pencolor=color1,fillcolor=color2
begin_fill( )	准备填充图形
end_fill( )	填充完成
clear( )	清空 turtle 窗口,但是 turtle 的位置和状态不会改变
undo( )	撤销上一个 turtle 动作
write(s [,font=("font-name",font_size,"font_type")])	写文本,s 为文本内容,font 是字体的参数,分别为字体名称、大小和类型
reset( )	清空窗口,重置 turtle 状态为起始状态
done( )	结束绘制

【例 2-1】　使用 turtle 和 time 模块,动态绘制太阳花(此程序可以自行演示)。代码如下所示:

```
import turtle as t
import time
t.screensize(300,300)
t.goto(-150,0)   # 让绘制图案整体向左移动 150
t.color("red","yellow")
t.speed(100)   # 速度 10
t.begin_fill()
for _ in range(50):   # 循环 50 次
    t.forward(300)   # 前进 300 步
    t.left(170)   # 左转 170°
    time.sleep(1)
```

上述代码运行结果如图 2-4 所示。

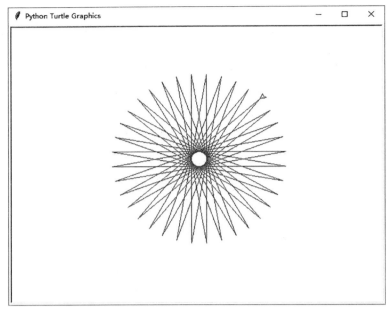

图 2-4　绘制太阳花

2.5　运算符与表达式

2.5.1　运算符

表达式代表着某种运算规则,由运算符和配对括号把数据对象组织起来,参与运算的数据对象也称为操作数。表达式中的运算符是表示数据对象行为的一种方式,不同类型的数据对象支持的运算符也不同。Python 中的运算符包括算术运算符、关系运算符、逻辑运算法、赋值运算符、位运算符、成员运算符、身份运算符等。

1.算术运算符

与日常数学习惯一致,算术运算结果也符合数学意义。其中加法运算符除了可以应用在算术加法中以外,还可以用于元组、列表、字符串的连接,但是不支持不同对象类型的连接。Python 中的算术运算符如表 2-6 所示。

表 2-6　Python 算术运算符

运算符	描述	示例
+	取正 加法运算 列表、元组、字符串合并与拼接	+100 结果:+100 1+1 结果:2 "a1"+"a2" 结果:"a1a2"
−	取负 减法运算 集合差集	−100 结果:−100 2−1 结果:1 set(A)−set(B) 结果:A−B
*	乘法运算 返回被重复若干次的序列	2*3 结果:6 3*"a1" 结果:"a1a1a1"

（续）

运算符	描述	示例
/	除法运算,结果为浮点数	3/3 结果:1.0
%	取模,返回除法的余数	9%2 结果:1
**	幂运算,返回 x 的 y 次幂	2**3 结果:8
//	取整除,返回比商小的最大整数	23//3 结果:7;-6/4 结果:-2

【例 2-2】　Python 数值运算操作符的应用。创建 Python 文件,代码如下所示:

```python
a=2
b=3
a+=b   # a=a+b
print("a1=", a)
a-=b   # a=a-b
print("a2=", a)
a*=b   # a=a*b
print("a3=", a)
a/=b   # a=a/b
print("a4=", a)
a%=b   # a=a%b
print("a5=", a)
a**=b      # a=a**b
print("a6=", a)
a//=b      # a=a//b
print("a7=", a)
list1=[0,2,4]
list2=[1,3,5]
print(list1+list2)
print(list1*3)
list1+a1
```

上述代码运行结果如图 2-5 所示。

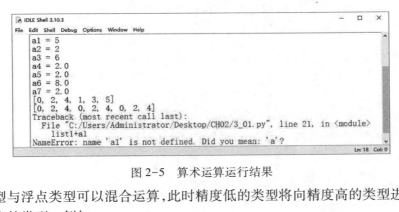

图 2-5　算术运算运行结果

整数类型与浮点类型可以混合运算,此时精度低的类型将向精度高的类型进行隐式转换,结果为精度高的类型。例如:

```
>>>f=12+12.0
>>>type(f)
    <class 'float'>
>>>12+True-False
    13
```

2.关系运算符

关系运算符也被称作比较运算符,用于两个表达式值的比较,结果为布尔值。Python 中的关系运算符如表 2-7 所示。

表 2-7   Python 关系运算符

运算符	描述	示例(设 a=10,b=20)
==	等于,判断对象是否相等	(a==b)返回 False
!=	不等于,判断两个对象是否不相等	(a!=b)返回 True
>	大于,返回 x 是否大于 y	(a>b)返回 False
<	小于,返回 x 是否小于 y	(a<b)返回 True
>=	大于等于,返回 x 是否大于等于 y	(a>=b)返回 False
<=	小于等于,返回 x 是否小于等于 y	(a<=b)返回 True

【例 2-3】   Python 关系运算示例。为了便于描述和说明,假设变量 a 为 10,变量 b 为 20。创建 Python 文件,代码如下所示:

```
a=10
b=20
c=False
c=a==b
print(c)
c=False
c=a!=b
print(c)
c=False
print('<>符号 Python3 已不用!')          # c=a<>b
c=False
c=a>b
print(c)
c=False
c=a<b
print(c)
c=False
c=a>=b
print(c)
c=False
c=a<=b
print(c)
```

上述代码运行结果如图 2-6 所示。

图 2-6　关系运算运行结果

3.逻辑运算符

复杂的条件判断往往需要用到逻辑运算,用于表达日常交流中的"并且""或者""不是"
等关系。Python 中的关系运算符如表 2-8 所示。

表 2-8　**Python 逻辑运算符**

运算符	描述	示例(a=10,b=-20)
and	逻辑"与",如果左侧为 True,a and b 返回右侧,否则返回左侧的计算值	(a>10 and b>15)返回 False(a and b)结果:20
or	逻辑"或",如果左侧 False,返回右侧的值,否则返回左侧的计算值	(a>10or b>15)返回 True(a and b)结果:10
not	逻辑"非",如果 a 为 True,返回 False,如果 b 为 False,则返回 True	not(a>5)返回 False

【例 2-4】　Python 逻辑运算示例。创建 Python 文件,代码如下所示:

```python
a=10
b=-20
if(a and b):
    print("1-变量 a 和 b 都为 true")
    print(a and b)
else:
    print("1-变量 a 和 b 有一个不为 true")
if(a or b):
    print("2-变量 a 和 b 都为 true,或其中一个变量为 true")
    print(a or b)
else:
    print("2-变量 a 和 b 都不为 true")
print("注意:逻辑运算时 0/None/空字符,都被视为 False")
c=0
d=None
e=""
print(c or a)
```

上述代码运行结果如图 2-7 所示。

图 2-7　逻辑运算运行结果

可以把 and 与 or 联合起来使用,实现诸如 C 语言中 bool? a:b 的功能,当 bool 值为真时取 a,为假时取 b。例如:

```
>>>1 and 'first' or 'second'    # ①
    'first'
>>>0 and 'first' or 'second'    # ②
    'second'
```

对于表达式①,先计算 1 and 'first',因为左侧"1"为 True,所以输出右侧'first',表达式变为'first' or 'second',此时左侧字符串'first'非空为 True,所以输出左侧'first'。对于表达式②,先计算 0 and 'first',因为左侧"0"为 False,所以输出左侧"0",表达式变为 0 or 'second',此时左侧"0"为 False,所以输出右侧'second'。对于 and 运算而言,只有当左侧为 True 时才有计算右侧的必要,并输出右侧;对于 or 运算而言,只有当左侧为 False 时才有计算右侧的必要,并输出右侧的值。

4.赋值运算符

赋值运算符用于将计算表达式的值赋给变量,其运算规则为从右向左运算。赋值运算符分为简单赋值运算符和复合赋值运算符。Python 中的赋值运算符如表 2-9 所示。

表 2-9　Python 赋值运算符

运算符	描述	示例
=	简单的赋值运算符	c=a+b 将 a+b 的运算结果赋为 c
+=	加法赋值运算符	c+=a 等价于 c=c+a
-=	减法赋值运算符	c-=a 等价于 c=c-a
*=	乘法赋值运算符	c*=a 等价于 c=c*a
/=	除法赋值运算符	c/=a 等价于 c=c/a
%=	取模赋值运算符	c%=a 等价于 c=c%a
**=	幂赋值运算符	c**=a 等价于 c=c**a
//=	取整除赋值运算符	c//=a 等价于 c=c//a

【例 2-5】　Python 赋值运算示例。为了便于描述和说明,假设变量 a 为 10,变量 b 为 20。创建 Python 文件,代码如下所示:

```
a = 10
b = 20
c = a + b
print( c )
c += a
print( c )
c -= a
print( c )
c *= a
print( c )
c / = a
print( c )
a = 7
c %= a
print( c )
c **= a
print( c )
c// = a
print( c )
```

上述代码运行结果如图 2-8 所示。

图 2-8　赋值运算运行结果

5.位运算符

Python 中可以对数值进行按位运算,即把数字看作二进制来进行计算。运算方法与规则:位运算符只适用于整数,首先把整数转换为二进制表示形式,按最低位对齐,高位补 0,然后进行位运算,最后把得到的二进制转换为十进制数。Python 中的位运算符如表 2-10 所示。

表 2-10　Python 位运算符

运算符	描述	示例(设 x = 0011 1100, y = 0000 1101)
&	按位与运算符,参与运算的两个值,如果两个相应位都为 1,则该位的结果为 1,否则为 0	(x&y)输出结果: 0000 1100
|	按位或运算符,只要对应的两个二进位有一个为 1,结果就为 1	(a|b)输出结果: 0011 1101
^	按位异或运算符,当两个对应的二进位相异时,结果为 1	(a ^ b)输出结果: 0011 0001
~	按位取反运算符,对数据的每个二进制位取反,即把 1 变为 0,把 0 变为 1 。~x 类似于 -x-1	(~a)输出结果: 1100 0011

（续）

运算符	描述	示例（设 x = 0011 1100, y = 0000 1101）
<<	左移动运算符,运算数的各二进位全部左移若干位,由 "<<"右边的数字指定了移动的位数,高位丢弃,低位补0	a<<2 输出结果: 1111 0000
>>	右移动运算符,把">>"左边的运算数的各二进位全部右移若干位,">>"右边的数字指定了移动的位数,高位用符号位填充	a>>2 输出结果: 0000 1111

【例2-6】 Python 位运算示例。创建 Python 文件,代码如下所示:

```
x=input("请输入十进制整数:")
y=input("请输入二进制整数:")
x=int(x)
y=int(y)
print('x&y')
print(bin(x&y))
print('x|y')
print(bin(x|y))
print('x ^ y')
print(bin(x ^ y))
print('~x')
print(bin(~x))
print('x<<2')
print(bin(x << 2))
print('x>>2')
print(bin(x>>2))
print(x<<4)
print(bin(y))
print(y>>2)
```

上述代码运行结果如图2-9所示。

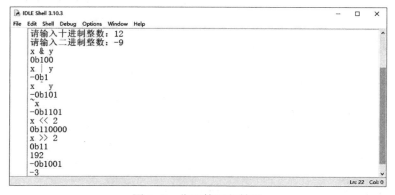

图 2-9　位运算运行结果

其中"-9"按照其补码移位,其补码为"11110111",向右移动2位后结果为"11111101",是 "-3"的补码。

6.成员运算符

除了上述的一些运算符,Python 还支持成员运算符,即判断一个对象是否为另一个对象的元素。测试实例中包含了一系列的成员,包括字符串、列表或元组。Python 中的成员运算符如表 2-11 所示。

表 2-11　Python 成员运算符

运算符	描述	示例
in	测定一个对象是否是另一对象的元素,是则返回 True,不是则返回 False	a 在 b 序列中,返回 True,否则返回 False
not in	测定一个对象是否不是另一对象的元素,成立则返回 True,否则返回 False	a 不在 b 序列中,返回 True,否则返回 False

【例 2-7】　Python 成员运算示例。创建 Python 文件,代码如下所示:

```
a=5;b=50
list=[1, 2, 3, 4, 5]

if ( a in list ):
    print ( "1 -变量 a 在给定的列表中 list 中", ( a in list ) )
else:
    print ( "1 -变量 a 不在给定的列表中 list 中", not( a in list ) )

if ( b not in list ):
    print ( "2 -变量 b 不在给定的列表中 list 中", ( b not in list ) )
else:
    print ( "2 -变量 b 在给定的列表中 list 中", ( b in list ) )
```

上述代码运行结果如图 2-10 所示。

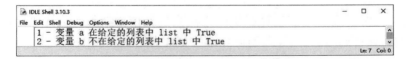

图 2-10　成员运算运行结果

7.身份运算符

身份运算符又称为同一性运算符,用于判断两个标识符是否引用了同一个对象,即比较两个对象的存储单元。Python 中的身份运算符如表 2-12 所示。

表 2-12　Python 身份运算符

运算符	描述	示例
is	x 和 y 是同一个对象	x is y
is not	x 和 y 不是同一个对象	x is not y

【例 2-8】　Python 身份运算示例。创建 Python 文件,代码如下所示:

```
str1 = "abc" ; str2 = "ABC" ; str3 = str1

if ( str2 is str1 ):
    print ( "str2 和 str1 相同" )
else:
    print ( "str2 和 str1 不相同" )

if ( str3 is str1 ):
    print ( "str3 和 str1 相同" )
else:
    print ( "str3 和 str1 不相同" )
```

上述代码运行结果如图 2-11 所示。

图 2-11　身份运算运行结果

2.5.2　表达式

表达式（expression）是指由运算符连接运算对象组成的式子,用来描述用什么数据、按什么顺序进行何种运算。表达式的最终结果称为表达式的值,也有相对应的数据类型。表达式是构成 Python 语句的重要部分,可以用来为变量和属性赋值,也可以作为函数、过程及方法的参数调用,是按照给定的计算公式,然后产生或计算新数值的代码片段。

1.运算符优先级

表达式中包含多种运算由运算符来实现,不同的运算顺序必然得出不同结果。为保证运算结果的唯一性和正确性,当表达式中包含多种运算时,必须按固定顺序进行结合,这个顺序就是运算符的优先级。运算时按运算符优先级从高到低依次执行。优先级高的运算符先结合,优先级低的运算符后结合,同等级的运算符由左向右结合。表 2-13 按优先级从低到高的顺序列出了常用的运算符,优先级数字越大代表优先级越高。想要改变默认计算顺序或者当不明确运算符优先级顺序时,可以使用圆括号"（ ）"显式声明。

表 2-13　运算符优先级

优先级	运算符	描述
1	lambda	Lambda 表达式
2	or	布尔"或"
3	and	布尔"与"
4	not x	布尔"非"
5	in , not in	成员测试
6	is , is not	同一性测试

（续）

优先级	运算符	描述
7	$<,<=,>,>=,!=,==$	比较
8	|	按位或
9	^	按位异或
10	&	按位与
11	$<<,>>$	移位
12	+,-	加法,减法
13	$*,/,\%,//$	乘法、除法、取余与整除
14	+x,-x	正、负号
15	~ x	按位翻转
16	**	指数
17	await x	await 表达式
18	x.attribute	属性参考
19	x[index]	下标
20	x[index:index]	寻址段
21	f(arguments,⋯)	函数调用
22	(experession,⋯)	绑定或元组显示
23	[expression,⋯]	列表显示
24	{key:datum,⋯}	字典显示
25	'expression,⋯'	字符串转换

2.表达式的书写与求值

Python 表达式和代数中的算式很相似,然而却是两个不同的概念。代数中的算式书写比较随意,而 Python 中的表达式却要遵循严格的语法要求。

【例 2-9】　设有已知方程 $x^2-5x+6=0$,根据二元一次方程求根公式 $\dfrac{-b\pm\sqrt{b^2-4ac}}{2a}$ 进行求解。代码如下所示:

```
import math

a=1;b=-5;c=6
x1=(-b+math.sqrt(b**2-4*a*c))/(2*a)
x2=(-b-math.sqrt(b**2-4*a*c))/(2*a)
print("x1=",x1)
print("x2=",x2)
```

程序中表达式的书写与代数中表达式的书写方法基本类似,但也有明显的不同,如乘法符号"*"不能省略,也不能用数学中的"×""·"替代;用符号表达的运算必须改成对应的数学函数,如开平方根使用 math.sqrt() 函数;分数线必须使除法运算符"/",同时分子、分母必须用括号进行区分;在难以判断运算优先级时应使用成对的括号进行显式标注。

【例 2-10】 写出判断一个变量 x 的值是不是"可以被 3 整除的奇数"的逻辑表达式。代码如下所示:

```
x = eval(input("请输入一个整数"))
bool1 = x%3 == 0 and x%2 != 0
bool2 = (x%3 == 0) and (x%2 != 0)
bool3 = (x%2 == 1 and x%3 == 0)
print(bool1)
print(bool2)
print(bool3)
```

表达式中的数字通过输入函数 input() 获取的是数字字符串,并不能直接参与算术运算,必须通过 eval() 函数先行转化为表达式的值,即数字类型。程序表达式书写时必须考虑运算数据的数据类型。

2.6 数据的输入输出

计算机程序运行模式离不开数据输入、数据输出、数据存储、数据运算与控制。数据输入输出方式多种多样,最基础的就是键盘输入与屏幕输出。

2.6.1 标准输入输出函数

Python 提供了内置函数 input(),用于从键盘这一默认标准输入设备获取文本。
语法格式:**input([prompt])**
说明:提示符 prompt 是可选项。
Python 提供了内置函数 print(),用于将结果输出到默认输出设备上。
语法格式:**print([item1][,item2][,item3]…[,sep='分隔符'][,end='结束符'])**
输出项 itemn 之间用逗号隔开,没有输出项的情况下则输出一个空行。sep 参数用来设置多个对象之间的间隔符,默认值为空格。默认会在输出后增加一个换行操作。如希望续写,则需对 end 参数进行赋值。

【例 2-11】 演示 input() 函数与 print() 函数的基本功能。代码如下所示:

```
x = eval(input("请输入 x="))
print(x ** 2)
print()
print(1,2,3,4,sep='*',end=',')
print('Python ',end='')        # 续行
print('World')
```

上述代码运行结果如图 2-12 所示。

图 2-12　input( ) 和 print( ) 函数基本功能运行结果

2.6.2　占位符格式化输出

在使用 print 函数输出时,输出内容时还要求按特定的格式进行输出,而不是以空格为间隔进行简单的格式输出。可以通过占位符构建格式控制字符串的方式进行格式化输出。Python 占位符的具体描述如表 2-14 所示。

语法格式:**print("格式控制字符串"%([item1] [,item2] [,item3] ⋯))**

说明:按照格式控制字符串要求输出输出项。

表 2-14　占位符说明

占位符	描述
d 或 i	以带符号的十进制数输出整数(正号省略)
o	以八进制无符号整数形式输出整数(不输出前导 0o)
X 或 x	以十六进制无符号整数形式输出整数(不输出前导 0x)
c	以字符形式输出
s	以字符串形式输出
f	以小数形式输出实数,默认为 6 位小数
E 或 e	以标准指数形式输出实数,数字部分 1 位整数 6 位小数
G 或 g	根据指定的精度,选择 f 和 e 中紧凑的格式输出
%	输出百分号

【例 2-12】　基于占位符的格式化输出示例。代码如下所示:

```
sum = 1000
print( "sum = %i"%sum)        # 整数显示
year = 2022;month = 2;day = 22
print( "%4d 年%02d 月%02d 日"%(year,month,day) )        # 使用 0 填充空位
PI = 3.1415926
print( "pi1 = %10.3f"%PI)    # 总宽度为 10,小数位精度为 3
print( "pi2 = %.*f"%(3, PI) )    # * 表示从后面的元组中读取 3,定义精度
print( "pi3 = %010.3f"%PI)        # 用 0 填充空位
print( "pi4 = %-10.3f"%PI)        # 左对齐,总宽度为 10 个字符,小数位精度为 3
print( "pi5 = %+f"%PI)    # 在浮点数前面显示正号
print ( "Name:%-10s Age:%08d Height:%-08.2f"%("Trump",76,1.9) )    # 显示多个数据
per = 0.36
print( "%d%%"%(per * 100) )    # 显示百分数
print( "%e"%314159)    # 科学计数法
num = 0xff
print( "16 进制:%X,10 进制:%d,8 进制:%o"%(num,num,num) )    # 不同进制显示
```

上述代码运行结果如图 2-13 所示。

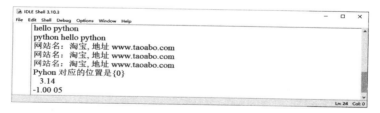

图 2-13　基于占位符的格式化输出

2.6.3　str.format( )格式化输出

从 Python 2.6 开始,新增了一种格式化字符串的函数 str.format( ),它增强了字符串格式化的功能。基本语法是通过"{}"和":"来代替以前的"%",如表 2-15 所示。

【例 2-13】　基于 str.format( )格式化输出示例。代码如下所示:

```
print("{} {}".format("hello", "python"))    # 不设置指定位置,按默认顺序
print("{0} {1}".format("hello", "python"))   # 设置指定位置
print("{1} {0} {1}".format("hello", "python"))   # 设置指定位置
print("网站名:{name}, 地址 {url}".format(name="淘宝", url="www.taoabo.com"))
# 通过字典设置参数
site = {"name": "淘宝", "url": "www.taoabo.com"}
print("网站名:{name}, 地址 {url}".format(**site))
# 通过列表索引设置参数
my_list = ['淘宝', 'www.taoabo.com']
print("网站名:{0[0]}, 地址 {0[1]}".format(my_list))    # 0 是必需的
print("{{}} 对应的位置是{{0}}".format("Pyhon"))        # 使用{{转义}}
print("{:7.2f}".format(3.1415926))        # 格式化显示数字
print("{0:+.2f} {1:0>2d}".format(-1,5))
```

上述代码运行结果如图 2-14 所示。

图 2-14　基于 str.format( )的格式化输出

表 2-15　str.format( )格式化输出示例

数字	格式	输出	描述
3.1415926	{:.2f}	3.14	保留小数点后两位
3.1415926	{:+.2f}	3.14	带符号保留小数点后两位
−1	{:+.2f}	−1.00	带符号保留小数点后两位
2.71828	{:.0f}	3	不带小数

（续）

数字	格式	输出	描述
5	｛:0>2d｝	05	数字补零（填充左边，宽度为 2）
5	｛:x<4d｝	5xxx	数字补 x（填充右边，宽度为 4）
10	｛:x<4d｝	10xx	数字补 x（填充右边，宽度为 4）
1000000	｛:,｝	1,000,000	以逗号分隔的数字格式
0.25	｛:.2%｝	25.00%	百分比格式
1000000000	｛:.2e｝	1.00E+09	指数记法
13	｛:>10d｝	13	右对齐（默认，宽度为 10）
13	｛:<10d｝	13	左对齐（宽度为 10）
13	｛:^10d｝	13	居中对齐（宽度为 10）
11	'｛:b｝'.format(11)	1011	进制
	'｛:d｝'.format(11)	11	
	'｛:o｝'.format(11)	13	
	'｛:x｝'.format(11)	b	
	'｛:#x｝'.format(11)	0xb	
	'｛:#X｝'.format(11)	0XB	

符号"^""<"">"分别是居中、左对齐、右对齐，后面带宽度；"："后面带填充的字符，只能是一个字符，若不指定则默认用空格填充；"+"表示在正数前显示+；"-"表示在负数前显示-；"（空格）表示在正数前加空格；b、d、o、x 分别表示二进制、十进制、八进制、十六进制。

2.6.4　f-string 格式化输出

f-string，亦称为格式化字符串常量（formatted string literals），是 Python 3.6 新引入的一种字符串格式化方法，该方法源于 PEP 498-Literal String Interpolation，其主要目的是使格式化字符串的操作更加简便。f-string 在形式上是以 f 或 F 修饰符引领的字符串（f'xxx'或 F'xxx'），以大括号"｛｝"标明被替换的字段，其中直接填入替换内容；f-string 在本质上并不是字符串常量，而是一个在运行时运算求值的表达式。这类似于 C#中使用"＄"修饰符的内插字符串表达式。这种使用方法较前面讲述的格式化输出方式更为自由，功能更为强大，在后期的编程学习中推荐使用该方式。

【例 2-14】　基于 f-string 格式化输出示例。代码如下所示：

```
country = "China"
print(f"My motherland is ｛country｝")　# 内插变量
# 内插表达式或调用函数
import math
radius = 2
print(f"The area of the circle is ｛radius ** 2 * math.pi｝ square meters")
print(f"TThe square root of the 4 is ｛math.sqrt(4)｝")
# 大括号内外的引号定界符冲突，灵活切换 '、"和"""
```

```
# 大括号外的引号还可以使用"\"转义,但大括号内若需包含"\"的内容必须用变量表示
print(f"I\'ll be {'back'}")
print(f'I\'ll be {'back'}')          #"{}"内外引号相同,报错
print(f"""He said {"I'm the King"}""")
# 大括号外如果需要显示大括号,则应输入连续两个大括号"{{"和"}}"
print(f"{country} ranks {{'second'}} in the world in GDP")
# 数字的格式化输出
PI = 3.1415926
print(f"pi is {PI:8.2f}")
print(f"pi is {PI:08.2f}")
print(f"pi is {PI:8.2e}")
print(f"pi is {PI:8.2%}")
print(f"pi is {PI:<+8.2f}")
print(f"pi is {12345678:015,d}")
x = 0xee
print(f"16进制:{x:_x},10进制:{x:_d},8进制:{x:_o},2进制:{x:_b}")
import datetime
e = datetime.datetime.today()
print(f'the time is {e:%Y-%m-%d (%a) %H:%M:%S}') # datetime 时间格式
```

上述代码运行结果如图 2-15 所示。

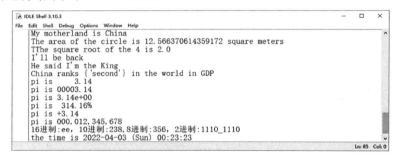

图 2-15   基于 f-string 的格式化输出

2.6.5   转义字符

在 Python 编程过程中,有些字符无法如"ABC"一样在屏幕上以显式的方式展现,比如需要对字符串进行编辑处理,如换行输出,但没有直观对应的换行字符,也看不见换行符时,需要用转义字符。另外,当字符串中包含引号时,此时该引号与字符串两端的字符串界定符就会产生歧义,这时也需要用到转义字符。在 Python 里用反斜杠"\"作为转义字符标识,转义字符使用方法如表 2-16 所示。Python 允许在字符串前加 r 或 R,表示内部的字符串默认不转义。例如:

```
>>>print("Hello,\n\"Python\"!!!")
    Hello,
    "Python"!!!
>>>print("Hello,\t\t\"Python\"!!!")
    Hello,"Python"!!!
```

```
>>>str1 = " Oct：\061\062\063"
>>>str2 = " Hex：\x31\x32\x33\x78\x79\x7A"
>>>print( str1 )
    Oct：123
>>>print( str2 )
    Hex：123xyz
>>>print( r" Hello, \t\t\" Python\" ！！！" )
    Hello, \t\t\" Python\" ！！！
```

表 2-16　常用转义字符

转义字符	描述
\（在行尾时）	续行符
\\	反斜杠符号
\'	单引号
\"	双引号
\a	响铃
\b	退格（Backspace）
\000	空
\n	换行，当前位置回到下一行开头
\v	纵向制表符
\t	横向制表符，跳到下一个 Tab 位置
\r	回车，当前位置回到本行开头
\f	换页，当前位置回到下一页开头
\oyy	八进制数，y 代表 0~7 的字符，例如，\012 代表换行
\xyy	十六进制数，以 \x 开头，yy 代表字符，例如，\x0a 代表换行
\other	其他的字符以普通格式输出

本章习题

一、选择题

1.Python 的编程方式有_____两种。

　　A.交互式和脚本式　　　　　　B.面向过程和对象

　　C.跨平台　　　　　　　　　　D. 其他

2.Python 语句 print(hello world) 的输出结果是_____。

　　A.(" hello world")　　　　　B. "hello world"

　　C. hello world　　　　　　　　D.运行结果出错

3.Python 程序的层次性和逻辑关系通过_____来体现。

　　A. ｛｝　　　　　　　　　　　B.缩进

　　C. ( )　　　　　　　　　　　　D. 自动识别逻辑

4.如果在调试程序时,若出现"unexpected indent"错误,则一般是由_____造成的。

　　A.缩进不匹配　　　　　　　　B.变量未定义

　　C.关键字书写不正确　　　　　D. 其他

5.下面哪个变量名是错误的?_____

    A.My_Python   B.hello   C.你好   D. 2W

6.a＝2+2j，b＝2−2j,a+b 的结果为_____。

    A.0   B.2

    C.4   D.运行结果出错

7.以下不属于 Python 语言特点的是_____。

    A. 语法简洁   B.依赖平台

    C.支持中文   D.类库丰富

8.在 IDLE 环境中,">>>"是_____。

    A.运算操作符   B.程序控制符

    C.命令提示符   D.文件输入符

二、简答题

1.简述 Python 编码规范。

2.简述变量的本质与变量创建的过程。

三、编程题

1.用 print 语句输出"hello Python"。

2.用 input 语句输入数值 a 和 b,用 print 语句输出 c=a+b。

3.用 input 语句输入字符串 str1 和 str2,用"+"连接两个字符串并输出。

4.练习使用 print 语句。

    print(1,2,3,sep="-")

    print("I like Python",end=":")

    print("My name is（%s）and I am　（%d）years old" %('张三',20))

5.使用 f-string 的格式化输出方式实现第 4 题的要求。

6.用 turtle 模块画出红色五角星。

第3章

流程控制与程序错误处理

　　流程控制(也称为控制流程)是指计算机程序运行时,指令序列(或是陈述、子程序)在执行流程中运行或求值的顺序组织。程序算法中包含了大量的决策,正确的决策才能得到正确的结果。面向过程的结构化程序设计提供了三种主要的流程控制结构来帮助编程人员完成决策:顺序结构、选择结构(分支结构)、循环结构。分先后执行的是顺序结构,按是否满足条件执行的是选择结构,重复迭代执行的是循环结构。做出正确流程控制决策的关键在于建立恰当的逻辑判定表达式。在编写 Python 流程控制模块代码的时候,采用缩进的方式来体现其语法结构。调试是项目开发中一个必不可少的环节,可以帮助编程者找出代码中出现的各种错误。在代码编写过程中,总会有一些异常情况发生,从而导致程序失败,此时就要用到错误处理。Python 提供了代码调试和错误处理功能。这些功能可以辅助编程人员快速检测代码,并捕捉可能发生的错误。如果代码出现错误,Python 提供的调试及错误处理工具可以向用户发出提示信息,以通知用户相应的错误信息并提供可能的纠正策略。

3.1　控制结构与算法描述

3.1.1　控制结构

　　结构化最早的概念是描述结构化程序设计方法的。结构化程序定理认为:任何一个可计算的算法都可以使用顺序、选择和循环三种基本控制结构来编程实现,如图 3-1 所示。具体方式为:

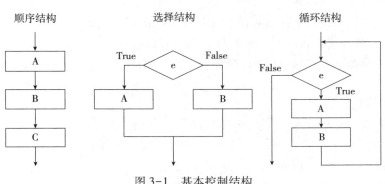

图 3-1　基本控制结构

①用顺序方式对过程分解,确定各部分的执行顺序。

②用选择方式对过程分解,确定某个部分的执行条件。

③用循环方式对过程分解,确定某个部分进行重复的开始和结束条件。

④对处理过程仍然模糊的部分反复使用以上三步分解方法,最终可将所有细节确定下来。

顺序结构从形式上看只是操作行为的顺序罗列,实则不然,其潜在的难点在于程序步骤序列的排序定位。举一个简单的例子,先吃饭还是先吃药?这要取决于药物的药理作用、特性。日常生活中有时觉得有些行为颠倒次序后,差异并不显著,主要是结果反馈往往需要很长的时间,因此易被人忽略。编程则不同,代码次序错误将直接导致程序逻辑的混乱。

选择结构,又称分支结构,其实质就是决策,当有多个解决方案摆在面前时,选择一个最有利于后期发展的解决方案作为选择结果。难点在于如何选择,或者说选择的依据是什么。在日常生活中,人们在面临选择时习惯于通过判断不同分支的优劣来进行选择,在程序设计时这种思维往往会误导初学者,忽略了构建判断条件的重要性。正确的思维方式是首先确立判断的条件,把分支的选择作为判断执行后的结果。选择结构执行的关键就是如何运用算术表达式、关系表达式和逻辑表达式来恰当地定义判断的条件。程序执行到控制分支的语句时,首先判断条件,根据条件表达式的值选择相应的语句执行(放弃另一部分语句的执行)。

循环结构可以进行有规律的重复计算处理。其深层次的含义在于通过控制循环结构可以推动程序中对象的演变,同时在演变过程中对对象的变化进行某种积累,进而实现量变到质变的过程。愚公移山中愚公的开山策略实质上就是一种循环控制结构。当程序执行到循环控制语句时,根据循环判定条件决定是否对一组语句进行重复多次执行。循环结构可以看成一个条件判断语句和一个向回转向语句的组合。循环结构有三个要素:循环变量、循环体和循环终止条件。

顺序结构、分支结构和循环结构并不是彼此孤立的,在循环中可以有分支、顺序结构,在分支中也可以有循环、顺序结构,分支中嵌套分支,循环中嵌套循环。在实际编程过程中常将这三种结构相互结合以实现各种算法,设计出合理的程序。

3.1.2 算法流程描述

正确编写程序的前提是能够对算法流程进行准确的描述,即用一种规范的方式对解决问题的工作流程进行详细的描述,帮助编程者对问题的解决方案有更清晰的认识并按描述编写出正确的代码。算法流程可采用多种语言来描述,例如,可以使用自然语言、伪代码,也可使用结构化流程图,各种描述语言在对问题的描述能力方面存在一定的差异。

下面基于求解最大公约数的欧几里得算法(又称辗转相除法),对算法描述方法进行介绍。

1.自然语言描述

自然语言描述通常基于人类生活中熟练使用的语言,如汉语、英语等,使用方便,便于理解。例如,设有两数 a、b(a≥b),求 a 和 b 的最大公约数的步骤如下:

(1)用 a 除以 b(a≥b),得 a÷b=q…r1(0≤r1)。

(2)若 $r_1=0$,则 b 为(a,b)的最大公约数。

（3）若 $r_1 \neq 0$，则再用 b 除以 r_1，得 $b \div r_1 = q \cdots r_2$。

（4）若 $r_2 = 0$，则 r_1 为（a,b）的最大公约数，若 $r_2 \neq 0$，则继续用 r_1 除以 r_2，依次循环直至能整除为止，其最后一个余数为 0 的除数即（a,b）的最大公约数。

2.伪代码描述

伪代码描述是指用计算机语言来描述算法过程，并不需要拘泥于计算机语言本身严格的语法细节与规范，是借助计算机语言对算法流程的描述，计算机无法执行，所以称之为"伪"。该方法接近于程序语言，其优点在于可以克服自然语言的歧义性，结构性强，容易书写和理解，翻译成计算机语言也最为容易。例如，基于递归算法的伪代码：

```
function gcd(a,b)
{
    if b<>0
        return gcd(b,a mod b);
    else
        return a;
}
```

3.流程图描述

流程图是算法流程的图形化描述的方式之一，也被称为程序框图，是用统一规定的标准符号描述程序运行结构与步骤的图形表示，如图 3-2 所示。流程图是在处理信息流程图的基础上通过对输入输出数据和处理过程的详细分析，将程序运行的主要步骤和内容表示出来，可以清晰地描述出算法的思路和过程。俗话说，一图胜千言，流程图形象直观，各种操作一目了然，不会产生歧义性，便于理解，算法出错时容易被发现，并可以直接转化为程序，如 Raptor 语言可以直接根据流程图生成 C++ 语言。美国国家标准化协会 ANSI 曾规定了一些常用的流程图符号：

①圆角矩形表示"开始"与"结束"。

②矩形表示行动方案、普通工作环节。

③菱形表示问题判断或判定（审核/审批/评审）环节。

④平行四边形表示输入输出。

⑤箭头代表工作流方向。

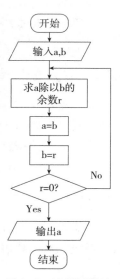

图 3-2　流程图描述

3.2　选择结构

Python 语言通过 if 语句，结合关系运算符、逻辑运算符和成员运算符组成的表达式来实现选择结构。选择结构是程序根据条件判断结果进而选择不同执行路径的一种运行方式，包括单分支选择结构、双分支选择结构和多分支选择结构。

3.2.1　单分支选择结构

单分支选择结构通常用于判断某道工序是否要执行，若满足条件则执行，若不满足条件则跳过。单分支选择结构流程如图 3-3 所示。

语法格式:if <条件表达式>:

        <语句块>

功能:若条件表达式值为真,则执行语句块,否则跳过语句块,执行 if 语句后的代码。

书写过程中需要注意:

①if 语句行最后必须加冒号。

②if 语句结构中的语句块,必须采用整体缩进格式,这是语法的重要组成部分。

③条件表达式也可以是对象或计算表达式,结果为非 0 则为真,结果为 0 则为假。

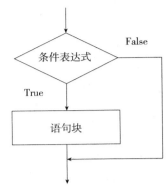

图 3-3　单分支选择结构流程图

【例 3-1】　输入 3 个整数 int_x、int_y 和 int_z,找到其中最大的数。代码如下所示:

```python
int_x,int_y,int_z=eval(input("输入三个整数:"))    # 逗号间隔输入
if int_x>int_y:
    int_x,int_y=int_y,int_x    #语句块中的每条语句向右缩进 4 个空格
if int_y>int_z:
    int_y,int_z=int_z,int_y
print(f"最大值为{int_z}")
```

3.2.2　双分支选择结构

双分支选择结构通常面临两种选择,当前条件满足时选择一种,当前条件不满足则选择另一种。其流程如图 3-4 所示。

语法格式:if<条件表达式>:

        <语句块>

    else:

        <语句块>

功能:当条件表达式值为真时,执行语句块 1,当条件表达式值为假时,执行语句块 2,然后执行 if 语句后的代码。

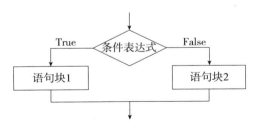

图 3-4　双分支选择结构流程图

【例 3-2】　编写程序,以长方形的长和宽(浮点数)作为输入,计算并输出长方体的面积,结果保留两位有效数字。代码如下所示:

```
length = float(input("请输入长方形的长:"))
width = float(input("请输入长方形的宽:"))
if length <= 0 or width <= 0:
    print("输入的数不能小于 0!")
else:
    area = length * width
print(f"长方形的面积是:{area:<8.2f}")    # 保留两位小数
```

上述代码运行结果如图 3-5 所示。

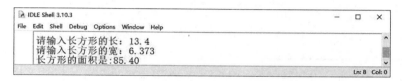

图 3-5　计算长方形面积

Python 提供了一种三目运算符,可以实现与双分支选择结构相同的逻辑。

语法格式:x if condition else y

例如:

```
>>>x1,x2 = 7,8
>>>max = x1 if x1>x2 else x2
>>>max
    8
```

【例 3-3】　输入年份,判断该年份是否为闰年。闰年条件为:该年份为 4 的整数倍且不能被 100 整除,但可以被 400 整除。代码如下所示:

```
year = eval(input("判断闰年,请输入年份:"))
if year%4 == 0 and year%100 == !=0 or year%400 == 0:
    print(f"{year}年是闰年!")
else:
    print(f"{year}年不是闰年!")
```

3.2.3　多分支选择结构

多分支选择结构通常存在多个选择,单一判断条件已经不足以加以区分,因此构造出多个判断式,按优先级先后依次进行判断,直至找到正确的选项。其流程如图 3-6 所示。

语法格式:if <条件表达式 1>:
　　　　　　　<语句块 1>
　　　　　elif <条件表达式 2>:
　　　　　　　<语句块 2>
　　　　　……
　　　　　elif <条件表达式 n-1>:
　　　　　　　<语句块 n-1>

else：
　　　<语句块 n>
　　其中,关键字 elif 可以理解为 else if 的缩写,解释器将按照条件表达式出现的先后顺序依次判断,当前一个判断条件为真则执行当前语句块,若判断条件为假,则执行下一个判断条件,以此类推,直至所有条件都不满足则执行 else 后的语句块。

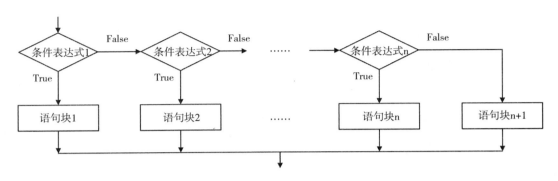

图 3-6　多分支选择结构流程图

【例 3-4】　根据百分制录入试卷成绩,给出相应的成绩等级。代码如下所示：

```
score = int( eval( input( "请输入成绩:" ) ) )
if score>=90：
    grade = "优秀"
elif score>=80：
    grade = "良好"
elif score>=70：
    grade = "中"
elif score>=60：
    grade = "及格"
else：
    grade = "不及格"
print( f"您的成绩是：{score}, 等级：{grade}" )
```

3.2.4　选择结构嵌套

　　在某些情况下,无论分支选择结构的判断条件是真是假,后续语句块中依然包含新的选择判断结构,这种结构称为选择结构的嵌套。可以简单理解为在一个 if 结构的语句块中嵌套一个或多个 if 结构,这种嵌套还可以是多层嵌套,如图 3-7 所示。被嵌套的 if 语句结构只需要与包含它的 if 语句结构在语法上保持对应的缩进即可。
　　多分支选择其实也是一种嵌套的选择结构,其特点为,当 if 判断表达式为真时,该分支内没有嵌套分支选择结构,当 if 判断表达式为假时嵌套一个双分支选择结构,将图 3-6 所示的流程略做变形,就成了图 3-8 所示的流程。因此多分支选择结构本质上是多重嵌套选择结构的一种简略表达形式,代码也同理。

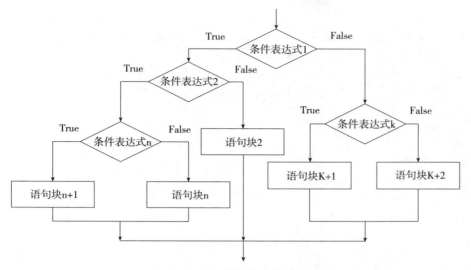

图 3-7　选择结构的嵌套流程图

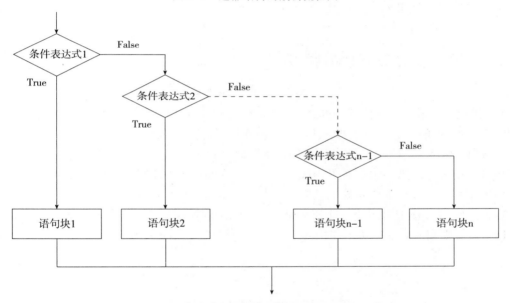

图 3-8　多分支选择结构中的嵌套流程图

【例 3-5】　判断 3 根线段所能组成的三角形类型。代码如下所示：

```
from math import *
a,b,c=eval(input("输入三角形三边长度(用逗号隔开):"))
str1=""    # 给变量赋初值
if a+b>c and b+c>a and c+a>b:          # 判断是否为三角形
    flag="能"
    # 三边按长度排序
    if a>b:
        a,b=b,a
    if b>c:
```

```
            b,c=c,b
        if abs(a**2+b**2-c**2)<=0.000001:    # 判断是否为直角,精确到小数点后6位
            str1="直角"
        elif a**2+b**2>c**2:    # 判断是否为锐角
            str1="锐角"
        else:
            str1="钝角"
    else:
        flag="不能"
    if flag=="能":
        if a==b and b==c and a==c:
            str1="等边"
        elif a==b or b==c or a==c:
            str1="等腰"+str1
print(f"a,b,c 三边{flag}组成{str1}三角形")
```

上述代码运行结果如图 3-9 所示。

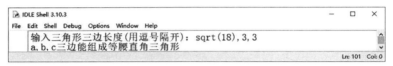

图 3-9　判断三角形类型

在该例题中,第一层双分支选择结构是判断是否为三角形,其中嵌套了一个多分支结构用来判断三角形的角度类型,而判断三角形是否同时为等边或等腰三角形与三角形角度类型并无关联,所以该分支结构并未与前者嵌套形成逻辑上的递进,而是紧随其后。程序中引入了标记变量 flag 用来记录这三边是否可构成三角形,并将 flag 记录的内容作为输出的决策依据,这在以后的编程中是一个非常重要的技巧。

在程序编写过程中引用变量前务必赋初值,否则程序会报错。程序中若删除第三行代码" str1=" " ",则当 a、b、c 三边不能构成三角形时将报错,如图 3-10 所示。

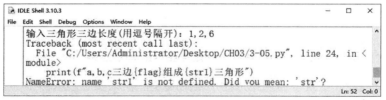

图 3-10　未定义变量报错

【例 3-6】　求一元二次方程 $ax^2+bx+c=0$ 的根。代码如下所示:

```
from math import  *
a,b,c=eval(input("输入一元二次方程系数(用逗号隔开):"))
delta=b**2-4*a*c
flag1="有"
flag2=1
str1=""
if a==0:
```

```
            flag2 = 2
            x = -c/b
            str1 = "唯一解:"
    else:
        if delta>0:
            x1 = (-b+sqrt(delta))/2/a
            x2 = (-b-sqrt(delta))/2/a
            str1 = "两个不同解:"
        elif delta==0:
            x1 = x2 = -b/2/a
            str1 = "相同解:"
        else:
            str1 = "实数解:"
            flag1 = "无"
            flag2 = 0
if flag2==0:
    print(f"方程{flag1}{str1}")
elif flag2==1:
    print(f"方程{flag1}{str1}x1={x1:6.2f}   x2={x2:6.2f}")
else:
    print(f"方程{flag1}{str1}x={x:.2f}")
```

程序中引入了两个标记变量 flag1 和 flag2,用来记录选择嵌套结构运行过程中得到的不同判断结果。flag1 用来记录方程是否有解,flag2 用来记录解的类型。这样做可以将对二元一次方程根的判断与不同类型根所对应的不同显示方式进行分离。其优点在于既降低了程序代码间的耦合度,也降低了代码自身的逻辑复杂度。在代码编写过程中,不同的功能实现应尽量分离,两者间如有关联,可以用变量进行状态信息的传递。

3.3   循环结构

在现实生活中,有很多的循环场景,如公交车一天之内反复从起点到终点循环。在 Python 编程中,大量的功能实现也需要重复性的操作,这时候就需要用到循环结构。Python 语言提供了两种循环结构,分别为 while 循环和 for 循环。

3.3.1   while 循环

while 循环也被称为当型循环,当满足某个条件时进入循环体,当条件不满足时跳出循环体。while 循环通常应用于一些并不能预先知道确切循环次数的场合。其流程如图 3-11 所示。

语法格式:while <条件表达式>:
　　　　　　　　<循环体语句块>

执行流程为:当条件表达式为真时,流程进入循环体,如果为假则跳出 while 结构,进入后续语句。循环体执行结束后会再次对

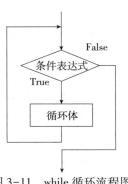

图 3-11   while 循环流程图

条件表达式进行判断,重复前述流程。书写时务必注意:

①while 语句行最后要有冒号":",并要注意循环体语句相对 while 语句的缩进。

②如果条件从来都没有满足过,循环体代码可能一次都不会执行。

③如果条件永远满足,则循环将永远进行下去,这称为无限循环或死循环。

例如:

```
>>>import tome
>>>while 1:
    print("Study well and make progress every day")
        time.sleep(1)


    Study well and make progress every day
    Study well and make progress every day
    Study well and make progress every day
    Traceback (most recent call last):
        File "<pyshell# 12>", line 3, in <module>
        time.sleep(1)
    KeyboardInterrupt
```

通过"Ctrl+C"快捷键可以强制终止循环,同时会给出错误提示。

【例 3-7】 使用 while 循环结构计算 1 到 100 的总和。代码如下所示:

```
n = 1
count = 1
sum = 0
while count <= 100:
    sum = sum + n
    count += 1
    n += 1
print(f"1 到{n}累加值为:{sum}")
```

上述代码能够顺利运行主要是解决了以下几个问题:

①之所以能进行精确的 100 次循环,关键在于设置了计数器 count+=1,通过计数器来更新 count 的值,通过对关系表达式 count<=100 的判断来控制循环的运行和终止。

②基于变量 n+=1 实现了状态更新,每循环一次,更新一次 n 的值,实现了 1 到 100 的遍历。

③构建了累加器 sum=sum+n,实现对 n 每次更新状态的累加。

该例题中状态更新器 n+=1 和计数器 count+=1 完全同步,可以尝试使用一个变量来完成 1 到 100 累加任务。

【例 3-8】 使用 while 循环结构计算 1 到 n 的累加和 sum,求小于 5100 时 sum 的最大值,并输出此时 n 的值。代码如下所示:

```
n = 1
count = 1
sum = 0
```

```
while sum<=5100：
    sum=sum+n
    count+=1
    n+=1
print(f"小于 5100 的最大累加值为｛sum-(n-1)｝,n 的最大值为｛n-2｝,")
```

在上述程序中,可以尝试交换 sum=sum+n 和 n+=1 两行代码的位置,看此时程序如何修改,才能获得准确的答案。也可以尝试将 n 和 count 的初始值设为 0,观察这种改变是否会对结果产生影响,并分析原因。

通过比较以上两例子,可以看到编写 while 循环程序时的三个关键因素:

①循环过程其实是某些变量状态更新的过程。

②这些变量的更新态将被用于某种运算并记录结果。

③变量的更新态或者相对应的运算结果将被用于构建 while 判断表达式,实现循环的控制。

下面将通过一个例子进一步说明 while 循环结构的使用方式。

【例 3-9】　输入有效位数,按照下列公式计算圆周率 π 的有效值,精确到特定位。代码如下所示:

$$\pi = 2 \times \frac{2}{\sqrt{2}} \times \frac{2}{\sqrt{2+\sqrt{2}}} \times \frac{2}{\sqrt{2+\sqrt{2+\sqrt{2}}}}\cdots$$

```
from math import *
pi=2.0
p=0
temp_pi=0
m=int(input("请输入 pi 的计算精度,有效位数为:"))
while abs(pi-temp_pi)>0.1**m：
    temp_pi=pi
    p=sqrt(2 + p)
    pi=temp_pi * 2 / p
print(f"精确到小数点后｛m｝的 pi 值为:｛pi:.｛m｝f｝")
```

上述代码运行结果如图 3-12 所示。

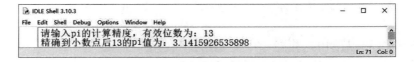

图 3-12　计算圆周率

此例与例 3-7 相比,在大的循环结构上讲几乎完全相同。在例 3-7 代码中,每一轮循环都更新了 n 的值,并对 n 值进行累加。在例 3-9 代码中,每一轮循环都更新 p 的值,并构造出 2/p 作为累乘项进行累乘。由此可知,while 循环结构除构造逻辑判别式外,最重要的是创建循环体内的更新公式,更新公式不同,实现的功能也不同。

while 循环可以如例 3-8 一样设置明确的终止条件表达式,也可以借助无限循环结构构造由人机交互控制的循环。

【例 3-10】 从键盘输入若干个数,累加所有输入的数,当输入"#"时,结束累加操作,输出累加值及输入数字的总个数。代码如下所示:

```
n = 0
sum = 0
x = input("请输入一个数:")
while x! = "#":
    n+ = 1
    sum+ = float(x)
    x = input("请输入一个数:")
print(f"一共对{n}个数进行了累加,和为{sum}")
```

上述代码运行结果如图 3-13 所示。

图 3-13　累加键盘输入的数字

3.3.2　for 循环

for 循环的循环次数通常是明确的,通过构造迭代器或指定迭代器,对迭代器中的元素进行遍历来实现循环。在循环过程中不需要控制循环变量,也不需要建立条件表达式进行判断,如图 3-14 所示。

语法格式:for <变量>in<迭代对象>:
<循环体语句块>

for 循环中最重要的是迭代器,使用变量来遍历迭代器对象中的每一个元素,元素的个数决定了循环语句执行的次数。在 for 循环中变量每获取迭代对象中的一个元素就会执行一次循环体语句块。for 循环与 while 循环相同,for 语句行最后要加冒号":",循环体语句块要整体缩进,这些都是语法的重要组成部分。

在 for 循环中,可以使用迭代对象中的元素,但在循环中尽量避免进行修改操作,因为修改操作有可能导致解释器无法跟踪其中的元素。

1.序列对象作为迭代对象

字符串可以直接作为迭代对象用于 for 循环。

【例 3-11】 分别统计英文句子中字母、数字与标点符号的数量。代码如下所示:

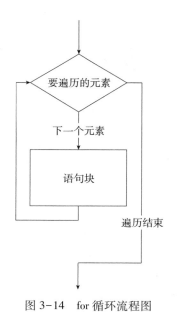

图 3-14　for 循环流程图

```
str=input("请输入英文语句:")
count_alpha=0
count_digit=0
count_mark=0
for s in str:
    if s.isalpha():
        count_alpha+=1
    elif ord("0")<=ord(s)<=ord("9"):
        count_digit+=1
    else:
        count_mark+=1
print(f"字母{count_alpha}个,数字{count_digit}个,标点符号{count_mark}个")
```

运行结果如图 3-15 所示。

图 3-15　统计不同类型的字符数量

2.range( )函数生成迭代对象

大多数情况下,当明确某一操作会迭代的次数时,可以借助 range( )函数直接生成适应该操作的迭代序列对象。

语法格式:range([atart,]end[,step])

range( )函数使用了三个整型参数来确定迭代序列对象,对象中的每个元素都是整数,范围为 start~(end-1),步长为 step。即迭代序列的元素从 start 开始,以 step 为间隔,计算到 end 位置,但又不包括 end。range( )函数有以下几种调用方式:

①range(n):得到的序列为 0,1,2,3,…,n-1。当 n≤0 时,序列为空。

②range(m,n):得到的序列为 m,m+1,m+2,m+3,…,n-1。

③range(m,n,d),得到的序列为 m,m+d,m+2d,m+3d,…,按步长 d 增长,直至最接近 n,但不包括 n 的等差值。d 可以为负值,此时 n 应小于 m,否则会产生空序列。

【例 3-12】　利用 for 循环计算 1~100 的累加值。代码如下所示:

```
sum=0
for n in range(101):
    sum+=n
print(f"整数从 1 累加到 100,和为:{sum}")
```

与例 3-7 比较,可以发现基于 for 循环的计算代码,更加直观、清晰、简洁。这里通过 range( )函数直接生成了累加的所有对象,而非在每轮循环中逐步更新。

【例 3-13】　求 Fibonacci 数列的前 30 个数,按每行 6 个的格式输出。这个数列有如下特点:前两个数为 1,从第三个数开始,其值是前两个数的和,即

$F_1 = 1$（n=1）

$F_2 = 1$（n=2）

$Fn = Fn-1 + Fn-2$（n≥3）

代码如下所示:

```
fibonacci = " "
f1 = 1
f2 = 1
fn = 0
fibonacci = str(f1)+" "+str(f2)+" "
for i in range(3,31):
    fn = f1+f2
    f1 = f2
    f2 = fn
    fibonacci = fibonacci+str(fn)+" "
    if i%6 == 0:
        fibonacci = fibonacci+" \n"
print(f"斐波那契数列前 30 位:\n{fibonacci}")
```

运行结果如图 3-16 所示。

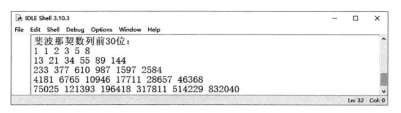

图 3-16　Fibonacci 数列前 30 位数字

可以把 Fibonacci 数列看作一个随时间进行更新的数字标记牌。用 3 个变量来分别记录数字标记牌的状态。f1 表示过去一个时刻的状态,f2 表示当前时刻的状态,fn 表示将来时刻的状态。程序中的算法分为两步:

第一步:生成未来状态。使用公式 fn = f1+f2,根据过去与现在状态生成未来状态 fn。

第二步:状态更新。fn 生成后,未来状态 fn 就变成了现在状态 f2,原来的现在状态 f2 就变成了过去状态 f1。

第一步与第二步之间通过循环,不断地生成新的状态,这些状态按时间顺序展开就是 Fibonacci 数列。在这段代码中,变量 f1、f2 和 fn 并不是固定存放数列中具体的数字,而仅仅是存放数值的容器,新的数值不断替换旧的数值,实现容器内容的不断更新。

当程序每次更新生成一个新的状态数值 fn 时,程序就使用字符串连接运算符,将数值添加进字符串变量 Fibonacci,同时还添加了空格字符。程序在 for 循环中嵌套了一个分支结构,每当遍历变量 i 的值为 6 的整数倍时添加一个换行格式符。这样,当这个包含了 Fibonacci 数列数值、空格和回车换行符的字符串变量被赋值给 print 函数时,就达到了题目中多行显示的要求。

3.3.3　break 和 continue 语句

在某些情况下,循环虽然还没有满足循环结构自身的终止条件,但在循环过程中已经满足了其他终止条件,此时有两种情况:一种是需要终止并跳出整个循环结构,另一种是只需要终止当前循环体的执行。在处理这类情况时,前者用 break 语句,后者用 continue 语句,即强制终止循环或直接跳入下一轮循环。while 循环和 for 循环中都可以使用 break 与 continue 语句,且只能出现在循环体内。

【例 3-14】　基于无限循环和 break 语句完成求 1~100 整数的累加和。代码如下所示:

```
n=1
sum=0
while 1:
    sum+=n
    n+=1
    if n>=101:
        break
print(f"1 到{n}累加值为:{sum}")
```

配合分支选择结构,break 语句的引入,使得代码更加灵活,可以在任意地方设置跳出循环的条件,而非限于 while 当型循环的循环判断条件。

【例 3-15】　判断一个大于 2 的正整数是否为素数。代码如下所示:

```
from math import *
flag=1
n=int(input("请输入一个>2 的正整数:"))
for i in range(2,int(sqrt(n)+1)):
    if n%i==0:
        flag=0
        break
if flag:
    print(f"{n}为素数")
else:
    print(f"{n}为合数")
```

任意大于 2 的整数 n,若只能被 1 和自身整除,就可归为素数。完成这一判断只需要遍历测试 2~$\sqrt{n}$ 之间的整数,因为该整数若为合数,必然有一个因子,落在此区间内。当检测到一个因子时即可判定该数为合数,后面无须再测。为优化算法,不做无用运算,在代码中加入 break 语句。在此题代码中基于标记变量 flag 构建了反证法,flag=1 即表示假设所测试的数为素数,然后用 for 循环通过遍历来查找反例,若找到大于等于 2 的因子,就证明假设不成立,将 flag 置 0,输出结果时,只需对 flag 的值进行判断即可。引入反证法进行编程是一种常用的编程思路,务必掌握。

【例 3-16】　删除 1~20 所有能被 3 整除的数。代码如下所示:

```
str1=""
for i in range(1,21):
    if i%3==0:
        continue
    str1+=str(i)+"/"
print(f"输出:{str1}")
```

continue 在这里很好地避过了不必要的操作,提高了程序的运行效率。当输出对象较多时,可以通过字符串变量来记录输出的多个数据,一次性输出。将数据生成与输出分离也是一种良好的编程习惯,可降低代码的冗余度。

3.3.4　循环中的 else 子句

while 循环可以包含 else 子句。

语法格式:while <条件表达式>:

　　　　　　<循环体语句块>

　　　　else:

　　　　　　<else 子句语句块>

for 循环也可以包含 else 子句。

语法格式:for <变量>in<迭代对象>:

　　　　　　<循环体语句块>

　　　　else:

　　　　　　<else 子句语句块>

当 while 循环条件不成立,跳出循环时,或者当 for 循环遍历结束时,会执行 else 子句,即循环结束后执行的语句,属于循环结构的一部分,可以省略。若使用 break 语句强制跳出循环,也会跳过 else 子句。

【例 3-17】　设计火箭发射倒计时程序,从 10 开始倒数,倒计到 0 时宣布发射命令。代码如下所示:

```
import time
count = 10
while count > 0:
    print(count, end="...")
    time.sleep(1)
    count = count - 1
else:
    print(count, "发射!!!")
```

3.3.5　循环结构嵌套

在一个循环语句的循环体内又包含另一个循环语句,这称为循环的嵌套。循环的嵌套既可以是同类循环结构的嵌套,也可以是不同循环结构之间的嵌套。例如,可以在 for 循环中包含一个 while 循环,也可以在 while 循环中包含一个 for 循环,还可以多级嵌套。在 Python 中,缩进是语法的重要部分,缩进不仅便于阅读和查错,更代表着逻辑的递进层次,内层控制结构语句块必须完全处在外层结构的内部语句块中。

以二级循环嵌套为例,如图 3-17 所示,Python 解释器执行的流程为:

①当外层循环条件为 True 时,则执行外层循环结构中的循环体。

②外层循环体中包含了普通程序和内循环,当内层循环的循环条件为 True 时会执行此循环中的循环体,直到内层循环条件为 False 时,跳出内循环。

③如果此时外层循环的条件仍为 True,则返回第②步,继续执行外层循环体。

④直到外层循环的循环条件为 False 时,整个嵌套循环才算执行完毕。

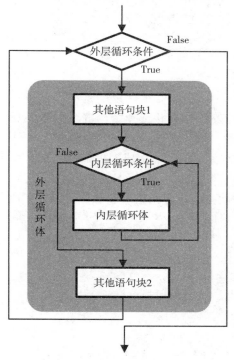

图 3-17　循环嵌套流程图

3.4　pass 语句

Python 中的 pass 语句是空语句,表示不做任何事情,是空操作。通常在设计程序时,会先编写程序的框架,但一些具体的细节还未考虑清楚,此时可以填写 pass 语句进行占位操作。特别是作为函数、类或条件子句的占位符使用,此时 pass 语句相当于一个标记,后面可以填充、完善代码。例如:

```
for i in range(10,100):
    if i%10==0:
        pass
    else:
        print(i,end=',')
```

pass 在以上代码分支选择结构中充当填充物,如果没有 pass 语句将引发 IndentationError: expected an indented block。

【例 3-18】　输出所有的两位整数,不包含 10 的倍数,按每 9 个整数一行的形式输出。代码如下所示:

```
for i in range(10,100):
    if i%10==0:
```

```
            pass
        print( )
    else:
        print(i,end = ',')
```

3.5　控制结构应用

在程序编写过程中,往往要将分支和选择结构混合起来嵌套使用,也就是 if 、while 和 for 语句的混合嵌套。

【例 3-19】　设有三个数字 7、8、9,能组成多少个互不相同且无重复数字的三位数? 各是多少?

解题思路:遍历全部可能,把有重复的组合删除。代码如下所示:

```
sum = 0
for i in range(7,10):
    for j in range(7,10):
        for k in range(7,10):
            if ((i! = j) and (j! = k) and (k! = i)):
                print(i,j,k)
                sum += 1
print(f"总共有:｛sum｝种组合")
```

运行结果如图 3-18 所示。

图 3-18　数字组合

【例 3-20】　输出一个整数,将该整数分解质因数。例如,输入 100,打印出 100 = 2 ∗ 2 ∗ 5 ∗ 5。

解题思路:从 2 开始向上遍历,能整除的肯定是最小的质数,发现一个删除一个,以此类推。代码如下所示:

```
while 1:
    str_num = input("输入一个>3 的正整数:")
    test_num = int(str_num)
    if test_num>5:
        break
    print("请重新输入!!!")

str_num+ = " = "    # 拼贴"="号
```

```
flag=0    # 假设输入的数有质因子
# 搜索质因子
while 1:
    if flag:    # 如果没有质因子,跳出循环,输出结果
        break
    # 找到一个质因子,并从被测数中剔除
    # 被测数分解到最后必等于最后的质因子,所以遍历上界为 test_num+1
    for i in range(2,int(test_num+1)):
        if test_num%i==0:        # 找到质因子
            str_num+=str(i)      # 拼贴质因子
            if test_num==i:      # 当被测数等于质因子时表示分解结束
                flag=1
                break
            str_num+="*"         # 拼贴"*"
            test_num/=i          # 删除发现的质因子,生成新的合数
            break
print(str_num)
```

运行结果如图 3-19 所示。

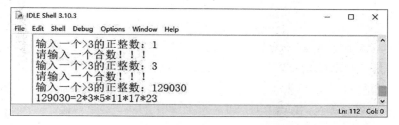

图 3-19　质因数分解

【例 3-21】　打印九九乘法表(左下阵列)。

解题思路:分行与列考虑,共 9 行 9 列,i 控制行,j 控制列,每行结束列的列号等于该行的行号。代码如下所示:

```
for i in range(1,10):
    for j in range(1,i+1):
        print(f"{i}*{j}={i*j:2d} ",end='')
    print()
```

运行结果如图 3-20 所示。

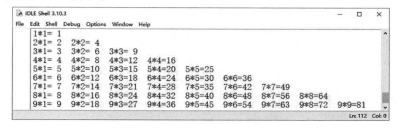

图 3-20　九九乘法表左下阵列

【例 3-22】 打印九九乘法表(右上阵列)。

解题思路:分行与列考虑,共 9 行 9 列,i 控制行,j 控制列,每行起始列的列号等于该行的行号,同时第 i 行前面空格的长度为 8 个空格的 i-1 倍。代码如下所示:

```python
for i in range(1,10):
    print(" "*8*(i-1),end="")    #输出每行前的空格
    for j in range(i,10):
        print(f"{i}*{j} = {i*j:2d} ",end=' ')
    print()
```

运行结果如图 3-21 所示。

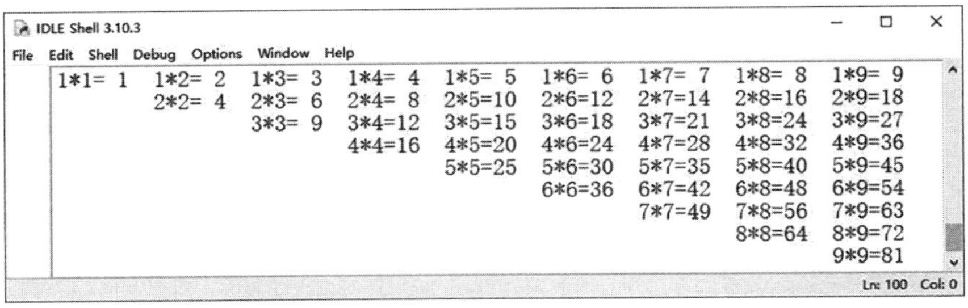

图 3-21 九九乘法表右上阵列

【例 3-23】 验证"奇偶归一猜想"也称角谷猜想。对于一个自然数,若该数为偶数,则除以 2;若该数为奇数,则乘以 3 并加 1;将得到的数再重复按该规则运算,最终可得到 1。

解题思路:用户可以重复输入多个数字进行测试,也可以通过键盘告知程序,对输入的每个数字反复按规则进行测试,得到 1 时终止。程序如下所示:

```python
while 1:
    flag=input("是否进行角谷猜想测试(Y/N):")
    if flag=="Y" or flag=="y":
        natural_num=int(input("请输入任意自然数进行验证:"))
        p=natural_num
        while 1:
            if p%2==0:          # n为偶数时
                p=p/2
            else:               # n为奇数时
                p=p*3+1
            if p==1:
                print(f"自然数{natural_num}符合角谷猜想")
                break
    elif flag=="N" or flag=="n":
        break
    else:
        print('请输入"Y"或"N"')
```

结果如图 3-22 所示。

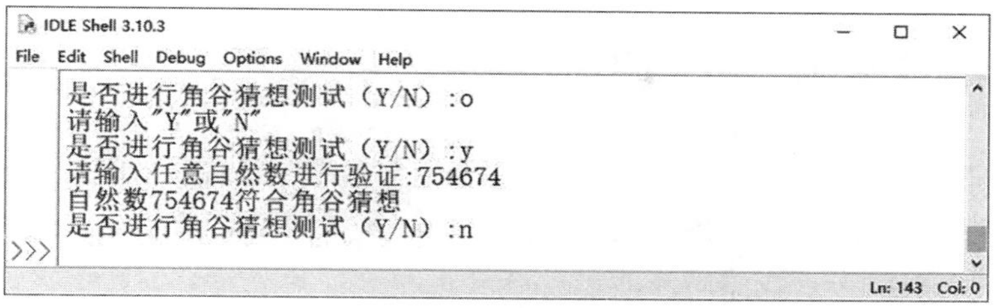

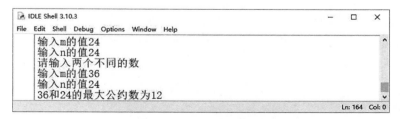

图 3-22　验证奇偶归一猜想

【例 3-24】　运用辗转相除法求两个正整数 m,n 的最大公约数。

解题思路:写出伪代码。

①已知两个数 m,n,且 m>n。

②m 除以 n 得余数 r。

③令 m←n,n←r。

④若 r≠0,转到②重复执行,直到 r=0,并求得最大公约数为 m,循环结束。

代码如下所示:

```
while 1:
    m1 = int(input("输入 m 的值"))
    n1 = int(input("输入 n 的值"))
    if m1>n1:
        break
    elif m1<n1:
        m1,n1 = n1,m1
        break
    else:
        print("请输入两个不同的数")
m = m1
n = n1
r = 1
while r != 0:
    r = m%n
    m = n
    n = r
print(f"{m1}和{n1}的最大公约数为{m}")
```

运行结果如图 3-23 所示。

图 3-23　辗转相除法

3.6 程序错误处理——调试

程序一次写完即能正常运行的概率很小,总会有各种各样的错误需要修正。解决这些错误,既要找到错误的位置,更要找到错误产生的原因。绝大部分错误并非一眼可见,需要通过一整套调试程序的手段来查找然后才能进行修复。

3.6.1 代码错误类型

在程序设计中经常发生的错误主要包括语法错误、运行错误以及逻辑错误。本节将讨论这三种错误的具体情况以及如何纠正这三种错误。

1.语法错误

语法错误是最容易被发现和被纠正的错误,如图 3-24 所示。产生此类错误的主要原因包括编写的代码指令不完整、不按照预定的语法格式提供指令或者根本无法处理等,这类错误会导致编译器不能正确"理解"代码。这些类型的错误一般都比较难以发现,但 Python 提供了语法检查机制,对变量和对象提供实时的语法检查。当出现语法错误时会立刻通知用户。

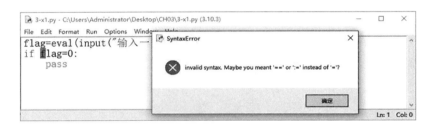

图 3-24 语法错误

2.运行错误

运行错误是指在程序运行时所发生的错误。此类错误主要是语句试图执行不能执行的操作。例如,0 作为除数、数组下标越界、数据类型无法转换、应用程序外部硬件没有按照期望步骤响应执行等。作为程序开发人员,需要预计发生运行错误的可能性,并构建适当的错误处理步骤。防止运行错误的一个办法是在错误发生之前事先考虑可能出现的错误,并用错误处理技术捕捉以及采取相应的处理步骤。在下一节,将介绍利用调试技术可以找到并处理可能突然发生的运行错误。

3.逻辑错误

逻辑错误又称语义错误,是指由于没有完全理解所编写的代码而产生的意料之外或者不希望得到的结果。最常见的逻辑错误是无限循环。如在下面的代码模块中,如果不将循环结构中变量 int_index 的值设置为 100 或 100 以下的数字,那么该循环会永远执行下去。逻辑错误是最难查找和纠正的错误。例如:

```
int_index = 100
while int_index>100:
    int_index+= 1
```

3.6.2 调试

在 Python 中,程序调试的目的是定位错误代码的位置,找到出错的原因。如图 3-25 所示,有多种方式可以使用:

①使用 print( )函数在怀疑出错的代码位置输出调试信息或跟踪变量的值。

②将程序运行中产生的调试信息输出至 log 文件,通过 log 文件分析程序运行流程。

③使用 IDLE 自带的调试工具,在代码中设置断点,跟踪程序的运行状态。

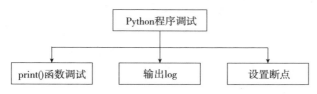

图 3-25 Python 程序调试方法

1.使用 print( )函数调试

使用 print( )函数调试程序,是最简单最直接的程序调试方法。只需要在怀疑出错的代码位置,使用 print( )函数输出调试信息,通常为观察变量的值,根据输出的调试信息来发现出错的原因,或查看程序的运行状态。例如:

```
num = eval( input( "输入一个小数:" ) )
print( num )
n = int( num )
print( n )
m = 10/n
print( m )
```

输入 0.3,报出"除 0"错误,于是在语句 m = 10/n 前插入检查代码 print(n),发现 n 在运算前已经是 0,进而在语句 n = int(num)前插入 print(num),发现在此语句前的值的确为 0.3,从而定位代码错误在 n = int(num)。原因是 int( )函数在类型转化时误将小数转化"0",将 int 改成 float,问题即可解决。运行结果如图 3-26 所示。使用 print( )函数调试会产生众多无用信息,使用后可以加"#"进行注释或删除。

图 3-26 print( )函数调试

2.输出 log 调试

一些逻辑导致的错误,需要漫长的查找过程,使用 print 和 assert 逐个输出将显得极其烦琐。此时使用 logging.info 将程序运行的完整过程及中间结果通过调试文本的方式输出,帮助编程者对整个程序进行分析,将大大提高调试效率。使用 logging 允许指定记录信息的级别(DEBUG,INFO,WARNING,ERROR,CRITICAL 等),当指定 level = INFO 时,logging.debug 就不起作用了。同理,指定 level = WARNING 后,debug 和 info 就不起作用了。这样一来,就可以有选择地输出所需级别的信息。

【例 3-25】 对辗转相除法代码进行修改,将程序运行过程中间结果输出到日志文件,观察程序中变量值的变化。代码如下所示:

```
import logging
logging.basicConfig( filename = 'D:/.../err_log.log',   # 输出文件定位
    format = '[ %( asctime ) s-%( filename ) s-%( levelname ) s:%( message ) s]',    # 日志格式
    level = logging.INFO,    # 输出级别
    filemode = 'a',    # 写模式,a 为追加模式,w 为覆盖模式
    datefmt = '%Y-%m-%d %I:%M:%S %p ')    # 日期模式
m1 = 56 ; n1 = 24
m = m1 ; n = n1
r = 1
p = 0
while r != 0 :
    p += 1
    logging.info( f" 第 {p} 轮迭代" )
    logging.info( f" m = {m} , n = {n} " )
    r = m%n
    logging.info( f" r = {r} " )
    m = n
    n = r
logging.info( f" {m1} 和 {n1} 的最大公约数为 {m} " )
```

输出 log 文件调试如图 3-27 所示。

图 3-27　输出 log 文件调试

3.断点调试

IDLE 中自带调试器,可以在调试器中设置调试断点,观察断点后每一行代码的运行情况并跟踪变量值的变化,以此协助开发人员查找程序逻辑错误。在 Python 交互窗口菜单栏单击"Debug"→"Debugger",启动调试控制窗口,勾选 Stack、Source、Locals 和 Globals 4 个复选框,窗口显示全部内容,如图 3-28 所示。

在调试窗口打开的前提下,启动程序,程序将会在第一条指令前暂停,并将要执行的代码行、局部变量及其值的列表和全局变量及其值的列表在调试器中显示出来。调试窗口左上方5 个按钮的功能如下:

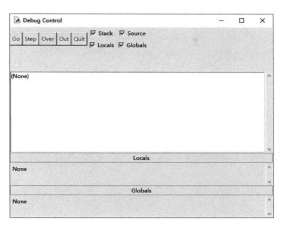

图 3-28　IDLE 调试器

（1）Go 按钮。程序正常运行至断点结束，或执行到终点。

（2）Step 按钮。程序单步运行，每运行一行代码即刻暂停。如下一行代码为函数调用，则跳入函数，运行函数中的第一行代码。

（3）Over 按钮。功能类似 Step 按钮，若下一行代码为函数调用，则直接运行该函数，并跳到函数后的第一行代码。

（4）Out 按钮。调试器全速执行，直至从当前函数返回，在 Step 进入某函数后想快速执行代码时使用。

（5）Quit 按钮。终止程序运行。

一般的程序调试，并非都从第一行开始，通常会在怀疑存在错误的代码前设置断点，当程序运行到断点时，将会暂停，此时可以使用上述 5 种按钮，对程序流程进行跟踪。设置断点的方法非常简单，在需要设断点的代码行处单击鼠标右键，在弹出菜单中选择"Set Breakpoint"，若想撤销则选择"Clear Breakpoint"，如图 3-29 所示。

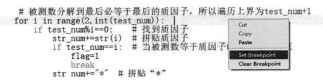

图 3-29　设置断点

【例 3-26】　打开调试器，打开例 3-20，选中代码"for i in range（2，int（test_num+1））："，将 test_num+1 修改成 test_num，使用断点调试的方法定位程序错误。调试过程如下：

步骤 1：打开 Debug 调试器。

步骤 2：按图 3-29 所示方式，将"for i in range（2，int（test_num））："所在行设置为断点。

步骤 3：输入运行程序，输入数字 6，当程序运行到断点时暂停，按 Step 键进行断点调试，逐行运行，第一次 for 循环结束后，程序内变量的值如图 3-30 所示。

步骤 4：持续按 Step 键，发现程序在外层 while 循环和内存 for 循环中来回跳转，无法跳出，形成死循环。

步骤 5：观察形成死循环时变量值的变化，发现因为 range（） 函数第二个参数 test_num 的值为 3，也就是 for 循环中迭代器对象元素只有 2，变量 i 的值永远停留在 2 上，而此时因子 3 又与 test_num 值相同,永远无法匹配,导致出现死循环。

步骤 6:找到程序不能运行的原因,即必须修改 for 循环迭代对象序列上界,将 test_num 改回 test_num+1,重新运行程序,成功。

图 3-30　Debug Control 调试运行

3.7　程序错误处理——异常处理

除了上节所示代码本身的错误外,使用环境也会引入错误,如用户不按规则输入信息、网络连接无效、磁盘操作异常和设备打开冲突等,都会破坏程序运行的稳定性。异常处理的优点在于可以预防程序的崩溃,提示用户让用户干涉程序的进程,或者调用备案程序进行干预,从而提高程序整体的鲁棒性。Python 异常处理机制可轻松分隔正常业务代码和异常处理代码。

3.7.1　异常

异常(exception)是程序运行中经常发生的事件,该事件可以中断程序指令的正常执行流程,是一种常见的运行错误。运行期间检测到的错误被称为异常。大多数的异常都不会被程序处理,都以错误信息的形式呈现。Python 使用异常对象来表示异常状态,并在遇到错误时引发异常。异常对象未被处理(或捕获)时,程序将终止并显示一条错误消息(traceback)。

异常种类繁多,并以不同的类型出现,这些类型都作为信息的一部分输出。错误信息的前面部分显示了异常发生的上下文,并以调用栈的形式显示具体信息。编程者通过各种方式引发和捕获这些实例,从而捕捉住错误并采取措施。常见异常如表 3-1 所示。

表 3-1 常见异常

标准异常	描述
ArithmeticError	数值计算所发生的所有错误的基类
AssertionError	断言语句运行失败的情况下引发
AttributeError	属性引用或赋值失败的情况下引发
EnvironmentError	Python 环境之外发生的所有异常的基类
EOFError	当从 input( )函数输入,到达文件末尾时触发
Exception	所有异常的基类
FloatingPointError	当一个浮点运算失败时触发
ImportError	当一个 import 语句失败时触发
IndentationError	没有正确指定缩进时引发
IndexError	当在一个序列中没有找到一个索引时引发
IOError	输入输出操作失败,如打印语句或 open( )函数试图打开不存在的文件导致出现操作系统相关的错误时引发
KeyboardInterrupt	当用户中断程序执行,通常通过按"Ctrl+C"引发
KeyError	当指定的键没有在字典中找到时引发
LookupError	所有查找错误的基类
MemoryError	内存溢出错误(对 Python 解释器不是致命的)
NameError	当在局部或全局命名空间中找不到标识时引发
NotImplementedError	当要在继承的类中实现抽象方法但实际上没有实现时引发此异常
OSError	操作系统错误
OverflowError	当数字类型计算超过最高限额时引发
RuntimeError	当 Python 解释器不使用 sys.exit( )函数时引发。如果代码没有被处理,解释器会退出
StandardError	除了 StopIteration 和 SystemExit 异常,所有内置异常的基类
StopIteration	当一个迭代器的 next( )方法不指向任何对象时引发
SyntaxError	Python 语法错误
SystemError	当解释器发现一个内部问题,但遇到此错误时,Python 解释器不退出时引发
SystemExit	当 Python 解释器不使用 sys.exit( )函数时引发。如果代码没有被处理,解释器会退出
TabError	Tab 和空格混用时引发
TypeError	对类型无效的操作
UnboundLocalError	试图访问函数或方法的局部变量时引发,但没有值分配给它
UnicodeError	Unicode 相关的错误
ValueError	对于内置函数传入无效参数时引发
ZeroDivisonError	当除(或取模)零运算时引发,涉及所有数值类型

3.7.2 异常抛出

程序运行过程中,异常可以由错误本身抛出,也可以通过异常抛出语句 raise 或 assert 抛出。

1.系统抛出异常

例如:

```
>>>a=1
>>>b='2'
>>>result=a+b
    Traceback (most recent call last):
        File "<pyshell# 2>", line 1, in <module>
            result=a+b
    TypeError: unsupported operand type(s) for +: 'int' and 'str'
```

系统抛出 TypeError 错误,因为字符串类型与数字类型不能直接相加。修改方法为删除 2 两侧定义字符串的单引号。

例如:

```
>>>a=int(input("输入一个小数:"))
    输入一个小数:0.1
    Traceback (most recent call last):
        File "<pyshell# 3>", line 1, in <module>
            a=int(input("输入一个小数:"))
    ValueError: invalid literal for int() with base 10: '0.1'
```

系统抛出 ValueError 错误,因为整数类型字符串才可以通过 int() 改变类型。修改方法为将 int 改为 float。

例如:

```
>>>import math
>>>m=sqrt(4.00)
    Traceback (most recent call last):
        File "<pyshell# 5>", line 1, in <module>
            m=sqrt(4.00)
    NameError: name 'sqrt' is not defined
```

系统抛出 NameError 错误,因为系统无法识别 sqrt 函数。修改方法为在 sqrt 前增加 math 前缀,即 math.sqrt。

2.raise 语句抛出异常

Python 可以使用 raise 语句主动抛出一个指定的异常。raise 语法格式如下:

raise [Exception [, args [, traceback]]]

例如:

```
>>>x=0
>>>if x==0:
    raise Exception('x 不能等于 0')

    Traceback (most recent call last):
        File "<pyshell# 12>", line 2, in <module>
            raise Exception('x 不能等于 0')
    Exception: x 不能等于 0
```

raise 抛出异常"Exception：x 不能等于 0"。

3.assert 语句抛出异常

assert 语句与 raise 语句相似，是有条件的异常抛出，该语句称为断言。那么什么时候是引用断言的最佳时机呢？如果没有特殊的目的的话，断言主要应用于以下几种情况：

①防御性的编程。

②运行时对程序逻辑的检测。

③合约性检查(如前置或者后置条件)。

④程序中的常量。

⑤检查文档。

Python 通过判断在 assert 中添加条件表达式的值，决定是否抛出异常。当表达式的值为假时，抛出 AssertionError 异常，为真时忽略。凡是使用 print( )函数调试程序的地方都可以用 assert 来取代，如果断言失败，assert 就会抛出 AssertionError。与 print( )函数相比，其优点在于调试通过后，可以通过-O 参数来关闭 assert。

语法格式如下：

```
assert<expression> [ , args]
```

例如：

```
num = eval( input( "输入一个小数:" ) )
n = int( num)
assert n! = 0, 'n is zero! '
m = 10/n
print( m)
```

运行结果如图 3-31 所示。

图 3-31　assert 断言调试

3.7.3　异常捕获与处理

异常是可以改变程序流程的一个事件，如果被捕获，就可以从程序流程中跳出来，调用处理这些异常的方法、给出错误报告或终止程序，这通常被称为捕获异常。一般情况下，如果不是特别严重的错误，经过异常处理，程序将可以恢复正常运行。

1.try 语句

(1)处理单个异常。使用 try…except…else 语句，语法格式如下：

```
try:
    <语句块>
except <异常名称>:
    <异常处理代码>
```

else：

    <没有异常时执行的代码>

try 语句捕获的异常由 except 子句进行处理，except 后为描述处理的异常名称，冒号后为对应的处理代码。

说明：

①try 语句至少对应一条 except 子句，如没有异常发生，则忽略 except 子句。

②如果在执行 try 子句的过程中发生了异常，那么 try 子句余下的部分将被忽略。如果异常的类型和 except 之后的名称相符，那么对应的 except 子句将被执行。

③except 后可用括号包含多个异常名称，中间用逗号分开。

④没有异常名跟随的 except 子句用于处理未预见的异常；因此通常放在带异常名称的 except 子句后。

⑤一个异常被一条 except 子句处理后，不再会被其他 except 子句处理。

⑥在异常处理后，Python 解释器回到 try 语句继续运行。

⑦如果有异常被疏忽，将会向上层 try 传递，直至由 Python 隐含的异常处理机制处理。

⑧try…except 语句可在所有的 except 子句之后添加一个可选的 else 子句。else 子句将在 try 子句没有发生任何异常的时候执行。

例如：

```
x=int(input('x='))
y=int(input('y='))
print('x/y=',x/y)
```

不使用异常捕获，当 y=0 时，系统会抛出"ZeroDivisionError：integer division or modulo by"这个异常，并会中断程序的运行。

```
try：
    x=int(input('x='))
    y=int(input('y='))
    print('x/y=',x/y)
except ZeroDivisionError：
    print("被除数不能为0")
else：
    print(a)
```

使用异常捕获时，因为可以预见 ZeroDivisionError 这个异常，所以在 except 后添加异常名称 ZeroDivisionError，进而捕获这个异常并处理，如果程序没有异常则输出 x／y。

在程序编写过程中，编写异常通常也采用这个方法。先暴露异常，然后再根据输出信息添加需要捕获的异常类型。

（2）处理多个异常。一个 except 子句可以同时处理多个异常，这些异常将被放在一个括号里成为一个元组。语法格式如下：

try：

    <语句块>

```
except(<异常1>,<异常2>,<异常3>):
    <异常处理代码>
```

例如：

```
try:
    x=int(input('x:'))
    y=int(input('y:'))
    print(x/y)
except (ZeroDivisionError,ValueError):
    print("error")
```

不管输出 1/0(ZeroDivisionError)，还是 1/'a'(ValueError)，都执行 print("error")。

（3）区分处理多个异常。一个 try 语句通过包含多个 except 子句来分别处理不同的异常类型。一个异常对应一个执行分支。即只针对 try 子句中捕获到的对应的异常进行处理，这样可以为异常提供更精细的处理策略。

例如：

```
try:
    x=int(input('x:'))
    y=int(input('y:'))
    print(x/y)
except ZeroDivisionError:
    print("The second number can't be zero!")
except TypeError:
    print("That wasn't a number, was it?")
except:
    print("Unexpected error:", sys.exc_info()[0])
else:
    print(a)
```

2.finally 子句

finally 子句用于清理 try 语句中执行的操作，例如释放占用资源（设备、文件流、数据连接等），无须等待运行库垃圾回收机制来执行处理。通常，finall 子句放在 try 语句与 except 子句之后执行，且与是否抛出异常、异常是否被处理无关，可以把一些最后的清理行为放到这个语句块中。语法格式如下：

```
try:
    <语句块>
except <异常>:
    <异常处理代码>
else:
    <没有异常时执行的代码>
finally:
    <最后都会执行的代码>
```

例如：

```
try：
    f=open("D:\\Python\CH03\f3_01.txt","r")
except（ZeroDivisionError,IOError）：
    print("未找到所需文件")
else：
    print("文件已打开")
finally：
    f.close()
```

Python 异常结构执行顺序：try→except→else（无异常）→finally→未定义异常。

3.7.4 自定义异常

可以根据程序自身需要自定义异常。异常类继承自 Exception 类，可以直接继承，或者间接继承。例如：

```
class NumberError(Exception)：
    def __init__(self,n)：
        self.n=n
try：
    n=input("请输入数字：")
    if not n.isdigit()：
        raise NumberError(n)
except NumberError as hi：
    print("NumberError：请输入字符。\n 您输入的是：",hi.n)
else：
    print("未发生异常")
```

当输入为非数字时触发异常：NumberError(n)。

3.7.5 预定义清理

预定义的清理行为指的是对象定义了标准的清理操作，当一个对象长期未被使用就会执行标准清理流程。with 语句是一种上下文管理协议（context management protocol），目的是简化 try-except-finally 处理流程。with 语句适用于对资源访问的场合，确保任何情况下（包括发生异常），都会执行必要的释放资源等操作。如文件使用后关闭、线程中锁的获取与释放、数据库连接等。基本语法格式如下：

```
with expression [as target]：
    with_body
```

功能说明：expression 是一个需要执行的表达式，target 是一个变量或元组，存储的是 expression 执行返回的值。with 语句在执行时会执行紧随其后的代码，并调用该对象的__enter__方法执行相关操作，该方法的返回值将被赋给 targe。如出现异常或执行结束，则自动调用__exit__方法释放资源。

例如：

```
f1 = open( "my_file.txt" ,"w" )
f1.write( "hello Python" )
```

以上代码的问题在于执行完成后缺失了 f1.close( ),所以即使程序关闭了,文件还是没有关闭。这对于大型程序而言是一个严重的问题,因为无法确保程序运行的稳定性。with 语句可以确保诸如文件之类的对象得到及时有效的清理,即进行预定义清理。

语句可做如下修改:

```
with open( " my_file " ,"w" ) as f1:
    f1.write( "hello Python" )
```

修改后即使在处理文件数据时出错,后期文件 f 也总会被关闭。不同的对象有不同的预定义清理行为。

本章习题

一、选择题

1.执行 Python 语句 x = y = z = 1 后,x 是_____,y 是_____,z 是_____。

   A.1   B.True   C.False   D.0

2.已知 x = 1,y = 2,执行语句 x,y = y,x 后,x 是_____,y 是_____。

   A.1   B.2   C.0   D.错误

3.以下选项运行结果为 True 的是_____。

   A.("9" ,"1") < ("a" ,"b")   B.10+4j>9−3j

   C.' 123 '>' abc '   D.2>1>1

4.以下 Python 能够正确执行的是_____。

   A.min = x   if x < y   B.max = x>y? x:y

   C.if (x > y)   print(x)   D.while True:pass

5.以下哪个选项是用来判断程序分支结构层次的?_____

   A.缩进   B.冒号   C.括号   D.花括号

6.当知道条件为真,想要程序无限执行直到人为停止的话,可以通过_____语句实现。

   A.for   B.break   C.while   D.if

7.for 或者 while 与 else 搭配使用时,能够执行 else 对应语句块的情况是_____。

   A.总会执行   B.永不执行

   C.仅循环正常结束时   D.仅循环非正常结束时

8.关于 break 语句的作用,以下说法正确的是_____。

   A.按照缩进跳出当前层语句块   B.按照缩进跳出除函数缩进外的所有语句块

   C.跳出当前层 for、while 循环   D.跳出所有 for、while 循环

9.合理使用异常处理结构可以使得程序更加健壮,具有更强的_____。

   A.容错性   B.脆弱性   C.稳定性   D.随机性

10.当程序出现错误时,Python 会自动引发异常,也可以通过_____显式地引发异常。

   A.raise   B.Try   C.except   D.else

11.在 try/except…else 语句中,else 中的语句在_____。

A.任何时候执行

B.try 子句没有发生任何异常的时候执行

C.没有发生任何异常的时候执行

D.以上都不对

12.在 try/except…finally 语句中,finally 语句在_____。

A.无论是否发生异常都会执行

B.try 子句没有发生任何异常时执行

C.没有发生任何异常时执行

D.以上都不对

13.ZeroDivisionError:division by zero 对应的异常是_____。

A.除 0   B.1 * 0   C.类型不匹配   D.其他

二、填空题

1.Python 提供功能强大的替代解决方案——_____,即最大限度地不影响程序运行效率,又解决了程序运行的异常处理。

2.运行期间检测到的错误被称为_____。

3._____未被处理(或捕获)时,程序将终止并显示一条错误消息(traceback)。

4.异常比较有趣的地方是可对其进行处理,通常称之为_____异常,用_____语句。

5.Python 异常结构执行顺序:_____。

三、编程题

1.统计不同类型的字符个数。用户从键盘键入一行字符,统计并输出其中英文字符、数字、空格和其他字符的个数。

2.求一个数的阶层。要求输入一个整数,输出对应的阶层。

3.用 input 函数输入一个学生的成绩,按照 90 分以上为优,80~90 分为良,60~80 为合格,60 以下不合格的标准,输出结果。

4.用 input 函数输入一个整数,判断该整数是否为素数。

5.尝试使用 while 循环改造例 3-6,增加询问语句,当输入"Yes"时,可以计算二元一次方程的根,当输入"No"时退出程序。

第4章
数据结构与操作

计算机程序的本质是对输入数据的处理与输出。其中,处理包括数据的存储与运算,需要用存储在计算机中的数据来完成对客观事物的抽象与描述,同时基于这些数据完成相应的计算。实现这个目的需要解决两个问题:一是,客观事物大都是高维信息,而计算机内部存储单元是线性的一维信息,因此需要解决高维到一维的映射处理;二是,在一维线性空间中如何描述事物之间的关系,而这种关系通常是高维的。若想解决这两个问题,就要引入一个新的概念——数据结构。数据结构(data structure)是带有结构特性的数据元素的集合,它研究的是数据的逻辑结构和数据的物理结构以及它们之间的相互关系,并对这种结构定义对应的运算,设计出相应的算法。

Python 中常规的数据结构被称为容器(cintainer),其主要分为三类:序列(sequence)、集合(sets)和映射(mapping)。

序列:序列中的元素有序排列,每个元素可通过数字表示的索引(下标)进行获取,元素间无排他性。序列包括字符串(string)、列表(list)和元组(tuple)。

集合:集合是无序和无索引的元素集合,元素间有排他性(相同元素只能唯一存在)。

映射:映射是一种关联的容器类型,存储对象和对象之间的关系。字典是 Python 中唯一的映射类型,是"键-值(key-value)"数据项的组合。

4.1　序列的通用操作

4.1.1　索引与切片

序列是 Python 中最基本的数据结构,序列中每一个元素都有自己的位置编号(也称下标),通过索引的方式可以获得数据。如图 4-1 所示(以字符串为例,name = " Rossum "),描述了序列的存储结构。

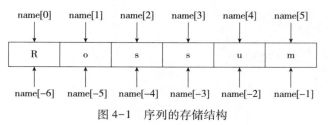

图 4-1　序列的存储结构

序列中可以包含多个元素,元素按顺序排列,每个元素对应一个编号,编号从 0 开始,依次递增,这个编号就是索引。如 name[0]可以访问第一个元素字母"R",name[3]可以访问第四个元素字母"s"。注意:编号不能越界,即编号不能大于等于序列元素的总个数(序列的长度),如 name[6]就是不合法的索引,系统会抛出 IndexError 异常。索引编号按从左到右的顺序依次从 0 开始递增是正向索引,如果从右到左依次从-1 开始递减,称为负向索引。从最后的元素开始,以-1 为编号起点,逐步递减。name[-1]表示倒数第一个元素字母"m",name[-2]表示倒数第二个元素字母"u",以此类推。两者的关系为:负向索引+序列的长度=正向索引。

例如:

```
>>>name="Rossum"
>>>name[3]
's'
>>>print(name[1],name[-5],name[-5+len(name)])
o o o
>>>name[-7]
    Traceback (most recent call last):
        File "<pyshell# 13>",line 1,in <module>
            name[-7]
    IndexError: string index out of range
```

除索引方式外,Python 同时提供了序列的区间访问模式,称为切片。索引依次只能获取一个元素,切片可以一次获取多个元素,并得到一个新序列,具体语法格式为:

序列名[起始下标:结尾下标:步长]

说明:不包括结尾下标所指元素。若省略起始下标,则表示从序列开始处取元素;若省略结尾下标,则表示直接取到最后一个元素;若起始下标和结尾下标都省略,则表示获取整个序列;当步长非空时,从起始下标开始到结尾下标范围内按步长间隔跳跃式获取元素,缺省时步长默认为 1;如果起始下标和结尾下标都空缺,步长为-1,则反向获取序列元素。

例如:

```
>>>alphabet=['a','b','c','d','e','f','g','h','i','j','k','l','m','n','o']
>>>alphabet[1:7]
    ['b','c','d','e','f','g']
>>>alphabet[:7]
    ['a','b','c','d','e','f','g']
>>>alphabet[7:]
    ['h','i','j','k','l','m','n','o']
>>>alphabet[:]
    ['a','b','c','d','e','f','g','h','i','j','k','l','m','n','o']
>>>alphabet[1:14:3]
    ['b','e','h','k','n']
>>>alphabet[::3]
    ['a','d','g','j','m']
```

```
>>>alphabet[-2:-7]
    []
>>>alphabet[-7:-2]
    ['i','j','k','l','m']
>>>alphabet[::-1]
    ['o','n','m','l','k','j','i','h','g','f','e','d','c','b','a']
>>>alphabet[-2:-10:-3]
    ['n','k','h']
```

【例4-1】　判断一个字符串是不是回文。例如,12321 是回文,首位与末位字符相同,第二位与倒数第二位字符相同,以此类推,第 n 位字符与倒数第 n 位字符相同。

解题思路:运用字符串切片反向输出进行比对。代码如下所示:

```
str_x=input("输入字符串:")
if str_x==str_x[::-1]:
    print(f"{str_x}是回文")
else:
    print(f"{str_x}不是回文")
```

运行结果如图 4-2 所示。

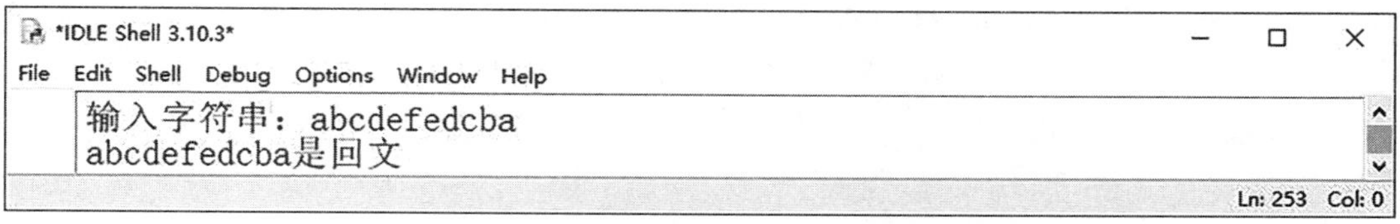

图 4-2　回文字符串

4.1.2　加法与乘法

序列可以相加,也可以乘以一个整数,这里的加和乘运算并非算术运算,而是序列拼贴的两种方式。加法是指通过"+"将两个序列按所处运算符的前后位置连接在一起。乘法是将序列按所乘整数复制对应倍数然后连接在一起。例如:

```
>>>first_name='Abraham'
>>>Last_name='Lincoln'
>>>first_name+'.'+Last_name
    'Abraham.Lincoln'
>>>str=[1,2,3,4]
>>>str*3
    [1,2,3,4,1,2,3,4,1,2,3,4]
```

4.1.3　遍历与成员判断

除了索引和切片读取元素外,有时还需要遍历序列中的元素以用于某种操作或者判断某个对象是否为序列成员。下面将通过 for 循环和 while 循环遍历序列元素,使用成员运算符

in、not in 判断对象是否为序列中的成员。例如:

```
>>>week = (' Monday ',' Tuesday ',' Wednesday ',' Thursday ',' Friday ',' Saturday ',' Sunday ',)
>>>for day in week:
        print(day,end = ',')

    Monday,Tuesday,Wednesday,Thursday,Friday,Saturday,Sunday,
>>>i = 0
>>>while i < len(week):
        print(week[i],end = ',')
        i+ = 1

    Monday,Tuesday,Wednesday,Thursday,Friday,Saturday,Sunday,
>>>print("April Fools ' Day" in week)
    False
>>>print("Saturday" not in week)
    False
```

【例 4-2】 采用序列元素遍历的方法求解例 4-1。

解题思路:构建两个序列索引变量,分别指向字符串首位,指向左侧的索引变量每迭代一次递增 1,指向右侧的索引变量每迭代一次递减 1,基于这两个索引变量获取字符进行对比。当左侧索引变量大于右侧索引变量时对比终止。代码如下所示:

```
str_x = input("输入字符串:")
a = 0
b = len(str_x)-1
flag = True
while a<b:
    if str_x[a] != str_x[b]:
        print(f"{str_x}不是回文")
        flag = False
        break
    a,b = a+1,b-1
if flag:
    print(f"{str_x}是回文")
```

【例 4-3】 判断一个整数是否为自幂数,如果一个数有 n 位,且每位数字的 n 次方之和等于自身,则这个数称为自幂数。例如,四位自幂数又被称为四叶玫瑰数,指一个数的个、十、百、千位上数字的四次方之和等于该数。找出 10 000 以内的所有自幂数。

解题思路:输入数字转化为字符串,对字符串进行遍历,取出每位数字按自幂数规则进行验证。代码如下所示:

```
str_narcissistic = ""
for num in range(1,10000):
    i = str(num)
    p = len(i)
```

```
        sum = 0
        for x in i:
                sum+ = int(x) ** p
        if sum == num:
                str_narcissistic+ = i+"  "
print(f"10000 以内的自幂数为: |str_narcissistic|")
```

运行结果如图 4-3 所示。

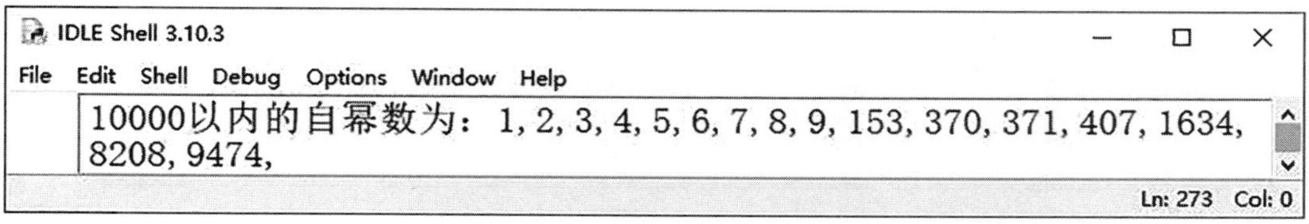

图 4-3　自幂数

4.2　字符串操作

字符串对象支持多种函数和方法,从而可以实现多种关于字符串的操作。但需要注意的是,字符串为不可变序列,不能修改,否则会引发 TypeError 异常。如果确定要修改只能用字符串自带的方法。支持字符串的函数有 6 个,分别为 len( )、str( )、chr( )、ord( )、hex( )和 oct( ),相关用法可参考第 2 章 2.4 节。下面主要介绍字符串对象的方法和正则表达式。

4.2.1　字符串方法

1.查找指定字符串

(1)string.find(sub[,start[,end]])。在字符串中查找子字符串 sub,从左向右查找,如果找到则返回第一个 sub 的索引位置,否则返回-1。参数 start 和 end 表示查找的起点与终点,但不包括 end,缺省则代表查找起点后的字符串。

(2)string.rfind(sub[,start[,end]])。在字符串中查找子字符串 sub,从右向左查找,如果找到则返回第一个 sub 的索引位置,否则返回-1。参数 start 和 end 表示查找的起点与终点,但不包括 end,缺省则代表查找起点后的字符串。

(3)string.index(sub[,start[,end]])和 string.rindex(sub[,start[,end]])。其功能分别与(1)、(2)类似,如子字符 sub 未找到则抛出 ValueError 异常。

(4)string.count(sub[,start[,end]])。返回子字符串 sub 在字符串 string 中出现的次数。

例如:

```
>>>str_xxx = "123abc123abc123abc"
>>>str_xxx.find('3a')
    2
>>>str_xxx.rfind('3a')
    14
```

```
>>>str_xxx.find('3a',3,9)
    -1
>>>str_xxx.find('3a',3,10)
    8
>>>str_xxx.count('3ab',5,16)
    1
>>>str_xxx.count('3ab',5,17)
    2
>>>str_xxx.index('3ac')
    Traceback (most recent call last):
        File "<pyshell# 68>",line 1,in <module>
            str_xxx.index('3ac')
        ValueError: substring not found
```

2.替换与合并字符串

（1）string.replace(old,new[,count])。返回字符串被修改后的副本,字符串中所有子字符串 old 都被替换为 new。count 参数表示字符串中前 count 个 old 子字符串可以被替换。替换后并不会改变原字符串,而是产生一个新字符串。

（2）string.join(iterable)。返回由 iterable 中字符拼贴而成的字符串,iterable 可以是字符串、列表或元组等,但其中的元素必须为字符串,否则会抛出 TypeError 异常。调用该方法的字符串将成为新字符串的分隔符。

例如:

```
>>>str_xxx.replace('3a','9k9')
    '129k9bc129k9bc129k9bc'
>>>str_xxx
    '123abc123abc123abc'
>>>str_xxx.replace('23','100',2)
    '1100abc1100abc123abc'
>>>'_'.join(week)
    'Monday_Tuesday_Wednesday_Thursday_Friday_Saturday_Sunday'
>>>':'.join(('1','2','3'))
    '1:2:3'
>>>' * '.join(('7','8','9'))
    '7 * 8 * 9'
```

3.修剪字符串

（1）string.lstrip([chars])。若字符串中左侧子字符串可以由字符集 chars 中的元素组合而成,则删除该子字符串,返回修改后的副本,如果参数缺省,则删除字符串左侧空格。

（2）string.rstrip([chars])。若字符串中右侧子字符串可以由字符集 chars 中的元素组合而成,则删除该子字符串,返回修改后的副本,如果参数缺省,则删除字符串右侧空格。

（3）string.strip([chars])。若字符串中左右两侧子字符串可以由字符集 chars 中的元素组合而成,则删除该子字符串,返回修改后的副本,如果参数缺省,则删除字符串两侧空格。

例如:

```
>>>str_xxx.lstrip('12')
    '3abc123abc123abc'
>>>str_xxx.rstrip('c')
    '123abc123abc123ab'
>>>str_x1 = 'aabcccabbbaaccddacbbcaca'
>>>str_x1.strip('abc')
    'dd'
```

4.大小写与对齐格式化

(1) string.capitalize( )。将字符串的首字符大写,其余字符小写,并作为副本返回。

(2) string.title( )。将字符串中的每个单词的首字符大写,其余字符小写,并作为副本返回。

(3) string.lower( )。将字符串中所有区分大小写的字符转为小写,并作为副本返回。

(4) string.upper( )。将字符串中所有区分大小写的字符转为大写,并作为副本返回。

(5) string.ljust(width[,fillchar])。返回长度为 width 的字符串修改副本,原字符串左对齐,右侧不足的位置用 fillchar 填充,如 width 小于原字符串长度,则返回原字符串副本。

(6) string.rjust(width[,fillchar])。返回长度为 width 的字符串修改副本,原字符串右对齐,左侧不足位置用 fillchar 填充,如 width 小于原字符串长度,则返回原字符串副本。

(7) string.center(width[,fillchar])。返回长度为 width 的字符串修改副本,原字符串居中,左右两侧不足的位置用 fillchar 填充,如 width 小于原字符串长度,则返回原字符串副本。若两侧填充字符数不相等,则右侧多填充一个字符。

例如:

```
>>>str_x2 = "hello_kitty"
>>>str_x2.capitalize( )
    'Hello_kitty'
>>>str_x2.title( )
    'Hello_Kitty'
>>>str_x2.lower( )
    'hello_kitty'
>>>str_x2.upper( )
    'HELLO_KITTY'
>>>str_x2.ljust(15,'*')
    'hello_kitty****'
>>>str_x2.rjust(15,'*')
    '****hello_kitty'
>>>str_x2.center(12,'*')
    'hello_kitty*'
>>>str_x2.center(13,'*')
    '*hello_kitty*'
```

5.字符串分隔

（1）string.split(sep,maxsplit)。使用 sep 作为分隔符,返回由多个分隔符分隔后形成的子字符串组成的列表。参数 maxsplit 为最大拆分次数,拆分后会生成 maxsplit+1 个元素。如果 maxsplit 缺省或为−1 则不限制拆分次数,如果 sep 缺省则以空白符号分隔,包括空格、换行符、制表符等。

（2）string.rsplit(sep,maxsplit)。作用同上,但从右侧开始拆分。

（3）string.partition(sep)。在分隔符 sep 首次出现的地方,将原字符串拆成 3 份,返回一个元组,第一个元素为分隔符左侧部分,第二个元素为分隔符自身,第三个元素为分隔符右侧部分。如分隔符缺省,则返回由字符串本身与两份空字符串组成的元组。

（4）string.rpartition(sep)。作用同上,但从右侧开始拆分。

（5）string.splitline([keepend])。在换行符的位置对字符串进行拆分,返回原字符串中各行组成的列表。如果 keepend=True,则返回的列表元素中包含换行符,否则不包含换行符,即字符串按行拆分。

例如:

```
>>>str_xxx.split('3',2)
    ['12','abc12','abc123abc']
>>>str_xxx.rsplit('3',2)
    ['123abc12','abc12','abc']
>>>str_xxx.partition('c123a')
    ('123ab','c123a','bc123abc')
>>>str_xxx.rpartition('c123a')
    ('123abc123ab','c123a','bc')
>>>str_xxx.split('3')
    ['12','abc12','abc12','abc']
>>>str_x3="stay hungry\n stay foolish"
>>>str_x3.splitlines()
    ['stay hungry',' stay foolish']
>>>str_x3.splitlines(True)
    ['stay hungry\n',' stay foolish']
```

【例 4-4】 计算键盘输入的数字之和。要求用“,”间隔数字输入。

解题思路:使用 split()方法对输入的数字字符串进行分隔,然后对列表中的元素遍历转化为对数字进行累加。代码如下所示:

```
num_str=input("请输入需累加的数字,用逗号隔开:")
list_num=num_str.split(',')
print(list_num)
sum=0
for x in list_num:
    sum+=float(x)
print(f"所有数字累加值为:{sum}")
```

运行结果如图 4-4 所示。

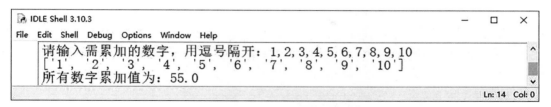

图 4-4 split( )方法的应用

6.字符串检查

（1）string.startswith（str）。检查字符串是否由指定的子字符串开头,若成立则返回 True,否则返回 False。

（2）string.endswith（str）。检查字符串是否由指定的子字符串结尾,若成立则返回 True,否则返回 False。

（3）string.isalpha（ ）。检查字符串是否全为字母,若成立则返回 True,否则返回 False。

（4）string.isdigit（ ）。检查字符串是否为数字,若成立则返回 True,否则返回 False。

（5）string.isalnumt（ ）。检查字符串是否为字母或数字,若成立则返回 True,否则返回 False。

（6）string.isspace（ ）。检查字符串是否为空格,若成立则返回 True,否则返回 False。

例如：

```
>>>str_x3.startswith（'stay'）
    True
>>>str_x3.endswith（'ish'）
    True
>>>str_x1.isalpha（ ）
    False
>>>str_x1.isdigit（ ）
    False
>>>str_xxx.isalnum（ ）
    True
>>>str_x4='    '
>>>str_x4.isspace（ ）
    True
```

【例 4-5】 恺撒密码是古罗马恺撒大帝发明的军事情报解密算法,它采用了替换的方法对信息中的每一个英文字符循环替换为字母对照表中该字符后面的第三个字符。字母对照表的对应关系如下：

明文:A B C D E F G H I J K L M N O P Q R S T U V W X Y Z

密文:D E F G H I J K L M N O P Q R S T U V W X Y Z A B C

用户可能使用大小写字母 a~z 与 A~Z、空格和特殊符号等字符,对输入的字符串进行恺撒密码加密。

解题思路:首先查寻出所要加密文件中的字母,将字母转化为对应的 ASCII 码值,然后对该值进行+3 偏移,再转回对应的字符。对于最后 X、Y、Z 三位字母偏移后应再减去 26,采用取模运算进行处理。代码如下所示:

```
str_plaintext = input("请输入一段明文:")
str_ciphertext=""
for s in str_plaintext:
    if s.isalpha():
        if 'a'<=s<='z':        # 或者用 if s.lower():
            str_ciphertext+=chr( ord('a')+((ord(s)-ord('a'))+3)%26 )
        else:
            str_ciphertext+=chr( ord('A')+((ord(s)-ord('A'))+3)%26 )
    else:
        str_ciphertext += s        # 保留非加密字母
print(f"加密后的结果为:{str_ciphertext}")
```

运行结果如图 4-5 所示。

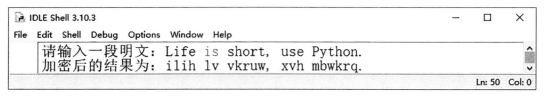

图 4-5　恺撒密码

4.2.2　正则表达式

正则表达式(regular expression)是进行字符串匹配的强大工具,在数据筛选、文稿整理和网页爬虫等方面有着广泛的应用。正则表达式使用事先定义好的一些特定字符和普通文本字符组成的字符串模板,可以理解为面向字符串匹配的逻辑公式,依托此公式可以实现对字符串的过滤。

1.正则表达式语法规则

正则表达式元字符及语法规则如表 4-1 所示,特殊序列如表 4-2 所示。

表 4-1　正则表达式元字符与语法

元字符	描述	示例
一般字符	匹配自身	'abc'>>>'abc'>>>结果为:'abc'
.	匹配任意字符,换行符(\n)除外	'abc'>>>'a.c'>>>结果为:'abc'
\	转义字符,改变后一个字符的含义	'a.c'>>>'a\.c'>>>结果为:'a.c'
$	匹配字符串的结尾,多行字符串匹配每一行的结尾	'abc'>>>'abc$'>>>结果为:'abc'
*,+,?	'*'表示匹配前一个字符重复 0 次到无限次;'+'表示匹配前一个字符重复 1 次到无限次;'?'表示匹配前一个字符重复 0 次到 1 次	'abcccd'>>>'abc*'>>>结果为:'abccc' 'abcccd'>>>'abc+'>>>结果为:'abccc' 'abcccd'>>>'abc?'>>>结果为:'abc'

（续）

元字符	描述	示例
*?,+?,??	前面的 *,+,? 都是贪婪匹配,也就是尽可能多匹配,后面加"?"号使其变成惰性匹配即非贪婪匹配	'abc '>>>'abc * ? '>>>结果为:'ab ' 'abc '>>>'abc?? '>>>结果为:'ab ' 'abc '>>>'abc+? '>>>结果为:'abc '
{m}	允许前一个字符匹配 m 次	'abcccd '>>>'abc{3}d '>>>结果为:'abcccd '
{m,n}	允许前一个字符至少匹配 m 次,最多匹配 n 次（如果不写 n,则代表至少出现 m 次）	'abcccd '>>>'abc{2,3}d '>>>结果为:'abcccd '
{m,n}?	匹配前一个字符 m 到 n 次,并且取尽可能少的情况	'abccc '>>>'abc{2,3}? '>>>结果为:'abcc '
^	匹配字符串的开始,多行内容时匹配每一行的开始	'abc '>>>'^abc '>>>结果为:'abc '
[…]	字符集,对应位置可以是字符集中任意字符,可逐个列出[abcd]	'a[abc]c ' 可以匹配'aac '、'abc '、'acc '
[a-z]	字符集,对应位置可以是字符集中任意字符,可给出范围[a-z]	'a[a-c]c ' 可以匹配'aac '、'abc '、'acc '
[^]	对字符集中的内容进行取反	'a[^abcd]c '可以匹配' aEc '、'aBc '等
|	表示左、右表达式任意满足一种即可	'abcd '>>>'abc|acd '>>>结果为:'abc '
(…)	将被括起来的表达式作为一个分组,findall 在有组的情况下只显示组的内容	'a123d '>>>'a(123)d '>>>结果为:'123 '
(?#…)	注释,#后面的内容会被忽略	'abc123 '>>>'abc(?#fasd)123 '>>>结果为:'abc123 '
(?=…)	表达式"…"之前的字符串,特殊构建不作为分组	在字符串'pythonretest '中(?=test)会匹配'pythonre '
(?!…)	后面不跟表达式"…"的字符串,特殊构建不作为分组	如果'pythonre '后面不是字符串'test ',那么(?!test)会匹配'pythonre '
(?<=…)	跟在表达式"…"后面的字符串符合括号之后的正则表达式,特殊构建不作为分组	正则表达式'(?<=abc)def '会在'abcdef '中匹配'def '
(?<!…)	前面不跟表达式,"…"后面的字符串符合括号之后的正则表达式,特殊构建不作为分组	如果'def '前面不是字符串'abc ',那么(?!abc)会匹配'def '
(?:…)	(…)不分组版本,支持"|"或后接量词	'abc '>>>'(?:a)(b)'>>>结果为:'[b]'
?P<>	指定 Key	'abc '>>>'(?P<n1>a)'>>>结果为:groupdict{n1:a}
(?iLmsux)	分组设置模式,iLmsux 之中的每个字符代表一个模式,仅用于正则表达式开头	

　　贪婪与非贪婪模式影响的是被量词修饰的子表达式的匹配行为,在正则表达式匹配成功的前提下,贪婪模式一般趋向于最大长度匹配,即尽可能多匹配;而非贪婪模式一般趋向于匹配到结果就好,即尽可能少匹配。

　　(?iLmsux)用于设置分组模式为"i""L""m""s""u""x",它们不匹配任何字符串,而是表示对应 Python 中 re 模块(re.I,re.L,re.M,re.S,re.U,re.X)当中的 6 种选项。这些选项含义分别为:

I = IGNORECASE	#忽略大小写
L = LOCALE	#字符集本地化,为了支持多语言版本的字符集使用环境
M = MULTILINE	#多行模式,改变 ^ 和 $ 的行为
S = DOTALL	#'.' 的匹配不受限制,包括换行符
U = UNICODE	#使用 \w、\W、\b、\B 这些元字符时将按照 Unicode 定义的属性
X = VERBOSE	#冗余模式,可以忽略正则表达式中的空白和"#"号的注释

表 4-2　正则表达式特殊序列

特殊表达式	描述
\A	匹配字符串开始位置,忽略多行模式
\Z	匹配字符串结束位置,忽略多行模式
\b	匹配位于单词开始或结束位置的空字符串
\B	匹配不位于单词开始或结束位置的空字符串
\d	匹配数字,等同[0-9]
\D	匹配非数字字符,等同[^0-9]
\s	匹配空白字符(空格、\t、\n、\r、\f、\v)
\S	匹配非空白字符
\w	匹配任意数字和字母,等同[a~z、A~Z、0~9]
\W	匹配任意非数字和字母

【例 4-6】　使用元字符"."和"\d"进行字符串匹配测试。代码如下所示:

```python
import re
reg_str1 = ' aab '    # 字符串匹配对象 1
reg_str2 = ' a2b '    # 字符串匹配对象 2
pattern1 = re.compile(' a.b ')    # 生成正则表达式对象 1
pattern2 = re.compile(' a\db ')    # 生成正则表达式对象 2
# 正则表达式对象 1 进行匹配
m1 = pattern1.match( reg_str1 )
m2 = pattern1.match( reg_str2 )
print( f"{m1} \n{m2}" )
# 正则表达式对象 2 进行匹配
m3 = pattern2.match( reg_str1 )
m4 = pattern2.match( reg_str2 )
print( f"{m3} \n{m4}" )
# 匹配结果类型
print( type( m1 ) )
```

运行结果如图 4-6 所示。

在上述代码中,对于正则表达式' a.b '和' a\db '而言,' a '和' b '是普通文本字符,'.'和'\d '是元字符。正则表达式' a.b '代表匹配三字母字符串,其中首位字母分别为' a '和' b ',中间字母为任意字符。符合这个条件的三字母字符串将被匹配出来,因此在运行结果中得到' aab '和

' a2b '。正则表达式' a\db '代表匹配三字母字符串,其中首位字母分别为' a '和' b ',中间字母必须为 0~9 数字字符。符合这个条件的三字母字符串将被匹配出来,否则输出 None,因此在运行结果中仅得到' a2b '。匹配后结果的类型为 re.Match。

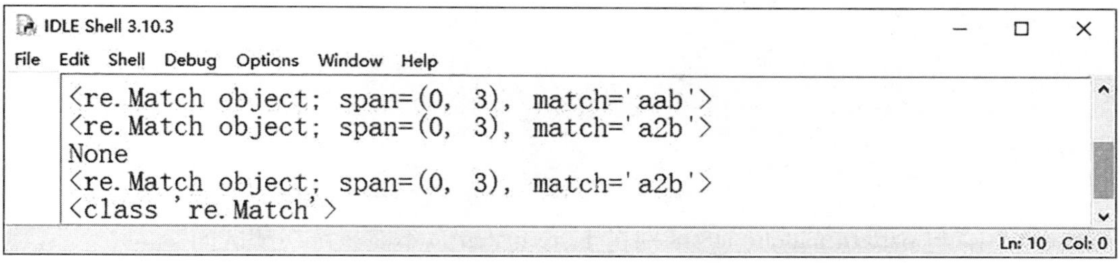

```
IDLE Shell 3.10.3                                          —    □    ×
File  Edit  Shell  Debug  Options  Window  Help
<re.Match object; span=(0, 3), match='aab'>
<re.Match object; span=(0, 3), match='a2b'>
None
<re.Match object; span=(0, 3), match='a2b'>
<class 're.Match'>
                                                              Ln: 10  Col: 0
```

图 4-6　元字符“.”和“\d”匹配测试

2.re 模块

正则表达式本身可理解为一种面向字符匹配的专门编程语言,其功能被集成于 re 模块,可直接调用该模块实现正则匹配。re 模块中的常用函数如下:

(1)re.compile( )函数。

语法格式:re.compile(pattern,flags＝0)

功能说明:该函数用于将正则表达式编译为正则表达式对象。参数 pattern 为正则表达式字符串,flag 为编译标志位,用于修改正则表达式匹配方式,即分组设置模式“i”“L”“m”“s”“u”“x”。

例如:

```
>>>import re
>>>reg_str1 = re.compile( r" xy z" ,re.I | re.X)
>>>result＝reg_str1.match( "XyZ" )
>>>print( result.group( ) )
    XyZ
```

在上述匹配过程中,忽略大小写和空格,书写方式上 re.compile(r" xy z" ,re.I | re.X)和 re.compile(r" (? ix) xy z")等效。

(2)re.match( )函数与 pattern.match( )方法。

re.match( )语法格式:re.match(pattern,string,flags＝0)

功能说明:该函数主要用于在字符串起始位置进行匹配,如果要实现字符串的完全匹配,可以在表达式末尾加边界匹配符“ $ ”。参数 pattern 为正则表达式字符串,string 为匹配对象字符串,flag 为编译标志位,作用同上。

例如:

```
>>>import re
>>>test_str＝" Readability counts."
>>>print( re.match( ' Read ',test_str).group( ) )        # 在起始位置匹配
    Read
>>>print( re.match( ' ead ',test_str) )              # 不在起始位置匹配
    None
```

pattern.match( )语法格式:pattern.match(string, pos = 0, endpos = len(string))

功能说明:pattern 为正则表达式对象,参数 string 为需要匹配的字符串对象,pos 为匹配起始位置,默认为1,endpos 为匹配结束位置,默认为-1。

例如:

```
>>>reg_str2 = re.compile('eada')
>>>result = reg_str2.match(test_str, 1, 5)
>>>print(result.group())
    eada
```

re.match( )与 pattern.match( )的区别在于,re.match( )不能指定匹配区间。

(3)re.search( )函数与 pattern.search( )方法。

re.search( )语法格式:re.search(pattern, string, flags = 0)

功能说明:该函数会在字符串内进行匹配,只要找到第一个匹配结果就返回,如全字符串都无匹配结果则返回 None。参数含义同 re.match( )。

例如:

```
>>>import re
>>>print(re.search('ead', test_str))
    <re.Match object; span = (1,4), match = 'ead'>
```

pattern.search( )语法格式:pattern.search(string, pos = 0, endpos = len(string))

功能说明:pattern 为正则表达式对象,参数 string 为需要匹配的字符串对象,pos 为匹配起始位置,默认为1,endpos 为匹配结束位置,默认为-1。

re.search( )与 pattern.search( )的区别在于,re.search( )不能指定匹配区间。

match( )和 search( )匹配成功后都会生成 match object 对象,该对象包含如下方法:

①group( )返回匹配结果。

②start( )返回匹配起始位置。

③end( )返回匹配终止位置。

④span( )返回一个包含起始位置与终止位置的元组。

其中,group( )返回匹配的完整字符串,当添加参数时生成对应组号匹配的子字符串。即 group(0)返回整体匹配字符串;group(m, n, …)返回组号 m, n, …匹配的子字符串,如不存在,则抛出 IndexError 异常;groups( )返回一个包含正则表达式中所有分组匹配子字符串组成的元组,一般不带参数。例如:

```
>>>a = "123ABC456"
>>>reg_str = re.compile('([0-9] * )([a-z] * )([0-9] * )', re.I)
>>>print(reg_str.search(a).group())
    123ABC456
>>>print(reg_str.search(a).group(0))
    123ABC456
>>>print(reg_str.search(a).group(1,3))
    ('123','456')
```

```
>>>print(reg_str.search(a).group(1,2,3))
   ('123','ABC','456')
>>>print(reg_str.search(a).groups())
   ('123','ABC','456')
```

re.match()与 re.search()的差别在于,前者只匹配字符串的开始,后者可以匹配整个字符串,如果失败,都返回 None。

(4)re.findall()函数和 pattern.findall()方法。

re.findall()语法格式:re.findall (pattern,string,flags=0)

功能说明:该函数会遍历字符串进行匹配,可以获取字符串中所有能匹配的子字符串并以列表的形式给出,如全字符串都无匹配则返回空列表。参数含义同 re.match()。

例如:

```
>>>import re
>>>reg_str=re.compile('(? i)[a-z]+')
>>>test_str="12as3ABC4j5k6"
>>>print(re.findall(reg_str,test_str))
   ['as','ABC','j','k']
```

pattern.findall()语法格式:pattern.findall (string,pos=0,endpos=len(string))

功能说明:pattern 为正则表达式对象,参数 string 为需要匹配的字符串对象,pos 为匹配起始位置,默认为 1,endpos 为匹配结束位置,默认为-1。

例如:

```
>>>test_str1="Betty Botter bought some butter"
>>>reg_tt=re.compile('\w*tt\w*')
>>>print(reg_tt.findall(test_str1,1,15))   # 遍历字符串匹配
   ['Betty','Botter']
```

(5)re.finditer()函数与 pattern.finditer()方法。

语法格式:re.finditer (pattern,string,flags=0)
　　　　　pattern.finditer(string,pos=0,endpos=len(string))

功能说明:该函数会遍历字符串进行匹配,将找到的能匹配的每一个结果(match 对象)组成为一个迭代器返回。

【例 4-7】　比较 findall()与 finditer()。代码如下所示:

```
import re
reg_iter=re.compile('[0-9](b)(c)')
test_str="a5bcd 69a9bc6de"
result=reg_iter.findall(test_str)
print(result)
iter1=reg_iter.finditer(test_str)
print(iter1)
for i in iter1:
    print(i)
```

```
print(i.group)
print(i.span())
```

运行结果如图 4-7 所示。

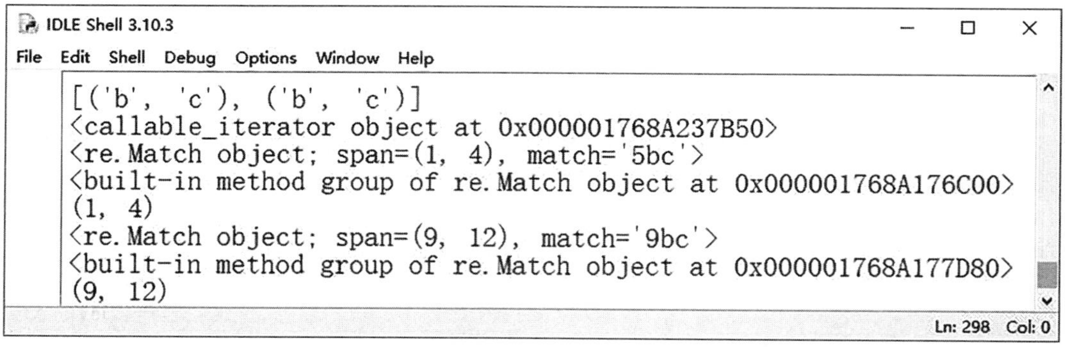

```
IDLE Shell 3.10.3                                          —    □    ×
File  Edit  Shell  Debug  Options  Window  Help

[('b', 'c'), ('b', 'c')]
<callable_iterator object at 0x000001768A237B50>
<re.Match object; span=(1, 4), match='5bc'>
<built-in method group of re.Match object at 0x000001768A176C00>
(1, 4)
<re.Match object; span=(9, 12), match='9bc'>
<built-in method group of re.Match object at 0x000001768A177D80>
(9, 12)
                                                          Ln: 298  Col: 0
```

图 4-7　findall()与 finditer()比较

（6）re.split()函数和 pattern.split()方法。

语法格式：re.split(pattern,string[,maxsplit=0,flags=0])

　　　　　pattern.split(string[,maxsplit])

功能说明：按照能够匹配的子字符串将目标字符串进行分隔,然后将结果以列表的形式返回。maxsplit 指最大分隔次数,若不指定将全部分隔。

【例 4-8】　比较以表达式为分隔符与以分组为分隔符的差异。代码如下所示：

```
import re
test_str = r'D:\Python10\this.py'
sp1 = re.split(r'[\\:]',test_str)
sp2 = re.split(r'([\\:])',test_str)
sp3 = re.split('aa',test_str)
print(f"正则表达式为分隔符,分隔结果:\n{sp1}")
print(f"以分组为分隔符,分隔结果:\n{sp2}")
print(f"无法匹配时,分隔结果:\n{sp3}")
```

结果如下图 4-8 所示。

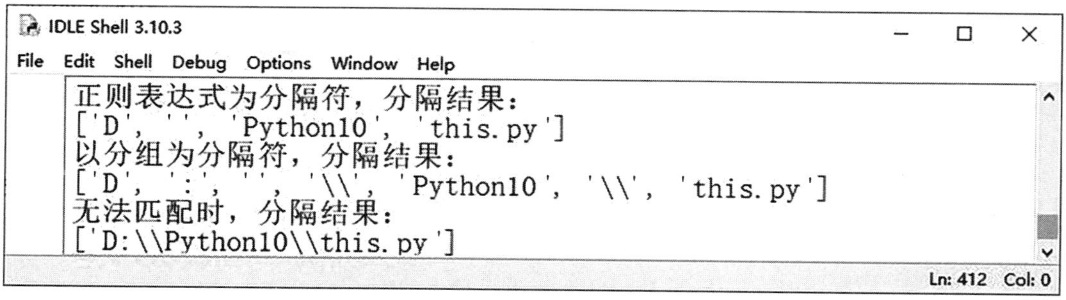

```
IDLE Shell 3.10.3                                          —    □    ×
File  Edit  Shell  Debug  Options  Window  Help

正则表达式为分隔符,分隔结果:
['D', '', 'Python10', 'this.py']
以分组为分隔符,分隔结果:
['D', ':', '', '\\', 'Python10', '\\', 'this.py']
无法匹配时,分隔结果:
['D:\\Python10\\this.py']
                                                          Ln: 412  Col: 0
```

图 4-8　以表达式为分隔符与以分组为分隔符

在以上代码中,re.split(r'[\\:]',test_str)和re.split('[\\\\:]',test_str)作用相同,"\"在字符串中需要用转义字符"\",为"\\",而在正则表达式中表示时,则需要进行二次转义为"\\\\",在字符串前添加 r 可以忽略字符串中的转义符"\"。对于反斜杠的转义作用,可参考2.6.5 节。

(7)re.sub( )函数与 pattern.sub( )方法。

语法格式:re.sub(pattern,repl,string,count=0,flags=0)
　　　　　　pattern.sub(repl,string[,count=0])

功能说明:repl 为替代字符串,也可以为函数,string 为需要被替换的原始字符串,count 为替换的最大次数。

例如:

```
>>>import re
>>>test_str=' Now is better than never.'
>>>print(re.sub(r'\s+','/',test_str))
    Now/is/better/than/never.
>>>print(re.sub(r'\s+',lambda m:'['+ m.group(0)+']',test_str))
    Now[ ]is[ ]better[ ]than[ ]never.
```

(8)re.subn( )函数。

语法格式:re.subn(pattern,repl,string,count=0,flags=0)

功能说明:功能基本等同于 re.sub( ),即返回一个元组,其中包含替换后的字符串与替换次数。

例如:

```
>>>re.subn('[a-z]','*',' 456dfgd5gfd454dg45 ')
    (' 456***5***454**45 ',9)
```

4.3　列表与元组

列表既是有序序列,又是可变序列。列表具备如下特点:列表可以包含任何类型的元素序列,不同类型的元素可以混合在同一个列表里,列表的长度和内容都可以改变,改变方式多种多样。元组可以基本理解为不可变的列表。除了没有函数或方法修改元组,元组几乎包含了列表的所有功能。

4.3.1　列表创建

1.方括号"[ ]"创建列表

前面提到的序列索引也是使用方括号,但没有逗号,注意二者的区别。例如:

```
>>>list_num=[1,2,3]
>>>list_string=['a','b','c']
>>>list_mix=[1,2,'abc',3.14,True]
>>>list_list=[list_num,list_string]
```

```
>>>list_num
    [1,2,3]
>>>list_string
    ['a','b','c']
>>>list_mix
    [1,2,'abc',3.14,True]
>>>list_list
    [[1,2,3],['a','b','c']]
>>>[ ]
    [ ]
```

方括号使序列成为列表,逗号是列表的标记。list_num 和 list_string 是由同类型元素组成的列表,list_mix 是由不同类型元素组成的列表,这是列表和字符串的主要差别之一。字符串中的元素必须为字符,列表的元素可以是简单数据类型,也可以是复杂数据类型,如 list_list 列表的两个元素也都是列表。

不包含任何元素的列表用"[ ]"表示,称为空列表,和其他空元素类似,可以充当 Python 中的 False 值。

2.构造函数 list( )创建列表

使用构造函数 list( )可以从集合中创建列表,将集合中的每个元素变成列表的元素。注意:这里的集合与复杂数据类型中的"集合"在概念上是有差别的,前者更多偏向于"一堆元素"而后者是一个具体的数据类型。在这里非集合仅指整数、浮点数、布尔值等,它们不能用 list( )来创建列表。

例如:

```
>>>list_collection=list('Python')
>>>list_collection
    ['P','y','t','h','o','n']
```

3.eval( )函数创建列表

在使用 input( )函数时,可以通过 eval( )函数将输入设备获取的形似列表的字符串转化为真正的列表。例如:

```
>>>input_str=input("请输入一个数值列表:\n")
    请输入一个数值列表:
>>>[1,2,3,4,5,6,7]
>>>input_str
    '[1,2,3,4,5,6,7]'
>>>type(input_str)
    <class 'str'>
>>>input_list=eval(input("请输入一个数值列表:\n"))
    请输入一个数值列表:
>>>[1,2,3,4,5,6,7]
>>>input_list
    [1,2,3,4,5,6,7]
```

```
>>>type( input_list)
    <class ' list '>
```

可以看到,当没有使用 eval( )函数时,得到的是一个字符串'[1,2,3,4,5,6,7]',使用后输入的字符串被转化为列表,并赋值给 list_input。

4.字符串 split( )方法创建列表

参考 4.2.1 字符串操作中的 string.split( )方法进行字符串分隔。

5.多维列表创建

对于列表 list_num 或 list_string 而言,只包含一行的信息内容,因此可以看作一维列表。而对于 list_list 而言,包含了两行信息,因此可看作二维列表。所有的二维对象,如电子表格、坐标等都可以使用二维列表来描述。例如:

```
>>>list_matrix = [ [ '00 ','01 ','02 ','03 '],[ '10 ','11 ','12 ','13 '],[ '20 ','21 ','22 ','23 ']]
>>>list_matrix[ 1]
    [ '10 ','11 ','12 ','13 ']
>>>list_matrix[ 1][ 2]
    '12 '
>>>list_matrix[ 2][ -2]
    '22 '
```

二维列表中的一行就可以看作里面的一个列表元素对象。如果要对二维列表中的元素的元素,既单个元素,进行索引,可以采用索引方括号迭代的方式。list_matrix[1]为 list_matrix 中的元素,该元素本身就是一个列表,因此可以继续使用索引 list_matrix[1][2]来指向它内部的单个元素。二维列表使用了列表方括号的一层嵌套,按照同样的方法,如果要构建三维数据,只需要实现列表方括号的两层嵌套。那么可以通过列表方括号的 n-1 层嵌套,实现 n 维列表数据的构建。

二维数据处理等同于二维列表操作,需要借助 for 循环嵌套实现对元素的遍历。代码格式如下:

for row inlist:

　　for item in row:

　　　　　<对 row 行中的 item 所指元素进行处理>

【例 4-9】　遍历并显示一个二维列表。代码如下所示:

```
veg_price = [
    [ '品种','北京','重庆','河北','石家庄',],
    [ '茄子',4.4,7.0,3.7,3.5],
    [ '青椒',5.5,7.0,3.7,3.5],
    [ '山药',9.5,12.0,6.0,4.0],
    [ '茭白',12.5,15.0,6.93,10.5],
    [ '黄豆芽',1.75,5.5,3.0,2.0,]
    ]
```

```
for row in veg_price:
    line = " "
    for item in row:
        line += f" {item:^10} \t"
    print(line)
```

运行结果如图 4-9 所示。

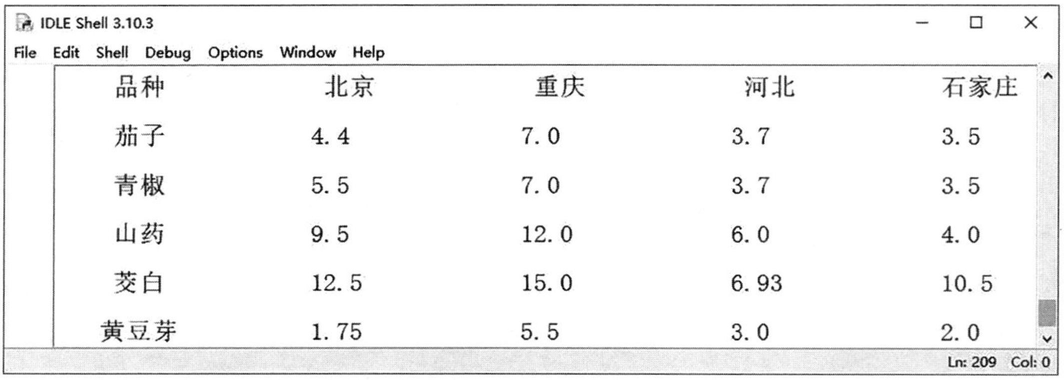

图 4-9　二维列表的遍历

4.3.2　列表修改与检查

1.元素替换

列表元素可以修改,使用赋值语句可以替换列表中的元素。例如:

```
>>>list_1 = ['a','b','c',[1,2,3]]
>>>list_1[3] = 'def'
>>>list_1
    ['a','b','c','def']
>>>list_1[0:3] = ['A','B','C']
>>>list_1
    ['A','B','C','def']
```

2.元素增加

(1)使用 4.1.2 节提到的加法与乘法。例如:

```
>>>list_2 = ['a','b','c']
>>>list_2+list_2
    ['a','b','c','a','b','c']
>>>list_2 * 2
    ['a','b','c','a','b','c']
```

(2)使用 append()方法,在列表的尾部添加元素。参数为需要添加的元素(element),其将作为一个整体被添加至列表中。例如:

```
>>>list_2 = ['a','b','c']
```

```
>>>list_2.append([1,2,3])
>>>list_2
    ['a','b','c',[1,2,3]]
```

可以通过 range( )函数与 for 循环配合,基于 append( )生成特定数值序列。例如:

```
>>>list_square=[]
>>>for i in range (1,11):
    list_square.append(i*i)
>>>list_square
    [1,4,9,16,25,36,49,64,81,100]
```

(3)使用 extend( )方法,对列表自身进行扩展,将参数作为一个列表,并将此列表中的元素按原顺序依次添加到原列表末尾。例如:

```
>>>list_3=['a','b','c']
>>>list_3.extend([1,2,3])
>>>list_3
    ['a','b','c',1,2,3]
```

(4)使用 insert( )方法,将参数作为元素插入列表指定位置。该方法需要两个参数,第一个为插入的位置,第二个为插入的元素。

例如:

```
>>>list_3.insert(3,'ABC')
>>>list_3
    ['a','b','c','ABC',1,2,3]
>>>list_3.insert(3,[1,2,3])
>>>list_3
    ['a','b','c',[1,2,3],'ABC',1,2,3]
```

3.元素删除

(1)使用 del 语句删除指定位置上的元素。例如:

```
>>>del list_3[3]
>>>list_3
    ['a','b','c','ABC',1,2,3]
```

(2)使用 remove( )方法删除特定的元素。按照从左至右的顺序,当找到第一个匹配的元素时,将该元素从原列表中删除,如果找不到则抛出 ValueError 异常。例如:

```
>>>list_4=['p','y','t','h','t','o','n']
>>>list_4.remove('t')
>>>list_4
    ['p','y','h','t','o','n']
>>>list_4.remove('t')
>>>list_4
    ['p','y','h','o','n']
```

```
>>>list_4.remove('t')
    Traceback (most recent call last):
        File "<pyshell# 18>",line 1,in <module>
            list_4.remove('t')
    ValueError: list.remove(x): x not in list
```

（3）使用 pop( )方法弹出指定位置的元素。当参数缺省时弹出最后一个元素,弹出的元素会作为该方法的返回值。空列表使用该方法会抛出 IndexError。例如:

```
>>>list_4=['p','y','t','h','t','o','n']
>>>s1=list_4.pop()
>>>print(s1)
    n
>>>list_4
    ['p','y','t','h','t','o']
>>>list_4.pop(2)
    't'
>>>list_4.pop(2)
    'h'
>>>list_4.pop(2)
    't'
>>>list_4
    ['p','y','o']
>>>[ ].pop()
    Traceback (most recent call last):
        File "<pyshell# 31>",line 1,in <module>
            [ ].pop()
    IndexError: pop from empty list
```

4.元素排序

（1）sorted(list[,reverse])函数。对原列表元素进行排序并以列表形式输出结果,原列表元素顺序保持不变。当第一个参数为排序列表对象,第二个参数为 True 时,按降序排列,当第二个参数为 False 时,按升序排列,默认值为 False。例如:

```
>>>sorted(list_4,reverse=True)
    ['y','t','t','p','o','n','h']
>>>sorted(list_4)
    ['h','n','o','p','t','t','y']
>>>list_4
    ['p','y','t','h','t','o','n']
```

（2）sort([reverse])方法。对列表元素进行排序,原列表元素顺序被修改。reverse 参数的作用和 sorted( )函数中 reverse 函数的相同。例如:

```
>>>list_4.sort(reverse=True)
>>>list_4
```

```
    ['y','t','t','p','o','n','h']
>>>list_4.sort( )
>>>list_4
    ['h','n','o','p','t','t','y']
```

（3）reverse( )方法。对原列表元素的顺序进行颠倒,原列表元素顺序被修改。例如:

```
>>>list_5=['p','y','t','h','o','n']
>>>list_5.reverse( )
>>>list_5
    ['n','o','h','t','y','p']
```

5.元素检查

（1）index( )方法。参数作为查找的元素,若列表中存在该元素,则按从左到右的顺序返回该元素首次出现的位置,若该元素不存在,则抛出 ValueError 异常。例如:

```
>>>list_4=['p','y','t','h','t','o','n']
>>>list_4.index('t')
    2
>>>list_4.index('m')
    Traceback（most recent call last）:
        File "<pyshell# 34>",line 1,in <module>
                list_4.index('m')
    ValueError: 'm' is not in list
```

（2）count( )方法。统计指定元素在列表中出现的次数。例如:

```
>>>list_4.count('t')
    2
>>>list_4.count('m')
    0
```

（3）in,not in。检查指定元素是否在列表中。例如:

```
>>>'t' in list_4
    True
>>>'p' not in list_4
    False
```

4.3.3　列表解析

Python 语言提供了列表解析,指从一个集合对象中有选择地获取计算元素,并对此元素使用任意表达式,生成新的列表并返回。虽然大多数情况下可以使用 for 循环和 if 分支语句组合来完成任务,但列表解析体现了 Python 语言的简洁与优雅,是 Python 语法强大的体现,也更符合 Python 的编程风格。

列表解析语法格式如下:

[<表达式>for x1 in <序列 1>[···for xn in <序列 n>]if<条件表达式>]

例如：

```
>>>list_odd=[i for i in range(1,10)if i%2==1]
>>>list_odd
    [1,3,5,7,9]
>>>list_even=[i*2 for i in range(1,6)]
>>>list_even
    [2,4,6,8,10]
>>>list_mix=[[x,y]for x in list_odd for y in list_even if x!=y]
>>>list_mix


    [[1,2],[1,4],[1,6],[1,8],[1,10],[3,2],[3,4],[3,6],[3,8],[3,10],[5,2],[5,4],[5,6],
    [5,8],[5,10],[7,2],[7,4],[7,6],[7,8],[7,10],[9,2],[9,4],[9,6],[9,8],[9,10]]
```

4.3.4 列表复制

当直接将一个变量赋给另一个变量的时候,通常只是产生一个新的引用,即被赋值变量和原变量指向的是内存中同一片区域,这一过程并没有在内存空间中产生一份新的拷贝。

1.利用切片进行复制

运用切片操作,将整个列表作为切片提取出来,然后将此切片赋值给一个新的列表,可以实现列表的复制。如果在切片索引中加了起始索引、终止索引及步长,可以将原列表的部分元素提取出来进行复制。例如：

```
>>>list_monster=['熊山君','黑熊怪','黄风怪','虎先锋','白骨精','黄袍怪','金角']
>>>list_monster1=list_monster[:]
>>>list_monster1
    ['熊山君','黑熊怪','黄风怪','虎先锋','白骨精','黄袍怪','金角']
>>>id(list_monster)
    2117820888576
>>>id(list_monster1)
    2117851029696
>>>list_monster11=list_monster1[1:4]
>>>list_monster11
    ['黑熊怪','黄风怪','虎先锋']
>>>list_monster12=list_monster1[0:5:2]
>>>list_monster12
    ['熊山君','黄风怪','白骨精']
```

2.利用 copy( )方法进行复制

例如：

```
>>>list_monster2=list_monster.copy()
>>>list_monster2
```

```
      ['熊山君','黑熊怪','黄风怪','虎先锋','白骨精','黄袍怪','金角']
>>>id(list_monster2)
      2117851030976
```

3.浅拷贝与深拷贝

直接进行列表复制,只是为原列表增加了一个新的引用名称,新变量名和旧变量名指向同一片区域。当一个列表变量所对应列表的内容被修改时,另一个列表变量的内容也会发生相应变化,因为其本质上是同一个列表对象。因此直接的列表复制过程被称为浅拷贝。

当使用 copy( )方法进行列表复制时,程序会在内存的另一个区域,复制一份与原列表内容完全相同的副本,此时新的列表变量与旧列表变量是完全独立的两个变量,彼此之间没有关联。因此通过 copy( )方法生成新列表变量的过程被称为深拷贝。例如:

```
>>>del list_monster2[2]
>>>list_monster2
      ['熊山君','黑熊怪','虎先锋','白骨精','黄袍怪','金角']
>>>list_monster
      ['熊山君','黑熊怪','黄风怪','虎先锋','白骨精','黄袍怪','金角']
>>>list_monster3 = list_monster
>>>list_monster3
      ['熊山君','黑熊怪','黄风怪','虎先锋','白骨精','黄袍怪','金角']
>>>del list_monster3[2]
>>>list_monster3
      ['熊山君','黑熊怪','虎先锋','白骨精','黄袍怪','金角']
>>>list_monster
      ['熊山君','黑熊怪','虎先锋','白骨精','黄袍怪','金角']
```

可以看到通过深拷贝得到的列表 list_monster2 被修改后,对原列表 list_monster 没有任何影响。而对通过赋值得到的 list_monster3 进行修改后原列表 list_monster 发生了相应改变。

4.3.5　元组创建

列表的元素可以修改,但元组的元素不能修改,其他操作完全一致。之所以要有不可变的列表——元组,原因是元组提供了一种具有完整性和持久性的数据结构,可以在一些必要的情况下提供不可变对象。例如,后面将介绍到的字典,字典的键是不可能变的,元组可做字典的键,但列表不行。

1.圆括号“( )”创建元组

将多个元素用“,”分隔开,置于一堆圆括号中,也可以不用圆括号。例如:

```
>>>tuple_ immortal =('玉皇大帝','西王母','太白金星','太上老君','托塔天王李靖')
>>>tuple_ immortal
      ('玉皇大帝','西王母','太白金星','太上老君','托塔天王李靖')
>>>tuple_ immortal1 ='四大天王','二郎神杨戬','巨灵神','赤脚大仙','如来佛','十八罗汉'
>>>tuple_ immortal1
      ('四大天王','二郎神杨戬','巨灵神','赤脚大仙','如来佛','十八罗汉')
```

```
>>>type(tuple_ immortal1)
    <class 'tuple'>
```

需要注意的是,当使用单个元素创建元组时,不能遗忘元素后的逗号",",否则将被视为简单数据类型。例如:

```
>>>tuple_single = ('孙悟空')
>>>type(tuple_single)
    <class 'str'>
>>>tuple_single1 = ('孙悟空',)
>>>type(tuple_single1)
    <class 'tuple'>
>>>tuple_single2 = '孙悟空',
>>>type(tuple_single2)
    <class 'tuple'>
```

2.构造函数 tuple( )创建元组

使用构造函数 tuple( )可以从集合中创建元组,将集合中的每个元素变成元组的元素。这里的集合可以是字符串、列表等包含多个元素的对象。例如:

```
>>>str_pi = '3.1415926'
>>>tuple_pi = tuple(str_pi)
>>>tuple_pi
    ('3','.','1','4','1','5','9','2','6')
>>>list_num = [1,2,3,4,5,6,7]
>>>tuple_num = tuple(list_num)
>>>tuple_num
    (1,2,3,4,5,6,7)
```

4.3.6 列表与元组应用实例

【例4-10】 有一个神像被放置在金、银、铜三个盒子中的一个。金盒子上写着,神像就在这个盒子里,银盒子上写着神像不在这个盒子里,铜盒子上写着神像不在金盒子里。这三句话只有一句是真话。请问:神像在哪个盒子里?

解题思路:因为逻辑值 True 可以当整数 1 使用,同时约束条件为三句话只有一句话为真,于是可以根据三句话构建条件表达式"((x=='金')+(x!='银')+(x!='金'))==1"。假设 x 为神像所在的盒子,用 for 循环分别假设 x 为金、银、铜盒子中的一个去测试盒子上的三句话,如果表达式成立,那么此时 x 的值就是对应的答案。答案为银盒子。代码如下所示:

```
list_box = ['金','银','铜']
for x in list_box:
    if ((x=='金')+(x!='银')+( x!='金'))==1:
        print(f"神像在{x}盒子里")
        break
```

【例 4-11】　生成长度为 10 的一维随机整数序列,编程查找其中的最大值。

解题思路:生成随机一维整数列表。通过索引来遍历列表中的每一个元素,前提是构建包含所有索引的迭代器 range(0,len(list_rnd))。定义变量 max_val 用来存放最大值,定义变量 max_point 用来存放最大值所在的位置。将最大值和列表中的元素逐一比对,如果该元素大于最大值,则将此元素赋给 max_val,同时该元素所在位置索引号赋给 max_point。遍历结束时,变量 max_val 和 max_point 存放的内容就是一维序列中的最大值与对应的位置。注意:max_val 的初值为第一个元素,max_point 的初值为第一个元素的索引号。找最小数的方法与此同理。代码如下所示:

```
import random
list_rnd = [ ]
# 生成一维随机序列
for i in range(10):
    list_rnd.append(random.randint(1,100))
print(list_rnd)
max_val = list_rnd[0]
max_point = 0
for i in range(0,len(list_rnd)):
    if list_rnd[i] > max_val:
        max_val = list_rnd[i]
        max_point = i
print(f"序列中的最大值为{max_val},在{max_point}号位上")
```

运行结果如图 4-10 所示。

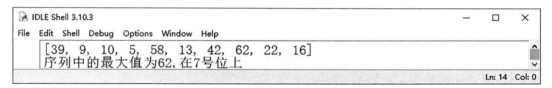

图 4-10　查找一维序列中的最大值

【例 4-12】　生成四行五列的二维随机整数序列,编程查找其中的最大值。

解题思路:基本思想同例 4-11,因为是二维列表,所以需要构建两个迭代器 range(1,5)和 range(1,6)来遍历行坐标索引与列坐标索引,行索引和列索引分别用变量 i 与 j 进行描述。例 4-11 是在一个 for 循环中遍历,而本题是在 for 循环嵌套中遍历。外层 for 循环是进行行遍历,内层 for 循环进行列遍历。在遍历中,逐个与变量 max_val 比对,如二维序列中的元素大于 max_val,则将该元素赋值给 max_val,该元素所在的行坐标与列坐标分别赋值给 max_xpoint 和 max_ypoint。这里也要注意 max_val、max_xpoint 和 max_ypoint 的初值默认是第一个元素。代码如下所示:

```
import random
list_2Drnd = [ ]
list_1Drnd = [ ]
# 生成二维随机序列
```

```
for i in range(0,4):
    for j in range(0,5):
        list_1Drnd.append(random.randint(1,100))
    print(f"{list_1Drnd}\n")
    list_2Drnd.append(list_1Drnd)
    list_1Drnd=[]
max_val=list_2Drnd[0][0]
max_xpoint=0
max_ypoint=0
i=0
j=0
for i in range(0,4):
    for j in range(0,5):
        if list_2Drnd[i][j]>max_val:
            max_val=list_2Drnd[i][j]
            max_xpoint=i
            max_ypoint=j
print(f"二维序列中的最大值是{max_val},在{max_xpoint}行{max_ypoint}列上")
```

运行结果如图 4-11 所示。

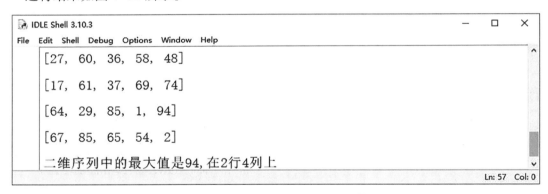

图 4-11　查找二维序列中的最大值

【例 4-13】　查找二维序列中的鞍点。所谓鞍点是指在二维序列中,该元素为所在行中的最大元素,所在列中的最小元素。

解题思路:首先,按照例 4-11 的方法找到每行的最大值存入变量 row_max,然后运用反证法假设该值为鞍点,即设标志变量 flag=True,再逐个与 row_max 所在的 row_point 列上的元素进行比较,如发现反例则假设不成立,即 flag=False。如果反例未找到,则 flag 依然为 True,证明 row_max 中存放的就是鞍点值。因为鞍点并不唯一,当 flag 为真时还需用 find+=1 对鞍点数目进行计数。代码如下所示:

```
import random
row=eval(input("输入行数:"))
col=eval(input("输入列数:"))
list_2Drnd=[]
```

```
list_1Drnd = [ ]
for i in range(0,row):
    for j in range(0,col):
        list_1Drnd.append(random.randint(1,100))
    print(f"{list_1Drnd}\n")
    list_2Drnd.append(list_1Drnd)
    list_1Drnd = [ ]
saddle_point = list_2Drnd[0][0]
find = 0
for i in range(0,row):
    row_max = list_2Drnd[i][0]
    row_point = 0
    for j in range(0,col):
        if list_2Drnd[i][j] > row_max:
            row_max = list_2Drnd[i][j]
            row_point = j
    flag = True
    for k in range(0,row):
        if list_2Drnd[k][row_point] < row_max:
            flag = False
            break
    if flag:
        find += 1
        print(f"鞍点为{row_max},在第{i}行{row_point}列")
if find > 0:
    print(f"有{find}个鞍点")
else:
    print("无鞍点")
```

运行结果如图 4-12 所示。

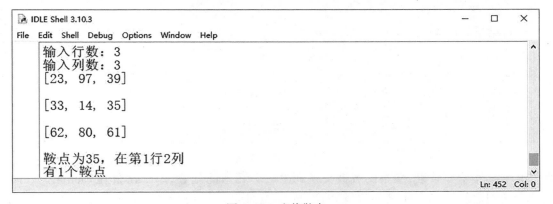

图 4-12　查找鞍点

【例 4-14】　基于选择法,编程实现对一维列表的升序(降序)排序。

解题思路:设有一个含有 n 个元素的序列,按照升序(降序)排序来描述选择法排序的思想。

①从 n 个数中找出最小(大)数,并记录其下标,然后与第一个数交换位置。

②从除去第一个数的 n-1 个数中再按照步骤①找出最小(大)的数,并记录其下标,然后和数组的第 2 个数交换位置。

③一直重复步骤① n-1 次,最后构成升序(降序)序列。

实际上,选择法排序也称为比较法排序,整个思路是例 4-11 找最大数过程的迭代。即找出剩余区域中最小(大)的元素的位置并记录在 point 变量中,并据此将该 point 位置上的元素与该剩余区域第一个位置的元素交换,剩余区域删除第一个元素并缩小区域,重复以上过程。代码如下所示:

```python
import random
list_rnd = [ ]
# 生成一维随机序列
for i in range(10):
    list_rnd.append(random.randint(1,100))
print(list_rnd)
end = len(list_rnd)
ascend = eval(input("升序排列输入 1,降序排列输入 0:"))
# 选择法排序
for i in range(0,end-1):
    point = i
    for j in range(i+1,end):
        if ascend == 1:
            if list_rnd[point] > list_rnd[j]:
                point = j
        else:
            if list_rnd[point] < list_rnd[j]:
                point = j
    list_rnd[i], list_rnd[point] = list_rnd[point], list_rnd[i]
print(f"排序结果为{list_rnd}")
```

运行结果如图 4-13 所示。

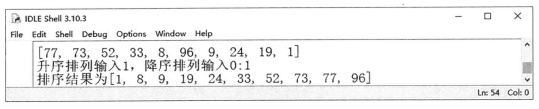

图 4-13　选择法排序

第一次外循环结束,最小的数被交换到第一个元素的位置,第二次外循环结束,次小的数被交换到数组第二个元素的位置,直至 n-1 遍外循环结束,数组即按递增顺序排列。在内循环中记录下标直至外循环结束才交换,而不是在内循环中直接交换,这是为了减少交换次数。

【例 4-15】　基于冒泡法,编程实现对一维列表的升序(降序)排序。

解题思路:有 n 个元素的数组,按照升序(降序)排序来描述冒泡法排序的思想。

①将第一个和第二个元素比较,如果第一个元素大(小)于第二个元素,则将第一个元素和第二个元素交换位置。

②比较第二个和第三个元素,按步骤①中方法交换,直到比较第 n−1 个元素和第 n 个元素。

③对前 n−1 个元素重复进行第①步和第②步。最后完成升序(降序)序列。

代码如下所示:

```
for i in range(0,end−1):
    for j in range(0,end−1−i):
        if ascend==1:
            if list_rnd[j]>list_rnd[j+1]:
                list_rnd[j],list_rnd[j+1]=list_rnd[j+1],list_rnd[j]
        else:
            if list_rnd[j]<list_rnd[j+1]:
                list_rnd[j],list_rnd[j+1]=list_rnd[j+1],list_rnd[j]
print(f"排序结果为|list_rnd|")
```

运行结果如图 4−14 所示。

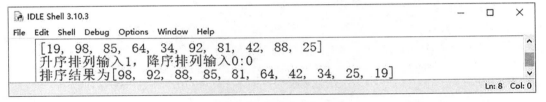

图 4−14　冒泡法排序

第一次外循环结束,最大(小)的数被交换到数组最后一个元素的位置,第二次外循环结束,次大(小)的数被交换到数组倒数第二个元素的位置,直至 n−1 次外循环结束,数组即按递增(递减)顺序排列。

在这种排序过程中,小(大)数如同气泡一样逐层上浮,而大(小)数逐个下沉到次底部。因此,这种排序被形象地喻为"冒泡"。从这个意义上来讲,冒泡排序和选择法排序没有本质的不同。以升序排列为例,选择法在每一轮中直接找到最小的数,排到当前轮的最前列;冒泡法是在每一轮中找到最大的数排到当前轮的最后列。两者计算量都与 n^2 成正比。

【例 4−16】　使用折半查找法查找一维列表中的指定元素。

解题思路:折半查找法(又称二分法)是对有序数列进行查找的一种高效查找办法,其基本思想是逐步缩小查找范围,因为是有序数列,所以采取半分作为分割范围可使比较次数最少。我们以升序有序数组为例,学习折半查找算法思想。

假设有 3 个整型变量 left、right 和 middle,分别为以按升序排序的有序数组 search 的第一个元素、最后一个元素以及中间元素的下标,其中 middle=(left+right)//2。

①若待查找的数 target 等于 search(middle),则已经找到,位置就是 middle,结束查找;否则继续第②步。

②如果 target 小于 search(middle)，因为是升序数组，如果 x 存在于此数组中，则 x 必定为下标在 left 至 middle-1 的范围内的元素，下一步查找只需在此范围内进行即可。即 left 不变，right 变为 middle-1，重复①即可。

③如果 target 大于 search(middle)，同样，如果 x 存在于此数组中，则 x 必定为下标在 middle+1 至 right 的范围的元素，下一步查找只需在此范围内进行即可。即 left 变为 middle+1，right 不变，重复①即可。

④如果上述循环运行到 left>right，则表明此数列中没有要找的数，退出循环。

代码如下所示：

```python
# 升序数列
search = [5,6,9,15,18,27,44,48,50,53,56,56,68,68,96]
while 1:
    target = eval(input("输入需要查找的数:"))
    left = 0
    right = len(search)-1
    flag = False
    while left <= right:
        mid = (left+right)//2
        if target == search[mid]:
            flag = True
            break
        elif target > search[mid]:
            left = mid+1
        else:
            right = mid-1
    if flag:
        print(f"您要找的数{target}在第{mid}位上")
    else:
        print(f"您要找的数{target}不在序列中")
    cont = input("按任意键继续,退出请按 n 键:")
    if cont == 'n':
        break
```

运行结果如图 4-15 所示。

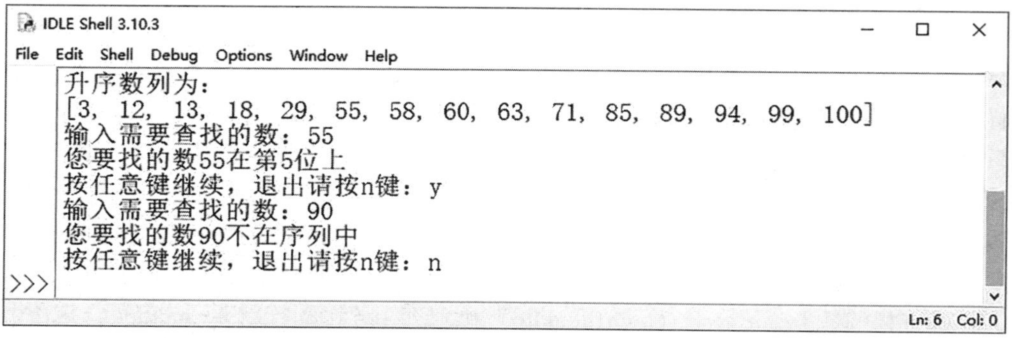

图 4-15　折半查找法

上述代码查找 55 的流程如图 4-16 所示。

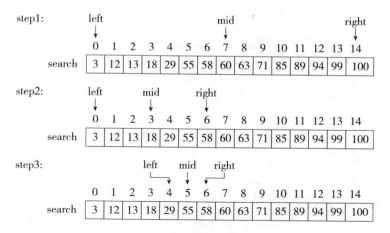

图 4-16 折半查找流程

【例 4-17】 杨辉三角,又称贾宪三角,欧洲称为帕斯卡三角形,是二项式系数在三角形中的一种几何排列,如图 4-17 所示。贾宪约于 1050 年使用贾宪三角进行高次开方运算。中国南宋数学家杨辉 1261 年所著的《详解九章算法》中记录此表。编程输出杨辉三角。

0	0	0	0	0	0				1		
0	1	0	0	0	0			1	1		$\Leftarrow (a+b)^1 = a+b$
0	1	1	0	0	0		1	2	1		$\Leftarrow (a+b)^2 = a^2 + 2ab + b^2$
0	1	2	1	0	0	1	3	3	1		$\Leftarrow (a+b)^3 = a^3 + 3a^2b + 3ab^2 + b^3$
0	1	3	3	1	0	1	4	6	4	1	$\Leftarrow (a+b)^4 = a^4 + 4a^3b + 6a^2b^2 + 4ab^3 + b^4$
0	1	4	6	4	1						

…… ……

图 4-17 杨辉三角映射到二维矩阵

解题思路:如图 4-17 所示,将杨辉三角映射到一个二维列表的左下三角阵,并紧贴主对角线,可以发现杨辉三角的特点,即第 0 列 0 行元素为 1,YH(1,1)= 1,其他元素为 YH(i,j)= YH(i-1,j-1)+ YH(i-1,j)。程序代码如下:

```
n = 1+eval( input( "输入杨辉三角层数:"))
list_Pascal = [ ]
list_0 = [ ]
for x in range( n ):
    list_0 = [ 0 for y in range( n )]
    list_Pascal.append( list_0 )
list_Pascal[ 1 ][ 1 ] = 1
for i in range( 2,n ):
    for j in range( 1,i+1 ):
        list_Pascal[ i ][ j ] = list_Pascal[ i-1 ][ j-1 ]+list_Pascal[ i-1 ][ j ]
for p in list_Pascal:
    print( f"{ p} \n" )
```

运行结果如图 4-18 所示。

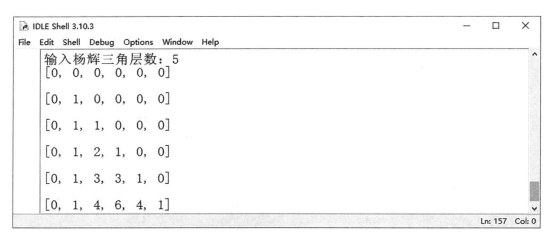

图 4-18　杨辉三角

【例 4-18】　假设法求 300 以内的素数。

解题思路：解题原理为验证后继整数是否可以被已知素数整除，采用假设法。步骤如下：

①构建长度为 300 的列表，将列表元素都置为 1，分别对应 1 到 300 的整数，即假设它们都为素数，列表中每个元素的索引号就是对应的整数。

②将第 0 和第 1 个列表元素置 0，因为 0 和 1 不是素数。

③将能被 2 整除的数都标记为非素数，即以这些数为索引的元素置 0。

④找到下一个素数，重复第③步操作，直到找到最后一个素数。

⑤输出所有标记为 1 的元素所在的索引号，即查找的素数。

代码如下所示：

```python
prime_300=[1]*300
prime_300[0:2]=[0,0]
for int_index in range(2,300):
    if prime_300[int_index]==1:
        for j in range(int_index+1,300):
            if prime_300[j]!=0 and j%int_index==0:
                prime_300[j]=0
counts=0
for i in range(1,300):
    if prime_300[i]!=0:
        print(f"{i:3}",end=" ")
        counts+=1
        if counts%10==0:
            print()
```

运行结果如图 4-19 所示。

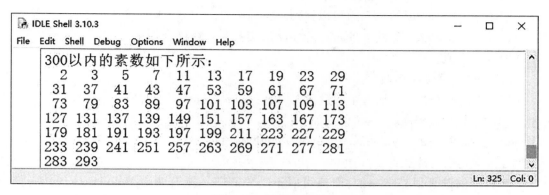

图 4-19　假设法求素数

4.4　字典

字典是 Python 强大的数据结构之一,可以理解为成对元素构成的列表,每对元素中的第一个称为"键",第二个称为"值",合在一起称为键值对,中间用":"连接。使用时通过键可以找到对应的值,这个过程称为"映射",即键映射到值,字典中所有的操作都通过键来完成。两者关系非常类似于新华字典中每个字都可以确定一个对应的页码,但一个页码无法对应到确定的字。新华字典笔画搜索中的字按特定的笔画数进行排列,但字典结构中键的排列顺序对外是隐藏的,这是字典数据结构与新华字典的不同之处。

4.4.1　字典创建

NBA 历史得分榜,是统计职业球员在 NBA 常规赛得到的所有分数的榜单。该榜单只统计职业球员在 NBA 常规赛获得的总的分数,不统计职业球员在 NBA 夏季联赛、NBA 季前赛、NBA 季后赛附加赛、NBA 季后赛和 NBA 全明星赛中获得的分数。2022 年历史排名前十的球员得分情况如表 4-3 所示。

表 4-3　2022 年 NBA 历史得分榜排名

排名	姓名	总分
1	卡里姆·阿布杜尔·贾巴尔	38 387
2	勒布朗·詹姆斯	37 062
3	卡尔·马龙	36 928
4	科比·布莱恩特	33 643
5	迈克尔·乔丹	32 292
6	德克·诺维茨基	31 560
7	威尔特·张伯伦	31 419
8	沙奎尔·奥尼尔	28 596
9	卡梅隆·安东尼	28 289
10	摩西·马龙	27 409

在表格中,找到球员的姓名,就可以找到对应的历史总得分,球员和得分之间就建立了关联。Python 中的字典数据结构就非常适合存储这类关系。在这个例子中球员姓名可称为键,球员的得分称为值。

1.花括号"{ }"创建字典

字典使用花括号"{ }"括起来的键值对"key:value"表示,每个键值对就是字典中的一个元素,元素之间用逗号分隔。语法格式如下:

{key1:value1,key2:value2,…,keyN:valueN}

创建字典时需要注意:

①字典中的键必须是唯一的,而值可以不唯一。即不能有两个及以上相同的键,如一名球员有两个不同的历史总得分,这会导致出现歧义与混乱。反之一个得分可能会对应多名球员。

②键必须是不可变对象类型,而值可以是任意数据类型。键一般可以是字符串、数值和元组,但不可以是列表。如果值为数字,建议使用数字的字符串形式。

③若花括号内没有任何键值对,则称之为空字典。

例如:

```
>>>NBA_score={'贾巴尔':'38387','詹姆斯':'37062','卡尔·马龙':'36928'}
>>>NBA_score
    {'贾巴尔':'38387','詹姆斯':'37062','卡尔·马龙':'36928'}
>>>type(NBA_score)
    <class 'dict'>
>>>PG_subject={201:'英语',202:'俄语',203:'日语'}
>>>PG_subject
    {201:'英语',202:'俄语',203:'日语'}
>>>{}
    {}
>>>NBA_score={'贾巴尔':['38387',1947],'詹姆斯':['37062',1984],'卡尔·马龙':['36928',
    1963]}
    NBA_score
    {'贾巴尔':['38387',1947],'詹姆斯':['37062',1984],'卡尔·马龙':['36928',1963]}
>>>NBA_score={['38387',1947]:'贾巴尔',['37062',1984]:'詹姆斯',['36928',1963]:
    '卡尔·马龙'}
    Traceback (most recent call last):
        File "<pyshell# 17>",line 1,in <module>
            NBA_score={['38387',1947]:'贾巴尔',['37062',1984]:'詹姆斯',['36928',1963]:'
    卡尔·马龙'}
    TypeError:unhashable type:'list'
>>>NBA_score={('38387',1947):'贾巴尔',('37062',1984):'詹姆斯',('36928',1963):
    '卡尔·马龙'}
>>>NBA_score
    {('38387',1947):'贾巴尔',('37062',1984):'詹姆斯',('36928',1963):'卡尔·马龙'}
```

字典通过键值对的形式存储了 NBA 球员与历史得分之间的映射关系,创建字典的过程就是创建键和值之间关联的过程。

2.构造函数 dict( )创建字典

使用构造函数 dict( )可以直接将列表或元组转化为字典,其组成必须为双元素,且只能包含两个元素,否则会导致创建失败。例如:

```
>>>item1 = [('科比','33643'),('乔丹','32292'),('诺维茨基','31560')]
>>>NBA_score1 = dict(item1)
>>>NBA_score1
    {'科比':'33643','乔丹':'32292','诺维茨基':'31560'}
>>>item2 = [['张伯伦','31419'],['奥尼尔','28596'],['安东尼','28289']]
>>>NBA_score2 = dict(item2)
>>>NBA_score2
    {'张伯伦':'31419','奥尼尔':'28596','安东尼':'28289'}
>>>NBA_score3 = dict( )
>>>NBA_score3
    {}
```

创建字典时,可以用"key = value"形式传入 dict( )函数,此时键必须是字符串类型,且无序、加括号。例如:

```
>>>scores = dict(English = '90',history = '87',math = '96')
>>>scores
    {'English':'90','history':'87','math':'96'}
```

3.内置函数 formkeys( )创建字典

fromkeys( )函数用于创建一个新字典,以序列中元素做字典的键,value 为字典所有键对应的初始值。格式如下:

dict.fromkeys(seq[,value])

功能说明:seq 为字典键值列表,value 为可选参数,设置键序列(seq)对应的值。当参数中只有关键字时,值就默认为"None"。如果键列表中存在重复项时,与字典键的唯一性相矛盾,fromkeys( )函数会自动删除重复项。例如:

```
>>>players = ['贾巴尔','乔丹','张伯伦']
>>>NBA_score3 = dict.fromkeys(players)
>>>NBA_score3
    {'贾巴尔':None,'乔丹':None,'张伯伦':None}
>>>NBA_score3 = dict.fromkeys(players,10000)
>>>NBA_score3
    {'贾巴尔':10000,'乔丹':10000,'张伯伦':10000}
>>>players = ['贾巴尔','乔丹','张伯伦','乔丹','张伯伦']
>>>NBA_score3 = dict.fromkeys(players,10000)
>>>NBA_score3
```

{'贾巴尔': 10000,'乔丹': 10000,'张伯伦': 10000}

4.4.2 字典检查与修改

1.字典的访问与添加

（1）字典的访问。字典没有索引的概念,其中的存储条目从使用者视角看是无序的。键可以理解为字典的索引,只能通过键来访问条目中的值。如果使用不存在的键进行索引会引起 KeyError 异常。例如：

```
>>>item2=[['张伯伦','31419'],['奥尼尔','28596'],['安东尼','28289']]
>>>NBA_score2=dict(item2)
>>>NBA_score2['奥尼尔']
    '28596'
>>>NBA_score2['贾巴尔']
    Traceback（most recent call last）:
        File "<pyshell# 4>",line 1,in <module>
            NBA_score2['贾巴尔']
    KeyError:'贾巴尔'
>>>NBA_score2[0]
    Traceback（most recent call last）:
        File "<pyshell# 5>",line 1,in <module>
            NBA_score2[0]
    KeyError：0
```

如果字典中的值是一个序列,则可以通过对值进行索引的方式访问该序列中的元素。

```
>>>NBA_score={'贾巴尔':['38387',1947],'詹姆斯':['37062',1984],'卡尔·马龙':['36928',
    1963]}
>>>NBA_score['贾巴尔'][1]
    1947
```

（2）get()方法获取条目的值。语法格式如下：

dictionary_name.get(key[,default])

get()方法按第一个参数指定的键,返回对应条目中的值,如果该键不存在,则返回默认值,而不会抛出异常,如键和默认值都不存在,则无响应。例如：

```
>>>NBA_score.get('詹姆斯')
    ['37062',1984]
>>>NBA_score.get('克鲁斯','非榜上球员')
    '非榜上球员'
>>>NBA_score.get('克鲁斯')
>>>
```

（3）值的修改与条目增加。字典的键不可变,单值是可以修改的,确切的说法是修改一个键值对,添加键值对的方法与修改键值对的方法相同。语法格式如下：

dictionary[key]=value

例如：

```
>>>scores=dict(English='90',history='87',math='96')
>>>scores['English']='99'
>>>scores
    {'English':'99','history':'87','math':'96'}
>>>scores['Chinese']='86'
>>>scores
    {'English':'99','history':'87','math':'96','Chinese':'86'}
```

2.删除字典条目

（1）del 用来删除指定条目或删除整个字典。语法格式如下：

del dictionary_name[key]

del dictionary_name

例如：

```
>>>scores={'English':'99','history':'87','math':'96','Chinese':'86'}
>>>del scores['English']
>>>scores
    {'history':'87','math':'96','Chinese':'86'}
>>>del scores
>>>scores
    Traceback（most recent call last）:
        File "<pyshell# 40>",line 1,in <module>
            scores
    NameError:name 'scores' is not defined
```

（2）pop（）方法删除指定条目。语法格式如下：

dictionary_name.pop(key[,default])

该方法与列表中的同名方法类似,在删除指定键所在的条目时会将该键对应的值作为返回值弹出,如果该键在字典中不存在,则弹出默认值,如果缺少默认值,则抛出 TypeError 异常,如果不带任何参数也会抛出同类型异常。例如：

```
>>>scores={'English':'99','history':'87','math':'96','Chinese':'86'}
>>>scores.pop('math')
    '96'
>>>scores
    {'English':'99','history':'87','Chinese':'86'}
>>>scores.pop('math','未找到对应的条目')
    '未找到对应的条目'
>>>scores.pop('math')
    Traceback（most recent call last）:
        File "<pyshell# 22>",line 1,in <module>
```

```
        scores.pop('math')
    KeyError: 'math'
>>>scores.pop()
    Traceback (most recent call last):
        File "<pyshell# 23>",line 1,in <module>
            scores.pop()
    TypeError: pop expected at least 1 argument,got 0
```

（3）popitem（）方法随机删除字典条目。语法格式如下：

dictionary_name.popitem( )

该方法在 Python 3.6 以前的版本中随机选择条目，Python 3.6 后的版本默认选择最后加入字典的条目，并将整个条目作为返回值以元组的形式弹出。例如：

```
>>>scores = {'English': '99','history': '87','math': '96','Chinese': '86'}
>>>item = scores.popitem()
>>>item
    ('Chinese','86')
>>>type(item)
    <class 'tuple'>
>>>scores
    {'English': '99','history': '87','math': '96'}
```

（4）clear（）方法清空字典条目。语法格式如下：

dictionary_name.clear( )

清空字典的方法可以用 pop（）或 popitem（），最直接的方式是使用 clear（）。例如：

```
>>>scores.clear()
>>>scores
    {}
```

3.检查字典条目

（1）in、not in。检查指定元素是否在字典中。例如：

```
>>>scores = {'English': '99','history': '87','math': '96','Chinese': '86'}
>>>'English' in scores
    True
>>>'art' not in scores
    True
```

（2）返回字典键、值和条目。keys（）、values（）和 items（）以列表的形式返回字典中所有的键、值与条目。例如：

```
>>>scores.keys()
    dict_keys(['English','history','math','Chinese'])
>>>scores.values()
    dict_values(['99','87','96','86'])
```

```
>>>scores.items( )
    dict_items( [ ( 'English ','99 ') ,( 'history ','87 ') ,( 'math ','96 ') ,( 'Chinese ','86 ') ] )
```

4.4.3　字典的整体操作

1.字典遍历

使用 for 循环实现字典的遍历。例如：

```
>>>scores = { 'English ': '99 ','history ': '87 ','math ': '96 ','Chinese ': '86 '}
>>># 遍历字典键和对应的值
>>>for k in scores :
        print(f" key = { k :<10} \tvalue = { scores[ k ] :<10} " )

    key = English         value = 99
    key = history          value = 87
    key = math             value = 96
    key = Chinese         value = 86


>>># 遍历字典的值
>>>for k in scores.values( ) :
        print( k )

    99
    87
    96
    86


>>># 遍历字典条目
>>>for k in scores.items( ) :
        print( k )

    ( 'English ','99 ')
    ( 'history ','87 ')
    ( 'math ','96 ')
    ( 'Chinese ','86 ')
>>># 或者
>>>for k,v in scores.items( ) :
        print(f" { k } 课的成绩是{ v } 分" )

    English 课的成绩是 99 分
    history 课的成绩是 87 分
    math 课的成绩是 96 分
    Chinese 课的成绩是 86 分
```

2.字典排序

字典条目的排列,从存储的角度上讲并无先后之分,但使用者总是希望字典条目在显示的时候呈现一定的有序性,此时可以使用 Python 内置函数 sorted 进行处理,获得一个排好顺序的键的列表,该操作不会影响字典本身的显示顺序。例如:

```
>>>subjects = sorted(scores)
>>>subjects
    ['Chinese','English','history','math']
>>>scores
    {'English':'99','history':'87','math':'96','Chinese':'86'}
```

通过 for 循环的配合,可以让字典按键或值的顺序显示条目。例如:

```
# 按键值排序显示字典条目
>>>for subject in subjects:
        print(subject,scores[subject])

    Chinese 86
    English 99
    history 87
    math 96
# 按值排序显示字典条目
>>>score_subject = [(score,subject) for subject,score in scores.items()]
>>>score_subject.sort()
>>>score_subject
    [('86','Chinese'),('87','history'),('96','math'),('99','English')]
>>>for item in score_subject:
        print(item[1],item[0])

    Chinese 86
    history 87
    math 96
    English 99
```

3.字典合并

(1)使用 for 循环进行合并。遍历一个字典的条目,然后逐项添加。

```
>>>NBA_score = {'贾巴尔':'38387','詹姆斯':'37062','卡尔·马龙':'36928'}
>>>NBA_score1 = {'科比':'33643','乔丹':'32292','诺维茨基':'31560'}
>>>for name,score in NBA_score1.items():
        NBA_score[name] = score


>>>NBA_score
    {'贾巴尔':'38387','詹姆斯':'37062','卡尔·马龙':'36928','科比':'33643',
    '乔丹':'32292','诺维茨基':'31560'}
```

(2)使用 update()方法进行字典合并。语法格式如下:

dictionary_name.update( )

例如：

```
>>>NBA_score2={'张伯伦':'31419','奥尼尔':'28596','安东尼':'28289'}
>>>NBA_score.update(NBA_score2)
>>>NBA_score
   {'贾巴尔':'38387','詹姆斯':'37062','卡尔·马龙':'36928','科比':'33643',
   '乔丹':'32292','诺维茨基':'31560','张伯伦':'31419','奥尼尔':'28596',
   '安东尼':'28289'}
```

（3）使用 dict( )函数。将需要合并的字典的条目转化为列表,合并列表后使用 dict( )。例如：

```
>>>NBA_score1
   {'科比':'33643','乔丹':'32292','诺维茨基':'31560'}
>>>NBA_score2
   {'张伯伦':'31419','奥尼尔':'28596','安东尼':'28289'}
>>>list=list(NBA_score1.items( ))+list(NBA_score2.items( ))
>>>NBA_score=dict(list)
>>>NBA_score
   {'科比':'33643','乔丹':'32292','诺维茨基':'31560','张伯伦':'31419','奥尼尔':'28596',
   '安东尼':'28289'}
```

或者使用 dict( )函数的另一种形式：

```
>>>NBA_score={'贾巴尔':'38387','詹姆斯':'37062','卡尔·马龙':'36928'}
>>>NBA_score1={'科比':'33643','乔丹':'32292','诺维茨基':'31560'}
>>>NBA_score=dict(NBA_score,**NBA_score1)
>>>NBA_score
   {'贾巴尔':'38387','詹姆斯':'37062','卡尔·马龙':'36928','科比':'33643',
   '乔丹':'32292','诺维茨基':'31560'}
```

4.4.4　字典实例

【例 4-19】　统计英文句子中字母字符出现的频率。

解题思路:构建字典,用出现的字母字符作为键,用每个字母出现的频次作为值。遍历英文句子,如果该字母字符在字典中,则对其对应的值进行累加,如果该字母不在字典中,则添加对应的键值对。使用 lower( )方法忽略字母大小写问题。代码如下所示：

```
sentence=input("请输入英文语句:")
sentence=sentence.lower( )
alpha_counts={}
for letter in sentence:
    if 'a'<=letter<='z':
        if letter in alpha_counts:
            alpha_counts[letter]+=1
```

```
        else:
            alpha_counts[letter] = 1
    print(alpha_counts.items())
```

运行结果如图 4-20 所示。

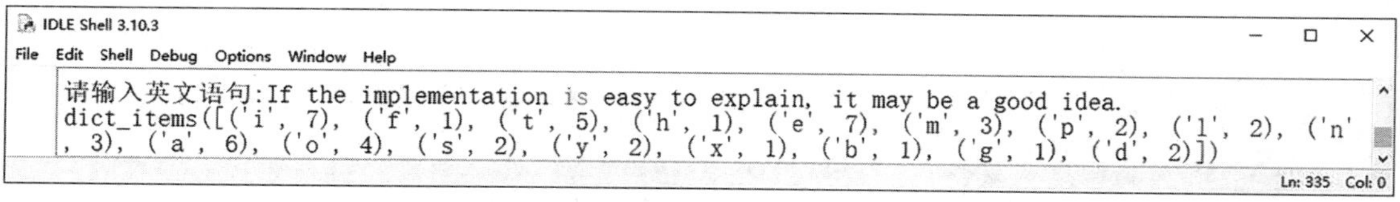

```
IDLE Shell 3.10.3                                                    —    □    ×
File  Edit  Shell  Debug  Options  Window  Help
请输入英文语句:If the implementation is easy to explain, it may be a good idea.
dict_items([('i', 7), ('f', 1), ('t', 5), ('h', 1), ('e', 7), ('m', 3), ('p', 2), ('l', 2), ('n'
, 3), ('a', 6), ('o', 4), ('s', 2), ('y', 2), ('x', 1), ('b', 1), ('g', 1), ('d', 2)])
                                                                        Ln: 335  Col: 0
```

图 4-20　字母统计

【例 4-20】　蔬菜价格基本信息如表 4-4 所示。编程统计不同产地的品种数量,及价格超过 8 元的蔬菜品种及产地。

表 4-4　蔬菜价格基本信息

品种	产地	价格/元
魔芋	张北	9.0
香芹	寿光	15.0
花菜	寿光	8.5
青椒	张北	5.2
番茄	张北	3.6
佛手瓜	寿光	5.9
萝卜	张北	8.4

解题思路:考虑使用字典 dct_vegetable 来存储每行信息,品种作为键,产地和价格作为值,新建字典 place_price 来存储产地和蔬菜数量,产地作为键,数量作为值,通过新建列表 vegetable_place 来存储价格高于 8 元的蔬菜品种与产地,列表元素也为列表,第 0 个元素为蔬菜品种,第 1 个元素为产地,第 2 个元素为价格。通过字典遍历从 dct_vegetable 中获取所需信息,分别存入字典 place_price 和列表 vegetable_place 中。代码如下所示:

```
dct_vegetable = {'魔芋':['张北',9.0],'香芹':['寿光',15.0],'花菜':['寿光',8.5],'青椒':['张北',5.2],
    '番茄':['张北',3.6],'佛手瓜':['寿光',5.9],'萝卜':['张北',8.4]}
place_price = {}
vegetable_place = []
for variety, attributes in dct_vegetable.items():
    place_price[attributes[0]] = place_price.get(attributes[0],0)+1
    if attributes[1]>8:
        vegetable_place.append([variety,attributes[0],attributes[1]])
print(f"来自张北的蔬菜有{place_price['张北']}种,"
        f"来自寿光的蔬菜有{place_price['寿光']}种")
```

```
print("价格大于 8 元的蔬菜是:")
for v in vegetable_place:
    print(f"{v[0]}来自{v[1]},价格为{v[2]}元/kg")
```

运行结果如图 4-21 所示。

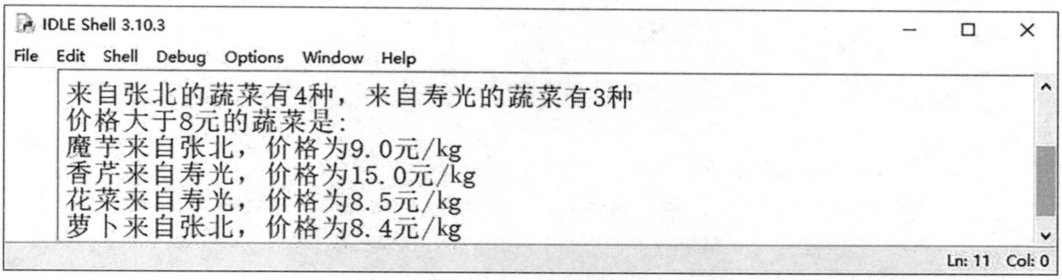

图 4-21　蔬菜信息统计

4.5　集合

德国数学家格奥尔格·康托尔在 19 世纪晚期发明了集合,这一发明是现代数学理论的重要基石。Python 中的集合是指一组对象的集合,这些对象称为集合的元素或成员,且只能是固定数据类型,如整数、浮点数、字符串和元组等,不能是可变的列表、字典和集合本身。集合的特点是,内部没有重复的元素,元素之间也没有所谓的顺序,和字典一样都不是序列,不能分片也不能进行索引。没有元素成员的集合称为空集。

4.5.1　集合创建与访问

1.花括号"{ }"创建集合
集合创建的方法与字典类似,只需将元素放在花括号内,如果有重复元素会自动去重。例如:

```
>>>set_language = {'C','C++','Java','Python','Go','C#','VB.Net'}
>>>set_language
    {'C','Go','Java','C#','Python','VB.Net','C++'}
>>>set_vegetable = {'芹菜','香菜','白菜','青菜','娃娃菜','甜菜','白菜'}
>>>set_vegetable
    {'白菜','芹菜','娃娃菜','香菜','甜菜','青菜'}
>>>set_list = {(1,2),(3,4),(5,6)}
>>>set_list
    {(1,2),(3,4),(5,6)}
>>>set_list = {[1,2],[3,4],[5,6]}
    Traceback (most recent call last):
        File "<pyshell# 6>",line 1,in <module>
            set_list = {[1,2],[3,4],[5,6]}
    TypeError: unhashable type: 'list'
```

2.构造函数 set( ) 创建集合

构造函数 set( ) 可以将序列转化为集合,同时将删除重复元素,只保留其中的一个。例如:

```
>>>set_string = set("No pain, no gain.")
>>>set_string
    {'.','p',' ','N',',','n','g','o','i','a'}
>>>set_list = set([1,2,3,4,5,4,3,2,1])
>>>set_list
    {1,2,3,4,5}
>>>set_integer = set(12345)
    Traceback (most recent call last):
        File "<pyshell# 4>", line 1, in <module>
            set_integer = set(12345)
    TypeError: 'int' object is not iterable
```

set( ) 函数无法将整数等类型转化为集合,在将序列转化为集合时会进行去重操作,这一特性常被用于字符串或列表的去重操作中。

因为"{}"被用来创建空字典,所以 Python 语言创建空集,必须使用不带参数的 set( ) 函数。例如:

```
>>>dic_empty = {}
>>>dic_empty
    {}
>>>type(dic_empty)
    <class 'dict'>
>>>set_empty = set()
>>>set_empty
    set()
>>>type(set_empty)
    <class 'set'>
```

3.不可变集合创建

frozenset( ) 用于创建集合的不可变版本,该集合不允许被修改。类似于元组,不能添加、删除和修改集合中的元素,但支持集合数学运算和集合关系检查。集合不可作为集合的元素,但 frozen 可以作为集合元素。例如:

```
>>>A = frozenset([1,2,3,4,5])
>>>A
>>>frozenset({1,2,3,4,5})
>>>A.pop()
    Traceback (most recent call last):
        File "<pyshell# 18>", line 1, in <module>
            A.pop()
AttributeError: 'frozenset' object has no attribute 'pop'
```

4.集合访问

集合不是序列没有索引,也不是字典没有键,因此集合的访问只能通过集合名整体输出或使用 for 循环进行遍历。

【例 4-21】　生成 4 行 5 列没有重复数的二维随机整数阵列,元素为两位随机整数。

解题思路:生成长度大于 20 的随机整数序列,将其转化为集合,如果集合长度小于 20 则重复前述过程,直至生成一个长度大于等于 20 的集合。对集合进行遍历,取出其中 20 个元素建构二维阵列。程序代码如下:

```python
import random
counts = 0
while counts < 20:
    list_rnd = [random.randint(10, 100) for x in range(25)]
    dic_rnd = set(list_rnd)
    counts = len(dic_rnd)
print(f"共生成{counts}个随机整数如下所示:\n", dic_rnd)
list_2D = []
list_1D = []
i = 0
j = 0
for x in dic_rnd:
    index = i % 5
    list_1D.append(x)
    if index == 4:
        list_2D.append(list_1D)
        j += 1
        list_1D = []
    i += 1
    if i == 20:
        break
for i in range(4):
    for j in range(5):
        print(f"{list_2D[i][j]:5}", end=" ")
    print()
```

运行结果如图 4-22 所示。

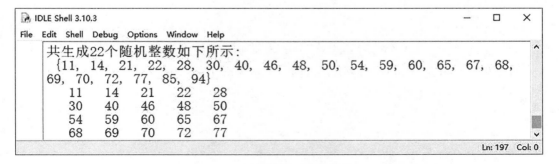

图 4-22　生成随机二维阵列

4.5.2 集合运算

集合的常规运算包括两个集合的交集、并集、差集和对称差集,如图 4-23 所示。

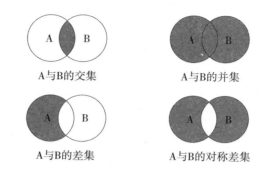

A与B的交集　　　　　　　　A与B的并集

A与B的差集　　　　　　　　A与B的对称差集

图 4-23　集合的常规运算

例如:

```
>>>A=set("Man proposes")
>>>B=set("God deposes")
>>>A
    {'n','e',' ','o','p','a','s','r','M'}
>>>B
    {'e',' ','G','o','p','d','s'}
```

(1)交集。A&B 或 A.intersection(B),返回一个新集合,包含 A 和 B 共有的元素。

```
>>>A&B
    {'e',' ','o','p','s'}
>>>A.intersection(B)
    {'e',' ','o','p','s'}
```

(2)并集。A|B 或 A.union(B),返回一个新集合,包含 A 和 B 所有的元素。

```
>>>A|B
    {'n','e',' ','G','o','p','a','d','s','r','M'}
```

```
>>>A.union(B)
    {'n','e',' ','G','o','p','a','d','s','r','M'}
```

(3)差集。A-B 或 A.difference(B),返回一个新集合,从 A 中删除同时还在 B 中的元素。

```
>>>A-B
    {'n','r','a','M'}
>>>A.difference(B)
    {'n','r','a','M'}
```

(4)对称差集。A^B 或 A.symmetric_difference(B),返回一个新集合,包含 A 和 B 所有的元素,但从中删除 A 和 B 共有的元素。

```
>>>A^B
   {'n','G','a','d','r','M'}
>>>A.symmetric_difference(B)
   {'n','G','a','d','r','M'}
```

4.5.3　集合修改与检查

1.添加元素

（1）add()方法。将元素加入集合中,如与集合中元素重复则不进行任何操作。例如:

```
>>>set_language={"Python","C","Java","C++","C#"}
>>>set_language
   {'Java','C++','Python','C','C#'}
>>>set_language.add("JavaScript")
>>>set_language
   {'Java','C++','Python','JavaScript','C','C#'}
```

（2）update(x1,x2,…)方法。可以添加多个元素,且元素可以是列表、元组、字典和集合等。例如:

```
>>>set_language.update(("PHP","SQL"))
>>>set_language
   {'Java','C++','Python','JavaScript','PHP','SQL','C','C#'}
>>>set_language.update({1,2},{"R":100})
>>>set_language
   {'Java',1,2,'JavaScript','PHP','R','C#','C++','Python','C','SQL'}
```

2.删除元素

（1）remove()方法。将指定元素从集合中删除,如元素不存在会抛出 KeyError 异常。例如:

```
>>>set_language.remove(1)
>>>set_language
   {'Java',2,'JavaScript','PHP','R','C#','C++','Python','C','SQL'}
>>>set_language.remove(100)
   Traceback (most recent call last):
     File "<pyshell# 11>",line 1,in <module>
         set_language.remove(100)
   KeyError: 100
```

（2）discard()方法。将指定元素从集合中删除,如元素不存在不会抛出 KeyError 异常。例如:

```
>>>set_language.discard(2)
>>>set_language
   {'Java','JavaScript','PHP','R','C#','C++','Python','C','SQL'}
```

```
>>>set_language.discard(100)
>>>
```

（3）pop（）方法。从集合中随机删除一个元素,并将其作为返回值。例如:

```
>>>set_language.pop()
    'Java'
>>>set_language.pop()
    'JavaScript'
>>>set_language
{'PHP','R','C#','C++','Python','C','SQL'}
```

（4）clear（）方法。清空集合中所有元素。例如:

```
>>>set_language.clear()
>>>set_language
set()
```

3.检测元素

使用 in、not in 检查指定元素是否在集合中。例如:

```
>>>'PHP' in set_language
    False
>>>set() in set_language
    False
>>>'Python' not in set_language
    True
```

4.判断集合间的关系

（1）isdisjoint（）方法。判断一个集合是否与另一个集合有交集,没有交集返回 True,否则返回 False。例如:

```
>>>A={1,2,3,4,5,6,}
>>>B={4,5,6,7,8,9}
>>>C={7,8,9,10,11,12}
>>>A.isdisjoint(B)
    False
>>>C.isdisjoint(A)
    True
```

（2）issubset（）方法。判断一个集合是否是另一集合的子集,是则返回 True,否则返回 False。例如:

```
>>>D={4,5,6}
>>>D.issubset(A)
    True
>>>D.issubset(C)
    False
```

（3）issuperset（ ）方法。判断一个集合是否为另一个集合的超集,是则返回 True,否则返回 False。例如:

```
>>>A.issuperset(D)
    True
>>>C.issuperset(D)
    False
```

4.5.4　集合实例

【例 4-22】　两个乒乓球队进行比赛,各出三人。甲队为 a,b,c 三人,乙队为 x,y,z 三人。已抽签决定比赛名单。有人向队员打听比赛的名单,a 说他不和 x 比,c 说他不和 x,z 比,请编程找出三场比赛的对阵名单。

解题思路:基于集合中没有重复元素这一特点,采用集合运算法进行查找。代码如下所示:

```
a={'x','y','z'}
b={'x','y','z'}
c={'x','y','z'}
c-={'x','z'}  #c 不和 x、z 比
a-={'x'}  #a 不和 x 比
for i in a:
    for j in b:
        for k in c:
            if len(set((i,j,k)))==3:
                print(f"三场比赛对阵名单如下:\na:{i},b:{j},c:{k}")
```

运行结果如图 4-24 所示。

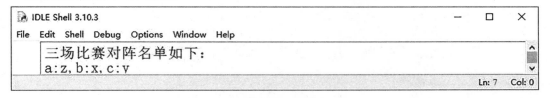

图 4-24　预测对阵名单

【例 4-23】　QS 和 USNews 是两大世界大学排名榜。2022 年,QS 全球排名前五的大学分别为麻省理工学院、牛津大学、斯坦福大学、剑桥大学、哈佛大学,USNews 全球排名前五的大学分别为哈佛大学、麻省理工学院、斯坦福大学、加州大学伯克利分校、牛津大学。编程求出:在上榜的所有学校中,两个榜中同时排在前五的学校、只在 QS 排名前五的学校、只在一个榜上排名前五的学校。

解题思路:运用集合的数学运算获取结果。代码如下所示:

```
set_QS={'麻省理工学院','牛津大学','斯坦福大学','剑桥大学','哈佛大学'}
set_USNews={'哈佛大学','麻省理工学院','斯坦福大学','加州大学伯克利分校','牛津大学'}
print(f"QS 世界大学排名前五:\n{set_QS}")
```

```
print(f"USNews 世界大学排名前五:\n{set_USNews}")
print(f"所有上榜学校:\n{set_QS|set_USNews}")
print(f"两榜都进前五学校:\n{set_QS&set_USNews}")
print(f"只在 QS 榜排名前五学校:\n{set_QS-set_USNews}")
print(f"只在各自榜排名前五学校:\n{set_QS^set_USNews}")
```

运行结果如图 4-25 所示。

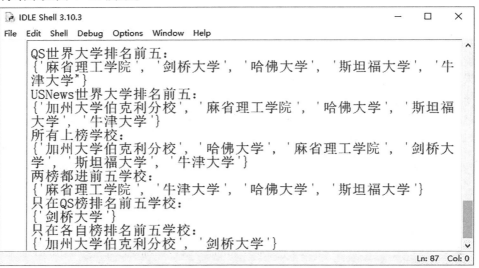

图 4-25　世界大学排行榜

本章习题

一、选择题

1.已知 str='Hello World!',str[0:4]返回_____。

　　A.'Hell'　　　　　　B.'Hello'　　　　　　C.Hell　　　　　　D.系统报错

2.已知 str='we like python!',str[-6:-1]返回_____。

　　A.python　　　　　　B.'ython'　　　　　　C.'python!'　　　　D.'ython'

3.已知 str='we like python!',str[-6:]返回_____。

　　A.python　　　　　　B.'ython'　　　　　　C.'python!'　　　　D.'ython!'

4.已知 str1='Hello World!',str2="Python",str1+str2 返回_____。

　　A.'Hello World! Python'　　　　　　　B.'Hello World!'

　　C."Python"　　　　　　　　　　　　　D.系统报错

5.print("Hello World!\nPython")的运行结果是_____。

　　A.输出 2 行　　　　　B.输出 1 行　　　　　C.系统报错　　　　D.以上都不是

6.print("Hello World! I'like Python")的结果是_____。

　　A.Hello World! I'like Python　　　　　B.Hello World! I

　　C.系统报错　　　　　　　　　　　　　D.以上都不是

7. str＝' we like python！ '，str.find（"python"），程序输出结果是_____。

　　A.True　　　　　　B.False　　　　　　C."python"　　　　　　D.8

8. print（"I ' m %s，my score is %.2f" %（'张三'，98.2345））的运行结果为_____。

　　A.I ' m 张三　　　　　　　　　　B.my score is 98.2

　　C.I ' m 张三，my score is 98.00　　D.I ' m 张三，my score is 98.23

9. N＝16，print（'{ :b}'.format（N）），运行结果为_____。

　　A.10000　　　　　　B.16　　　　　　C.系统报错　　　　　　D.以上都不是

10.N＝16，print（'{ :X}'.format（N）），运行结果为_____。

　　A.10000　　　　　　B.16　　　　　　C.10　　　　　　D.以上都不是

11.以下列表声明错误的是_____。

　　A.a＝[1,2,3]　　　　　　　　　B.b＝[' a ',' b ',1,2]

　　C.c＝（100,'b ',1,2）　　　　　D.d＝[[1,2,3],1,2]

12.以下字典声明错误的是_____。

　　A.a＝{1:2}　　　　　　　　　B.b＝{' a ': ' b ',1:2}

　　C.c＝{100: [12,3],1:2}　　　D.d＝{[1,2,3]: 1,2:3}

13.以下创建字典的方式错误的是_____。

　　A.d＝{ 2:[4 ,5],3 : [2,1] }　　　B.d＝{ ['a','b'] :1,['c','d'] :3}

　　C.d＝{（ 1,2）: 1,（ 3,4）:3}　　　D.d＝{ 1 :'张三',3.:'李 四'}

14.list1＝[' hello ',' Python ',1997,2000]，len（list1）返回_____。

　　A.1　　　　　　B.2　　　　　　C.3　　　　　　D.4

15.list1＝[' hello ',' Python ',1997,2000]，list.index（0）返回_____。

　　A .hello　　　　　B.' hello '　　　　　C.0　　　　　　D.2000

16.执行 tup1＝（' hello ',' python ',' good ',2000），tup1[0]＝0 后，返回_____。

　　A.hello　　　　　B.' hello '　　　　　C.0　　　　　　D.系统报错

17.tup1＝（' hello ',' python ',' good ',2000），tup2＝（1,2），tup1＋tup2 运行结果为_____。

　　A.（' hello ',' python ',' good ',2000,1,2）

　　B.（' hello ',' python ',' good ',2000）

　　C.（1,2）

　　D.系统报错

18. dict1＝{' jake ':18,' marry ':18,' peter ':20,' jake ':30}，dict1.keys（）返回_____。

　　A.dict_keys（[' marry ',' jake ',' peter ']）

　　B.[' marry ',' jake ',' peter ']

　　C.（' marry ',' jake ',' peter '）

　　D.系统报错

19. dict1 ＝ { ' jake ': 18,' marry ': 18,' peter ':20,' jake ': 30 }，list（dict1.values（））返回_____。

　　　　A.dict_values（[18,30,20]）　　　B.[18,30,20]

　　　　C.（18,30,20）　　　　　　　　　D.系统报错

20. set1 = {'a', 'b', 'b', 'c', 'c', 'd'}, set1 中的值会变成_____。

    A. 无变换　　　　　　　　　　　　B. {'d', 'b', 'a', 'c'}

    C. ['d', 'b', 'a', 'c']　　　　　　　D. 系统报错

二、编程题

1. 从键盘输入一个字符串，然后将小写字母全部转换成大写字母。

2. 用 random 函数制作 4 位随机密码，密码为字母和数字的任意组合，例如，"ADC3" "Wd23" 等。

3. 设有字符串 "I like Python, python is good. Everyone will study python."，用 find 函数找出所有的 "python"。

4. 在键盘上输入一段长字符串，统计其中大写字母、小写字母、数字还有其他字符的数量。

5. 用 input 函数输入学生成绩，将学生成绩存储为列表形式，当输入字符为 "#" 时结束输入，用 print 函数打印出学生成绩列表。

6. 用 input 函数输入学生成绩，学生学号为字典的 "键"，学生成绩为对应的 "值"，当输入字符为 "#" 时结束输入，用 print 函数打印出学生成绩字典的存储方式。

7. 生成随机验证码。编写程序，在 26 个大、小写字母和 9 个数字组成的列表中随机生成 4 位验证码，用列表存储并输出。

8. 已知：商场里现有物品记录为 goods = {"电脑": 5000, "鼠标": 100, "显卡": 800, "内存": 500, "足球": 200, "篮球": 200}，编写程序，采用 input 函数输入物品名和价格，原来有的物品则更新信息，原来没有的物品则添加，遇到 "#" 停止输入，最后将物品记录打印出来。

第 5 章
面向过程的结构化编程

随着程序逻辑控制难度的提升,人们不得不考虑程序设计的方法,于是在20世纪70年代面向过程的结构化方法应运而生。它是以自顶向下、逐步求精为基点,以模块化、抽象、逐层分解、信息隐蔽化和局部化,以及保持模块独立为准则,设计软件的数据架构和模块架构的方法学。结构化方法强调规划程序的结构,使结构标准化、线性化,在提高编程效率和程序清晰度的基础上进一步提高程序的可读性、可测试性、可修改性和可维护性。其基本思想是按自顶向下的顺序,实现对问题的逐层分解,纵向按求解过程分阶段,横向按实现功能分模块,实现问题求解模块化,列出需要解决的子问题,甚至子问题的子问题,通过解决子问题来解决初始问题,如图5-1所示。

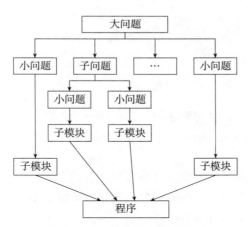

图 5-1　自顶向下的结构化方法

自顶向下是思想,在这里是指程序设计时,应先考虑总体,后考虑细节;先考虑全局目标,后考虑局部目标。不要一开始就过多追求众多的细节,先从最上层总目标开始设计,逐步使问题具体化。逐层分解是方法,针对复杂问题,应设计一些子目标作为过渡,逐步细化。模块化是手段,将程序要解决的总目标按过程或按功能分解为若干子目标,再进一步分解为具体的小目标,把每一个小目标称为一个模块。最后结构化编码是具体措施,用于程序模块实现,即第3章提到的三种控制结构。

面向过程的结构化方法使得每个阶段或每个模块处理的问题都控制在设计者能够理解和处理的范围内,每个问题对应一个程序模块。程序模块是为解决对应问题而设计的具备特定功能的代码单元,且每个模块都有一个入口和一个出口用于数据的接收与传递。模块用以实现主动的功能行为,数据是受功能影响的信息载体,数据在模块间流动。

面向过程的结构化编程主要涉及两个方面:一是面向过程编程,二是模块化编程。

面向过程编程,分析求解问题所需的流程,然后将这些流程用函数一一实现,使用的时候依次调用函数交织组合在一起,实现最终的需求。调用函数时需要给出数据出入的接口。

模块化编程,是将一个项目拆分为各种各样的模块,模块与模块之间以组合或者关联的方式存在。一个模块完成,再进行单元测试,最后各个模块组合,进行系统综合测试,完成整个项目。这些模块可以是针对项目功能特别开发的模块,也可以是调用已经设计好且功能能够满足项目需求的第三方模块。

本章将从函数、模块与包、文件三个方面来阐述面向过程的结构化编程。

5.1 函数

函数代表了功能的操作,实现了对操作细节的封装。函数能帮助编程者写出更好、更具可读性的代码。函数具备如下特点:

(1)函数将程序分成更小的程序模块,通过分而治之的策略来解决问题。

(2)函数实现了对功能或流程的抽象,为设计者提供了高层次的程序元素视图,为程序的组合提供了高层次的抽象接口,简化了程序,提高了程序可读性。

(3)函数创建后,可以通过调用的方式进行重用,有价值的函数可以收集到模块中进行共享,从而无须重新编写。

(4)因为函数进行了功能的封装,小段的代码更易于被审查,为构建安全的代码打下基础。

5.1.1 函数的定义与调用

函数可理解为指定函数名称的程序块,且这个程序块规定了数据输入与输出的接口。可通过函数名和接口实现对函数的调用。

1.函数的定义

Python 除了第 2 章中提到的内置函数与模块方法外,允许自定义函数。自定义函数同样可以在程序或嵌套函数中使用。Python 通过保留字 def 定义函数,语法形式如下 :

```
def <functionname>( <parameters>) :
    <statements>
    [ return<expression>]
```

功能说明:

①<functionname>为函数名,是一个合法的标识符。

②<parameters>为形式参数列表,用于定义函数接收的参数,参数之间用逗号","隔开。无须指定数据类型,若无参数则保留括号。

③<statements>为函数体,位于冒号后,整体缩进。

④ return<expression>为可选项,可位于函数体的任何地方,表示函数调用到此结束,如无 return 语句或是不带表达式的 return 则返回 None。

⑤在 Python 中,定义函数就是创建一个对象,也有方法和属性。

一般可在函数的第一行语句中选择性地使用文档字符串存放函数说明。例如：

```
>>># 该函数用于打印字符串"Hello World!"。
>>>def hello( ):
    """
    该函数用于打印字符串"Hello World!"。
    """
    print("Hello World!")
    return

>>>hello( )
    Hello World!
>>>help( hello)
    Help on function hello in module __main__:

    hello( )
```

该函数用于打印字符串"Hello World!"。

函数可以没有参数和返回值。在 Python 中，函数返回值的类型也可以通过 type( )函数获取，如无返回值则显示 NoneType。例如：

```
>>>def fun1( ):
        return 0

>>>print( type( fun1) ,type( fun1( ) ) )
    <class 'function '> <class 'int '>
```

第一个表明是一个函数，第二个表明是' int '类型，指函数返回的类型。

2.函数的调用

程序的执行顺序：先执行主程序，当遇到函数时，转去执行函数的代码，过程执行完后，再返回主程序中调用本次函数语句的下一条语句接着执行，如图 5-2 所示。

调用函数即执行函数，定义好的函数不会立即被执行，只有当程序调用的时候才会被执行。调用函数的方式同内置函数，语法格式为：

functionname(arguments)

功能说明：函数名 functionname 为所调用的函数名字。arguments 为函数调用时输入的实际参数列表。函数定义需要放在调用它的代码之前，不然程序找不到所定义的函数，会抛出 NameError 异常，表明函数未定义。

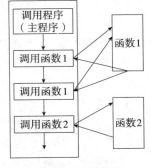

图 5-2　函数调用

【例 5-1】　定义计算圆面积的函数 area_circle(radius) ,并测试。

```
def area_circle( radius) :
    """
    计算圆面积
```

```
    """
    PI = 3.1415926
    if radius>0:
        return PI * radius ** 2
    else:
        return "半径必须大于零!"

print(area_cicle(10))
print(area_cicle(-5))
```

__name__是一个 Python 预定义全局变量,在模块内部是用来标识模块名称的。如果模块是被其他模块导入的,__name__的值是模块的名称,主动执行时它的值就是字符串"__main__"。

Python 可以用__main__形式作为程序的入口提示,但程序并不必须要先从这条语句开始执行,这和其他语言如 Java、C++等不同。例如:

```
>>>def fun1():
        return 0

>>>print("ok")
    if __name__ == '__main__':    # 程序常用的调用方式。
        print(fun1())
```

运行结果图 5-3 所示。

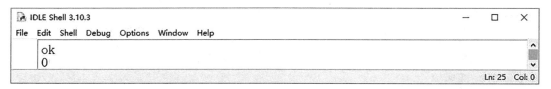

图 5-3　程序常用调用方式

可以看出,print("ok")被先执行了。

在执行主程序时可以调用函数,在函数体中还可以调用其他函数,这种调用方式称为嵌套调用。

【例 5-2】　计算 1! +2! +3! +…+10!。代码如下所示:

```
def acc(n):
    fact = 1
    for i in range(1,n+1):
        fact * = i
    return(fact)

def acc1(n):
    sum = 0
    for i in range(1,n+1):
        sum+=acc(i)
    return(sum)
```

```
n = int(input("输入一个整数:"))
total = acc1(10)
print(f"累加值为{total}")
```

在程序中,函数 acc1( ) 调用了函数 acc( ),从而构成函数的嵌套调用,结果为 220。

3.返回值类型与函数类型

由于 Python 使用解释方式实现语义分析,导致变量的数据类型可以动态变化,进而实参类型、返回值类型和函数类型均可动态变化。例如:

```
>>>def larger(a,b):
        if a>b:
            return a
        else:
            return b

>>>print(f"(45,58)中的较大值为{larger(45,58)}")
    (45,58)中的较大值为 58
>>>print(f"(4.5,-5.8)中的较大值为{larger(4.5,-5.8)}")
    (4.5,-5.8)中的较大值为 4.5
>>>print(f"('this','that')中的较大值为{larger('this','that')}")
    ('this','that')中的较大值为 this
>>>c1 = 1+1j
>>>c2 = 1-1j
>>>print(f"(c1,c2)中的较大值为{larger(c1,c2)}")
    Traceback (most recent call last):
        File "<pyshell# 22>", line 1, in <module>
            print(f"(c1,c2)中的较大值为{larger(c1,c2)}")
        File "<pyshell# 15>", line 2, in larger
            if a>b:
    TypeError: '>' not supported between instances of 'complex' and 'complex'
```

在对函数 larger( ) 的前三次调用中分别赋予了整数、浮点数和字符串作为实参,同时也得到了不同类型的返回值。第四次传入的实参为复数类型,但是因为函数 larger( ) 本身并不支持复数的大小比较,因此抛出 TypeError 异常。

4.列表作为返回值

当函数需要多个返回值时,可将该列表作为返回值对象返回,函数运算得到的多个结果,可以作为元素添加进列表,然后再从列表中逐个取出结果。

【例 5-3】　输出 n 个两位随机整数中的最大值、最小值和平均值。代码如下所示:

```
import random
def select(n):
    list_int = []
    for i in range(n):
        list_int.append(random.randint(10,100))
```

```
            min_loc = 0
            max_loc = 0
            sum = list_int[ 0 ]
            for i in range( 1,n ) :
                if list_int[ min_loc ] >list_int[ i ] :
                    min_loc = i
                if list_int[ max_loc ] <list_int[ i ] :
                    max_loc = i
                sum+= list_int[ i ]
            result = [ sum/n,list_int[ min_loc ],list_int[ max_loc ],list_int ]
            return( result )


p = 10
l_r = select( p )
print( f" 生成的随机数列为:{l_r[ 3 ]}" )
print( f" 平均值:{l_r[ 0 ]},最小值:{l_r[ 1 ]},最大值:{l_r[ 2 ]}" )
```

运行结果如图 5-4 所示。

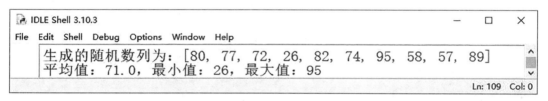

图 5-4　列表作为返回值

5.1.2　参数的传递

1.形式参数与实际参数

定义函数时,形式参数列表中的参数被称为形式参数。形式参数相当于一个占位符,并不是具体的值,用于接收传递进来的值,简称"形参",调用函数时置入实际参数列表的参数称为实际参数,是主程序调用函数时传递给函数真实存在的数据,并被函数体使用,简称"实参"。在调用时通过接口完成外部程序数据输入函数内部的过程,调用完毕后,通过 return 将函数体运算的结果输出给外部程序。在例 5-1 中,定义函数 area_circle( ) 时,形式参数列表中的 radius 就是形参,调用函数 area_cicle(10)中的 10 就是实参。在调用函数的过程中,实参将值传递给形参的行为称为形式结合。

2.参数的传递方式

在 Python 中共有 4 种参数传递方式:按位置传递、按默认值传递、按关键字传递和按可变参数传递。

(1)按位置传递参数。按位置传递参数是指调用函数语句中实参的数量和位置与函数定义时形参的数量与位置一一对应。如果参数是表达式,则先计算表达式的值,然后再传递给形参。

【例 5-4】　定义一个函数,显示各科目的考试成绩。代码如下所示:

```
def describe_score( course,score) :
    """显示考试科目的成绩"""
    print(f"科目｛course｝的成绩为｛score｝")

describe_score("高等数学",93)
describe_score(93,"高等数学")
```

运行结果如图 5-5 所示。

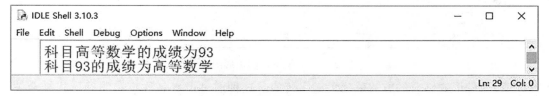

图 5-5　显示各科目成绩

在例 5-4 中可以清楚地看到,每个形参位置都有特定的语义,必须严格按照语义顺序填入对应的实参,否则会产生意想不到的后果。

(2)按默认值传递参数。Python 在定义函数时,允许为形参指定默认值。在调用函数时,若未指定实参,则形参将自动使用默认值。Python 函数指定形参默认值的语法格式如下:

def <functionname>(<parameter1, parameter2=defalut1, parameter3=default2,…>) :
　　<statements>
　　[return<expression>]

功能说明:

①有默认值的形参必须放置在所有没有默认值的形参后,否则将产生语法错误。

②没有默认值的形参,必须有对应的实参进行传值。

③对应位置没有实参的形参将自动调用默认值。

【例 5-5】　定义显示平行四边形图案的函数。代码如下所示:

```
def rhomboid( Symbol,row=4,col=4) :
    for i in range( row) :
        print ( " *i,end="")
        for j in range( col) :
            print(Symbol,end="")
        print( )

rhomboid('# ',5,8)
rhomboid('@ ')
```

运行结果如图 5-6 所示。

当第二、第三个实参被省略时,自动调用默认值,生成函数默认大小的平行四边形图案。

(3)按关键字传递参数。关键字参数是指使用形参的名字以 parameter = valued 的形式输

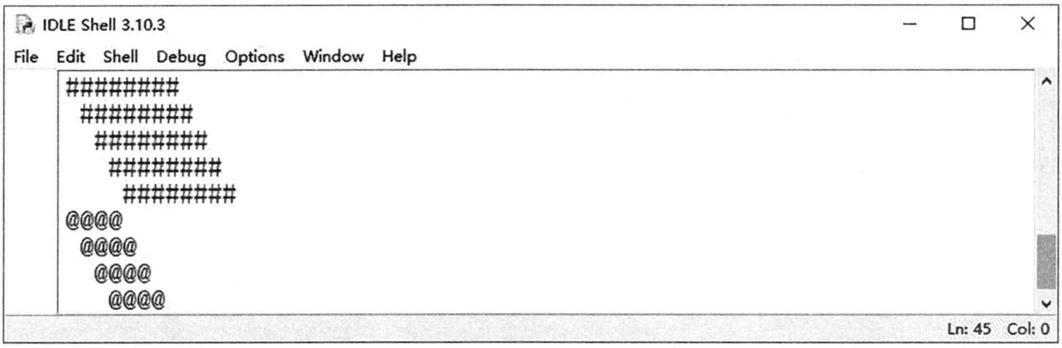

图 5-6　显示平行四边形图案

入参数值,这种形式结合的方式称为关键字传值。这种通过形参名称直接明确形式结合关系的做法,使得在使用实参时无须再按语义顺序填入实参。这种方式在使用参数传递时更加灵活,免去了记忆形参位置的麻烦。下面采用这种方式来调用例 5-5 中的函数,实参顺序完全打乱,结果如图 5-7 所示。

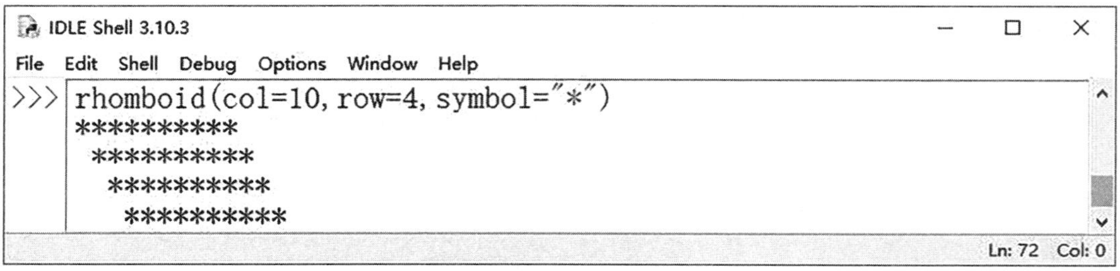

图 5-7　关键字传递参数

（4）按可变参数传递参数。可变参数,又称不定长参数,是指定义函数的时候可不限定形参的数量。在调用函数时,传入的实参数量可以是 0 个、1 个或多个。可变参数的定义有两种形式:在形参前加一个星号（＊）或两个星号（＊＊）。语法格式如下:

def <functionname>(<parameter1, parameter2, …, parameter, ＊tupleArg, ＊＊dictArg>) :

    <statements>

    [return<expression>]

功能说明:

①不带 ＊ 和 ＊＊ 的为普通参数,按前三种方式传递参数。

② ＊tupleArg 表示这是一个元组参数,普通参数分配完后剩余的参数,将在调用函数时以元组的形式保存在 tupleArg 中,如果普通实参和普通形参数目对等时返回默认值空元组"（ ）"。

③ ＊＊dictArg 表示这是一个字典参数。其中,带有指定名称形式的参数称为关键字参数（键值对参数）。对于关键字参数,调用函数时保存在 dictArg 中,如果普通实参和普通形参数目对等则返回默认值空字典"｛ ｝"。

④tupleArg 和 dictArg 可看成默认参数,如前面不带 ＊ 或 ＊＊ ,则视为普通对象传递参数。

⑤这两种参数应放在普通形参之后,其中 ∗ 元组参数放在 ∗∗ 字典参数前。

⑥如果传入的普通实参数量大于形参,传入的实参没有关键字参数,多余的实参以元组形式保存在 tupleArg 中。

⑦如果传入的普通实参数量大于形参,传入的实参有关键字参数,多余的实参以字典形式保存在 dictArg 中。

【例 5-6】　定义两个可变的形参,分别为元组参数和字典参数。代码如下所示:

```python
def describe_score(course, score = 90, * tpargs, ** dtargs):
    print(f"{course}:{score}")
    print(tpargs)
    print(dtargs)


describe_score("数学", 93, "语文", "物理", "化学", 美术 = 80, 历史 = 86)
mark = ("地理", "生物", "音乐")
describe_score("政治", 88, * mark, 计算机 = 97, 劳动 = 85)
describe_score("政治", 语文 = 79, 物理 = 94)
```

运行结果如图 5-8 所示。

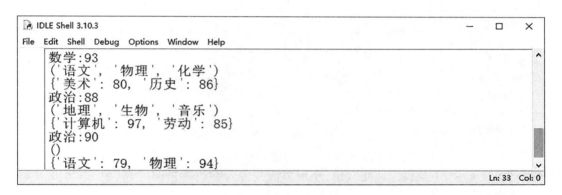

图 5-8　可变参数传递参数

第一次调用 describe_score() 函数时,前面的两个普通实参分别传给了 course 和 score,超出的字符串实参"语文"、"物理"、"化学"传给了元组参数 ∗ tpargs,最后两个关键字参数传给了字典参数 ∗∗ dtargs。

第二次调用 describe_score() 函数时,前面的两个普通实参分别传给了 course 和 score,元组 mark 直接将多个值收集在一起传给了 ∗ tpargs。

第三次调用 describe_score() 时,缺少第二个实参,此时调用默认值 90,只有多余的关键字参数,所以为空元组,关键字参数被收集进字典。

可变参数的使用可以扩展程序的功能。

【例 5-7】　利用可变参数构建累加器。代码如下所示:

```python
def sum(num1, num2, * num3):
    total = num1 + num2
    for i in num3:
```

```
        total+=i
    return total
print(sum(25,34,67,13,59,23,52,))
```

3.可变对象与不可变对象传递

输入的实际参数被认为是对象,对函数而言可以是不可变对象或可变对象。与传统的结构化语言派生出的编程语言(如 C++、Java、VB.NET)不同,Python 函数的参数传递并不存在所谓的"传值"和"传引用",Python 变量并不直接存储值,而是存储该值的内存引用(参考 2.2.2 节)。Python 中一切皆对象,所以每个值的传递都是对象的引用。对象在传递过程中并不可复制,如果 Python 传递的对象是可变的,在函数中所做的处理将会把修改反应到对象自身,其作用类似在于传统语言中的"传引用",如果对象不可变,当更新引用时将引用新的对象,作用类似于传统语言中的"传值"。

传递不可变对象,只是把这个参数的值拿来用一下,并不能改变参数本来的数值。从计算机存储的角度来说,没有改变传入参数所指的内容(值),只是访问了该参数的值。不可变对象包括整数、字符串、元组。例如:

```
>>>def change( a ):
        a=10      # 将 a 变成 10
        print(f"a 的值为{a}")


>>>b=5
>>>change(b)
    a 的值为 10
>>>print(f"b 的值为{b}")
    b 的值为 5
```

传递可变对象,是指传递实际参数的时候函数可以对传进来的实际对象进行修改,从计算机存储的角度来说,不是仅仅使用其值,还可以改变传入参数所指的内容(值)。可变对象包括列表和字典等。例如:

```
>>>def change(a):
        a[0]=10      # 对 a 进行修改
        print(f"a 的值为{a}")


>>>c=[5]
>>>change(c)
    a 的值为[10]
>>>print(f"c 的值为{c}")
    c 的值为[10]
```

将列表 c 传递给 change( )函数内部的变量 a,此时变量 a 本质上就是列表 c,可理解为 a 是 c 在函数内部的别名,a 和 c 指向的是内存中同一片区域。

4.列表做参数

通过列表还可以同时向函数传递多个参数,而 Python 函数可以将列表作为一个参数对象来处理。当列表作为实参传入函数内部时,可将其作为普通的列表对象进行遍历和处理。

【例 5-8】　找出数列中的最大值。代码如下所示:

```
def max_val(sequence):
    for i in range(len(sequence)-1):
        if sequence[i]>sequence[i+1]:
            sequence[i],sequence[i+1]=sequence[i+1],sequence[i]
    print(f"参数在函数内部运行结果:{sequence}")
    return sequence[len(sequence)-1]


list_num=[100,34,645,216,75,323,88,23,26,85]
print(f"调用实参前 list_num 内容:{list_num}")
print(f"最大值为{max_val(list_num)}")
print(f"调用实参后 list_num 内容:{list_num}")
```

【例 5-9】　找出二维数列中的最小值。代码如下所示:

```
def min_matrix(mat):
    row=0
    col=0
    for i in range(len(mat)):
        for j in range(len(mat[0])):
            if mat[row][col]>mat[i][j]:
                row=i
                col=j
    min_list=[mat[row][col],row,col]
    return min_list


test_mat=[[34,54,78,36],[34,36,85,12],[42,51,47,24]]
min_v=min_matrix(test_mat)
print(f"行列式中的最小值为{min_v[0]},位于第{min_v[1]}行第{min_v[2]}列")
```

5.1.3　变量的作用域

变量的作用域是指变量从定义、使用到最终被释放的全过程在程序中起作用的范围。从空间上看,是指在程序的某些范围内,变量才可以发挥作用,即变量的有效范围。从时间上看,是指在程序的哪些时间段有效,即变量的生命周期。出了这个范围,变量将对代码的运行不再产生任何影响。Python 中变量的作用域仅限模块(module)、类(class)和函数。Python 与其他语言不同,没有提供如 private 或 public 这样的访问修饰符。

1.局部变量和全局变量

Python 程序中根据变量的作用域可将变量分为局部变量和全局变量。正确定义和使用全局变量和局部变量,能提高程序的鲁棒性和开发效率。

说明:

①作用范围。全局变量是指可以在整个程序范围内访问的变量,即使是在程序中各函数内部也可以进行访问。局部变量是指在模块、类或函数等相对独立代码段区域内声明的普通变量,仅在这些区域代码段或更内层的代码段内有效,外层无权访问。

②生命周期。全局变量在整个程序运行过程中都有效,除非通过显式操作进行删除。局部变量在创建它的代码段运行时有效,当该代码段运行结束后,自动清除。

③在主程序段定义的变量,将在整个程序中有效,相当于全局变量。

④全局变量通常在函数定义前进行赋值,这样做可以扩展变量在整个程序文件中的作用范围。

⑤局部变量与外层代码段定义的同名变量没有关系,且在所处的代码段运行时自动屏蔽外层同名变量,该代码段运行结束,被屏蔽的外层变量将自动恢复。

⑥函数的形参也是局部变量,作用范围仅限函数内部。

例如:

```
>>>length = 10
>>>width = 50
>>>def area_sq( ):
        area = length * width
        print(f" length = { length } , width = { width } , area = { area } " )


>>>area_sq( )
    length = 10, width = 50, area = 500
>>>print( area )
    Traceback ( most recent call last ) :
        File " <pyshell# 43>" , line 1, in <module>
            print( area )
    NameError: name ' area ' is not defined
```

在这个示例中,length 和 width 为全局变量,area( )函数在内部可以直接引用这两个全局变量,并将其乘积赋值给内部变量 area。当时在外部调用变量 area 使程序抛出 NameError 异常。当执行代码 print(area)时,函数 area_sq( )已经执行完毕,内部变量 area 已经被清除,此时编译器认为 print(area)是在使用一个未被定义过的、不存在的变量,因此报错。

2.同名变量

当在函数内部定义了局部变量后,若该变量与函数外部定义的变量同名,则将在该函数内部屏蔽外部定义的同名变量。

【例 5-10】 在函数内部与外部分别定义同名变量 PI,基于 PI 计算圆面积,并比较二者的差异。代码如下所示:

```
PI = 3.1415926
def area_circle_in( radius ) :
    PI = 3.14
    print(f" area_circle_in( ) :PI = { PI } " )
    area = PI * radius * radius
    return area


def area_circle_out( radius ) :
    print(f" area_circle_out( ) :PI = { PI } " )
    area = PI * radius * radius
    return area
```

```
print(f" area_circle_in(7)= {area_circle_in(7)}")
print(f" area_circle_out(7)= {area_circle_out(7)}")
```

运行结果如图 5-9 所示。

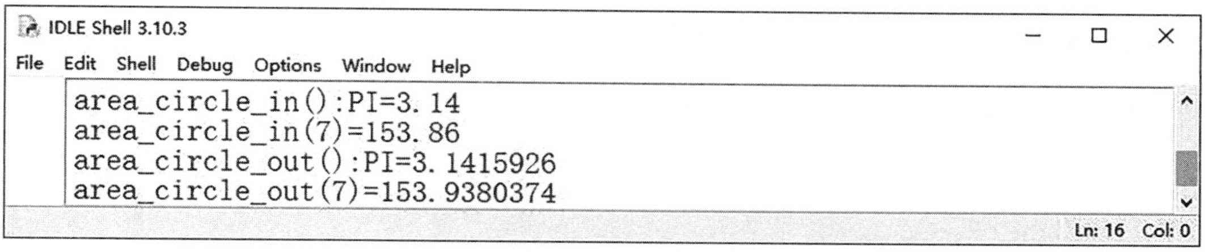

```
IDLE Shell 3.10.3                                      —    □    ×
File  Edit  Shell  Debug  Options  Window  Help
area_circle_in():PI=3.14
area_circle_in(7)=153.86
area_circle_out():PI=3.1415926
area_circle_out(7)=153.9380374
                                                          Ln: 16  Col: 0
```

图 5-9　同名变量

注意:当在函数内部存在与外部同名的局部变量时,如果尝试在函数内部变量定义前访问外部同名变量,将抛出 UnboundLocalError 异常,指出该本地(局部)变量在赋值之前被引用这一错误。原因是只要在函数内部给一个同名字的变量赋值,不论该赋值语句在函数的什么位置,该变量都将被认为是局部变量。

例如:

```
>>>a = 10
>>>def samename_test():
        print(a)
        a = 5
        return a

>>>print(samename_test())
    Traceback (most recent call last):
        File "<pyshell# 17>", line 1, in <module>
            Print(samename_test())
        File "<pyshell# 16>", line 2, in samename_test
            print(a)
    UnboundLocalError: local variable 'a' referenced before assignment
```

在 Python 语言中,当某个局部区域中出现一个新的变量被赋值,就意味着这个变量在被赋值的同时被定义,这和其他高级语言先定义后使用的方式是有所不同的,可参考 2.2.2 节的内容。

3.声明全局变量

如果想让在函数内部定义的变量,在函数外也可以使用,那么在定义时应该将其定义为全局变量。可以在函数内部使用 global 和 nonlocal 关键字定义全局变量。对该变量而言,不论是在函数内还是在函数外被重新赋值,赋值效果都会同时显示到函数的内部和外部。函数内部声明全局变量的语法格式为:

global var_name1,var_name2,…

可以同时声明多个全局变量,变量之间用逗号分隔。

注意:global 关键字只能在函数体内定义全局变量,不能在主程序中使用。并且在修饰全局变量时,遵循先定义,后赋初值的原则,否则会引发异常。

定义全局变量的方法有两种:

(1)在函数体内重定义外部全局变量。当尝试在函数体内对外部变量赋值时,如上节所述这样做只会在函数内部产生一个新的同名局部变量,即在函数内无法修改外部变量。为了解决这个问题,可以通过 global 关键字将变量重定义为全局变量。例如:

```
>>>a = 10
>>>def global_test( ):
        global a
        print( a)
        a = 5
        return a

>>>print( global_test( ) )
    10
     5
>>>print( a)
     5
```

结果显示,在函数体内成功修改了外部变量。

(2)在函数体内重新定义全局变量。使用 global 直接定义一个可以在函数外部使用的变量,在函数调用后,程序可使用这一全新的全局变量。例如:

```
>>>def global_test( ):
        global a
        a = 10
        return

>>>global_test( )
>>>print( f" a = |a| " )
    a = 10
```

在上述代码中,如果不先运行 global_test( ),而直接引用函数内定义的全局变量 a,将会抛出 NameError 异常,指出变量未定义的错误。例如:

```
>>>def global_test( ):
        global b
        b = 10
        return

>>>print( f" b = |b| " )
    Traceback ( most recent call last):
        File " <pyshell# 62>" , line 1, in <module>
            print( f" b = |b| " )
    NameError: name ' b ' is not defined
```

5.2　函数的高级主题

5.2.1　嵌套函数

1.嵌套函数的定义

嵌套函数是指一个函数的定义嵌套在另一个函数的定义中,即一个函数体内包含了另一个函数的完整定义。相对而言,在内部定义的叫内层函数,包含内部函数的被称为外层函数。函数的嵌套定义可以是多层的,定义格式如下:

```
def nested_funname0(parameters):
    statements0
    def nested_funname1(parameters):
        statements1
        [return [expression1]]
    …
    def nested_funname2(parameters):
        statements2
        def nested_funname21(parameters):
            statements21
            [return [expression211]]
        …

        [return [expression2]]
    …
    [return [expression0]]
```

功能说明:

①内层定义的函数只能在函数内部使用。

②内层函数定义的变量只能在内层函数中使用,外层函数不能直接引用内层函数定义的变量。

③内层函数可以引用外层函数定义的变量,但为保证函数的封装性,一般不建议这样做,可通过参数来传递。

④内层函数和外层函数一样,存在同名变量的问题,在内层函数代码区域内,内层函数定义的变量使用的优先级高于外部同名变量。

⑤内层函数的调用必须放在内层函数定义之后。

嵌套函数是 Python 的特色之一,但在很多高级语言中这种行为是被严格禁止的。

2.调用嵌套函数

调用嵌套函数是指在函数内部调用内层函数的过程。

【例 5-11】　根据球体最大截面积,计算球的体积。代码如下所示:

```
import math
def vol_ball(radius_a):
```

```
# 定义球表面积计算函数
def surface_area_b(radius_b):
    # 定义圆面积计算函数
    def area_circle(radius_c):
        area = math.pi * radius_c * radius_c
        return area
    surfacearea = 4 * area_circle(radius_b)
    return surfacearea
# 根据球表面积计算球体积
volume = surface_area_b(radius_a) * radius_a/3
return volume

r = float(input("请输入球的半径:"))
print(f"半径为{r}的圆球体积为{vol_ball(r)}")
```

3. nonloca 关键字

如果内层函数想要访问外层函数定义的变量,可以直接引用,但当需要赋值修改时可能会报错或仅仅定义了一个同名局部变量。此时就遇到了与在函数内修改全局变量相同的问题,要解决这个问题就需要引入关键字 nonlocal。嵌套函数内部声明外层变量的语法格式为:

nonlocal var_name1, var_name2, …

【例 5-12】 在嵌套函数的内层函数中定义外层变量。代码如下所示:

```
def outer():
    a = 10
    def inter():
        nonlocal a
        a = 5
        nonlocal b
        b = "Java"
        print(f"outer()修改内层变量 b 前,结果为:{b}")
        return

    print(f"inter()修改外层变量 a 前,结果为:{a}")
    inter()
    print(f"inter()修改外层变量 a 后,结果为:{a}")
    b = "Python"
    print(f"outer()修改内层变量 b 后,结果为:{b}")
    return

outer()
```

在上述代码中,外层函数 outer() 定义了变量 a,内层函数 inter() 如要对其进行修改的话,需要使用 nonlocal 关键字将 a 声明为外层变量;内层函数 inter() 定义了变量 b,若外层函数 outer() 需要对此变量进行修改的话,也需要使用 nonlocal 关键字将 b 声明为外层变量。运行结果如图 5-10 所示。

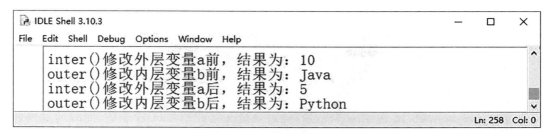

图 5-10　声明外层变量

注意:如果一个变量仅在内层函数中使用了 nonlocal 关键字,但未在其紧邻的外层函数中进行定义(赋值操作),将显示该 nonlocal 变量无约束错误(no binding),也不能被直接引用。这是与 global 关键字不同的地方。

5.2.2　匿名函数

匿名(无名)函数在 Python 中具有唯一性,通过 lambda 关键字对单行的、不需要函数名字的简单函数进行快速定义,这样的函数被称为 lambda 函数。

1.定义 lambda 函数

lambda 函数本质上是一个 lambda 表达式,用于创建不需要 def 定义的单行、简单函数对象。作为表达式,lambda 返回一个值,把结果赋给一个变量。定义 lambda 函数的语法格式如下:

lambda parameter1, parameter2,…: expression

功能说明:

①lambda 关键字后的参数 parameter1、parameter2……相当于 def 定义函数的形参列表,lambda 函数也可以没有参数。lambda 函数的输入是传入形参列表的实际对象,可以是变量或表达式,按位置对应。

②冒号右边的 expression 是由参数组成的表达式,该表达式的值作为 lambda 函数的返回值输出。

③lambda 函数仅能封装简单功能,用于处理简单逻辑,而 def 则用于定义复杂功能。lambda 函数的使用让代码更加简洁,但并不建议大量使用。

④lambda 函数拥有自己的命名空间,不能访问自有参数列表之外或全局命名空间的参数。

⑤lambda 函数不宜使用复杂表达式,这将降低程序的可读性。

【例 5-13】　使用 lambda 函数重构例 5-11 的代码。代码如下所示:

```
PI = 3.1415926       # 定义 PI
area_circle = lambda radius, pi: pi *radius **2
surface_area = lambda area: 4*area
volume = lambda radius, sur_area: sur_area * radius/3
r = float(input("请输入球的半径:"))
volume_ball = volume(r, surface_area(area_circle(r, PI)))
print(f"半径为{r}的圆球体积为{volume_ball}")
```

lambda 函数中也可以使用不定长参数。例如：

```
>>>describe_score = lambda * targs, ** dargs:len(targs)+len(dargs)
>>>print(describe_score("数学",93,"语文","物理","化学",美术=80,历史=86))
    7
```

2.匿名函数的用法

（1）将 lambda 函数"赋值"给一个变量,通过变量间接调用 lambda 函数,此时变量变为具备 lambda 函数功能的函数,如例 5-13 所示。可以用这种方法来定义一些简单操作。例如：

```
>>># 摄氏温度转化为华氏温度
>>>F_to_C = lambda Centigrade:1.8*Centigrade +32
>>>c = float(input("请输入当前温度(摄氏度):"))
    请输入当前温度(摄氏度):23
>>>print(f"当前温度为摄氏{c}C°,相当于华氏{F_to_C(c)}F°")
    当前温度为摄氏 23.0C°,相当于华氏 73.4F°
```

（2）将 lambda 函数作为其他函数的返回值,返回调用者,从而函数的返回值也可以是函数。lambda 函数可以定义在任意自定义函数内部,我们称其为嵌套函数或内部函数,且该内部函数可以访问所在函数的局部变量。调用以 lambda 函数做返回值的函数时,得到的将是一个具备 lambda 函数功能的函数对象,而不是一个值对象。本质上是 lambda 函数与闭包的结合。例如：

```
>>>def build(a, b):
        return lambda x,y: x*a + y*b

>>>a = build(3,4)
>>>print(a(1,2))
    11
>>>b = build(2,7)
>>>print(b(3,4))
    34
```

在上述代码中,lambda 函数作为返回值,因此 a = build(3,4),并不是 a 得到一个确切的值,而是 a 称为一个函数,这个函数就是 x*a+y*b,因为 build 的参数为(3,4),对应后 a 就成了函数 x*3+y*4,当后面调用 a(1,2)时,代表的表达式为 1*3+2*4,所以结果为 11。后面的 b = build(2,7)同理,b(3,4)即 3*2+4*7,结果为 34。这里调用 build 函数输入的实参,被用来替换 lambda 表达式中的固定参数,这种方式使得函数的应用更加灵活多样。

（3）将 lambda 函数赋予 key 参数。一些内置方法具有 key 参数,这些参数与 lambda 函数结合增强了程序的灵活性。例如：

```
>>># lambda 函数与 sort 函数组合
>>>language = ["Python", "C++", "Java","Swift", "G0","C", "C++"]
>>>language.sort(key=lambda x: len(x))
>>>language
    ['C', 'G0', 'C++', 'C++', 'Java', 'Swift', 'Python']
```

```
>>># lambda 函数与 max、min 函数组合
>>>num=[(10, 19), (24, 52), (54, 38), (39,62)]
>>>max_value=max(num, key=lambda x: x[0])
>>>min_value=min(num, key=lambda x: x[1])
>>>print(max_value, min_value)
    (54, 38) (10, 19)
```

（4）立即调用。Python 中的 lambda 函数支持立即调用的函数表达式，建议只在 Python 的交互式解释器中使用这个技巧。例如：

```
>>>import math
>>>(lambda x,y:math.sqrt(x*x+y*y))(3,4)
    5.0
>>>也可以使用 Python 中的下划线技巧。
>>>lambda x,y:math.sqrt(x*x+y*y)
    <function <lambda> at 0x0000013DACA26EF0>
>>>_(3,4)
    5.0
```

（5）lambda 函数与高阶函数结合。将 lambda 函数与 map( )、filter( ) 和 reduce( ) 等高阶函数结合使用，将使程序代码变得更加优雅。例如：

```
>>># 找出随机整数列表中 3 的倍数
>>>import random
>>>numbers=[random.randint(10,100) for i in range(10)]
>>>numbers
    [90, 48, 24, 84, 69, 38, 84, 55, 97, 48]
>>>print(list(filter(lambda x: x%3 ==0, numbers)))
    [90, 48, 24, 84, 69, 84, 48]
```

5.2.3　递归函数

一个函数调用其他函数称为函数的嵌套调用。如果函数在其定义或说明中直接或间接地调用自身，这种方法被称为递归（recursion），这种函数被称为递归函数。递归通常可以把一个大型复杂的问题层层转化为一个与原问题相似的规模较小的问题来求解，只需少量的程序代码通过多次迭代就可以描述出整个解题过程。在递归中每一轮的迭代解决的都是同类问题，只是规模层层缩减。一般来说，递归需要有边界条件、递归前进段和递归返回段。当边界条件不满足时，递归前进；当边界条件满足时，递归返回。

递归函数定义简单、逻辑清晰，一般的定义格式如下：

```
def recursion_fun(parameters):
    statements
    if exitcondition:
        return expression1
    else:
        returnexpression2(recursion_fun(parameters),parameters)
```

功能说明：

① recursion_fun 为递归函数名,exitcondition 为递归出口条件。

② 递归函数必须有参数,在每一轮迭代中该参数被修改并向出口条件逼近。

③ 还可以有其他的格式描述方法,但递归函数体内必定包含对函数自身的调用。

④ 递归函数反复调用自身的过程,本质就是一个函数体的循环执行过程,只不过是一个隐式的循环过程,如出口条件无法满足将陷入无限递归,类似于死循环。

【例 5-14】 设计递归函数计算阶乘 n!。

解题思路:根据数学知识,阶乘 n! 可转化为递推形式,如下所示:

$$n! = n(n-1)!$$
$$(n-1)! = (n-1)(n-2)!$$
$$\cdots$$
$$1! = 1 \quad （结束递归的条件）$$

此时可以定义函数 fact(n)表示阶乘 n!,可以得到如下递推式:

$$Fact(n) = n * fact(n-1)$$
$$fact(n-1) = (n-1) * fact((n-1)-1)$$
$$\cdots$$
$$1! = 1$$

以上递推式符合递归的三个条件,以 4! 为例,可将上述递归过程用图 5-11 进行描述。

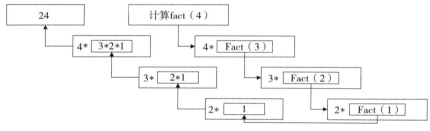

图 5-11　计算 4! 的递归过程

代码如下所示:

```
def fact(n):
    if n<=1:
        return 1
    else:
        return n * fact(n-1)
n=int(input("输入一个自然数"))
print(f"自然数{n}!={fact(n)}")
```

【例 5-15】 使用递归和"＊"打印倒正三角形。代码如下所示:

```
def star(n):
    if n<0:
        print('')
```

```
            return
        else:
            print(' '*(p-n),end='')
            print('*'*(2*n-1))
            star(n-1)
            return
n=int(input("输入三角的层数"))
p=n
star(n)
```

运行结果如图 5-12 所示。

图 5-12　递归法打印倒三角形

5.3　函数实例

【例 5-16】　查找 100~300 所有的素数,并求出其逆序也为素数的数,以每行 5 个的形式输出。

解题思路:设计判断素数的函数,用此函数来遍历 100~300,输出一个素数列表。对该素数列表中的每一个数进行逆序,然后再用判断素数的函数进行检查,最后输出一个逆序素数列,并按每行 5 个的形式输出。其中,将数字逆序与多行输出也设计为函数。代码如下所示:

```
import math
# 定义判断素数函数 prime()
def prime(num):
    flag=True
    for i in range(2,int(math.sqrt(num))):
        if num%i==0:
            flag=False
            break
    return flag

# 定义将数字逆序函数 backnum()
def backnum(num):
    s=''.join(reversed(str(num)))
    return int(s)
```

```
# 定义将数字列表转化为多行输出格式字符串函数 list2str( )
def list2str( list_nump,n ):
    s = ''
    index = 0
    for i in list_nump:
        index+ = 1
        s+ = str( i )+" "
        if index%n == 0:
            s+ = " \n"
    return s


# 选出 100~300 的素数
list_P = [ ]
for num in range( 100,300 ):
    if prime( num )==True:
        list_P.append( num )


# 选出 100~300 之间的逆序素数
list_R_P = [ ]
for num in list_P:
    temp = backnum( num )
    if prime( temp )==True:
        list_R_P.append( temp )


print( f"100~300 之间的素数:\n{ list2str( list_P,5 )}" )
print( f"100~300 之间的逆序也为素数的:\n{ list2str( list_R_P,5 )}" )
```

运行结果如图 5-13 所示。

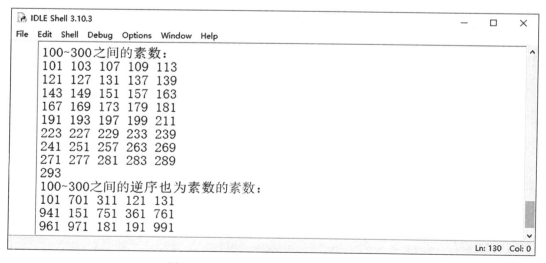

图 5-13　100~300 逆序也为素数的素数

【例 5-17】 统计英文文本中出现频率最高的十个单词(不包括介词、冠词、连词),并按频率由高到低排序。

解题思路:第一步,影响单词统计的因素主要是大小写、标点符号、连词、介词和冠词等,因此输入前需要预处理,将这些干扰项逐一排除,并将单词逐个分割出来,存入列表。第二步,对列表中的元素进行统计,并将统计结果存入字典。第三步,依据字典中的值,对字典中的键值对进行排序,并输出前十项。以上步骤中均可设计针对性的函数。该题所用的技巧可参考 4.3 和 4.4 节列表与字典的基本操作。代码如下所示:

```
# 定义获取文本函数 get_text( )
def get_text(text):
    text = text.lower( )    # 将全部字母转化为小写
    for char in ",.;()? -:\'"":
        text = text.replace(char,' ')    # 将标点符号转化为空格
    return text


# 定义统计词频函数 term_freq( )
def term_freq(text,rank):    # text 为输入文本,rank 是名次
    words = text.split( )
    w_counts = {}
    for word in words:
        w_counts[word] = w_counts.get(word,0)+1
# 删除连词、介词和冠词
    words_eliminated = {'and','or','in','of','to','a','the'}
    for word in words_eliminated:
        w_counts.pop(word,'')        # 不能使用 del
    list_counts = list(w_counts.items( ))        # 将统计结果转化到列表
    # 对结果进行排序
    # 排序方法 1:使用 lambda 函数进行排序################
    # list_counts.sort(key = lambda x:x[1],reverse = True)
    # 排序方法 1#######################################


    # 或者


    # 排序方法 2:元素为元组的列表排序################
    list_sort = [(one,zero) for zero,one in list_counts]
    list_sort.sort(reverse = True)
    list_counts = [(one,zero) for zero,one in list_sort]
    # 排序方法 2#######################################


    return list_counts[:rank]


text = """Throw your soul through every open door.Count your
blessings to find what you look for.Turn my sorrow into treasured gold.
You'll pay me back in kind and reap just what you sow.
```

```
We could have had it all.We could have had it all yeah.
It all.It all It all.We could have had it all.Rolling in the deep.
You had my heart inside of your hand.And you played it to the beat.
We could have had it all.Rolling in the deep.You had my heart.
Inside of your hand.But you played it.You played it.You played it.
You played it to the beat."""

text = get_text(text)
print("词频统计与排序:")
for word,frq in term_freq(text,10):
    print(f"|word:<15||frq:<2|")
```

运行结果如图 5-14 所示。

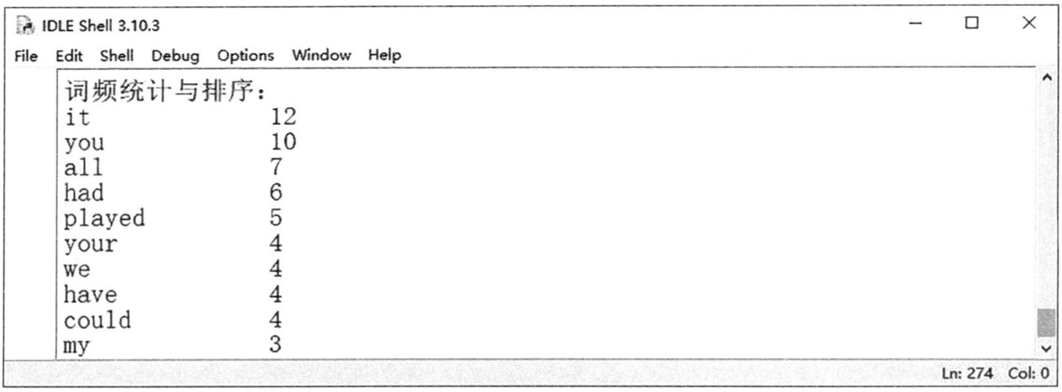

图 5-14　词频统计与排序

【例 5-18】　找出 5000 以内的亲密对数。所谓亲密对数是指,如果甲数的所有因子和等于乙数,乙数的所有的因子和等于甲数,那么甲、乙两数为亲密对数。例如:

220 的因子和:1+2+4+5+10+11+20+22+44+55+110＝284

284 的因子和:1+2+4+71+142＝220

因此,220 与 284 是亲密对数。

解题思路:本例编写了一个求整数 n 的因子和的函数。在主过程中,采用穷举法对 5000 以内的数据逐个筛选,过程中两次调用求和函数,第一次调用得出数据 i 的因子和 sum1,第二次调用求出 sum1 的因子和 sum2。根据题意,如果 sum2 等于 i,则数据 i 和 sum1 就是一对亲密对数,找到后加入一个列表进行存储。查找的结果必然存在重复,如找到(220,284),必然也会找到(284,220),因此还需设计函数删除重复的亲密对数。重复的亲密对数的特征是其和必定相同,创建列表,遍历所有的亲密对数,将"和"添加进列表,如计算的"和"在列表中已经存在,则将"零"添加进列表。根据"零"元素的位置,从后往前删除对应的亲密对数。程序代码如下:

```
# 定义计算因子之和的函数 sum_factor()
def sum_factor(num):
    total = 1
    for i in range(2,int((num+1)/2)+1):
```

```
        if num%i==0:
            total+=i
    return total


# 删除重复亲密对数函数 eliminate_dup_values( )
def eliminate_dup_values(list_i):
    tup=[ ]
    # 记录重复的亲密数对
    for x in list_i:
        sum_element=x[0]+x[1]
        if sum_element in tup:
            tup.append(0)
        else:
            tup.append(sum_element)
    # 删除重复的亲密对数
    for i in range(len(tup)-1,-1,-1):
        if tup[i]==0:
            list_i.pop(i)
    return list_i


# 寻找 5000 以内的亲密对数
list_intimacy=[ ]
for i in range(2,5000):
    num1=sum_factor(i)
    num2=sum_factor(num1)
    if i==num2 and i!=num1:
        temp=(i,num1)
        list_intimacy.append(temp)


print(list_intimacy)
eliminate_dup_values(list_intimacy)
print("5000 以内亲密对数:")
for dup_v in list_intimacy:
    print(dup_v)
```

运行结果如图 5-15 所示。

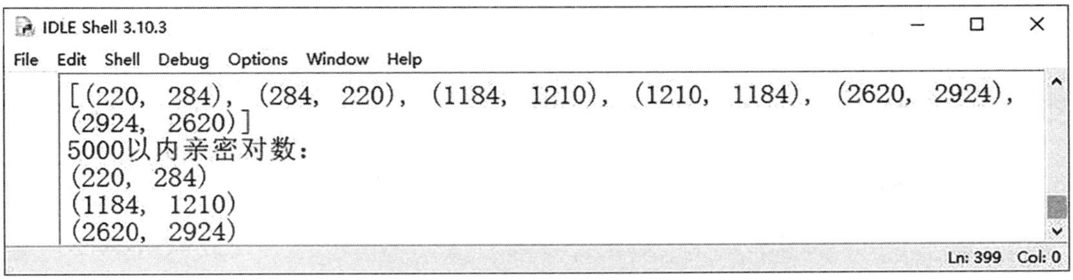

图 5-15　寻找亲密对数

【例 5-19】 运用嵌套函数进行阶乘求和:1! +2! +3! +…+n!。代码如下所示:

```
def sum(n):
    def fact(n):
        t=1
        for i in range(1,n+1):
            t *= i
        print(t)
        return t
    s=0
    for i in range(1,n+1):
        s+=fact(i)
    return s
def main():
    n=int(input("请输入一个整数:"))
    total=sum(n)
    print(f"从 1! 到{n}! 的累加值为:{total}")
main()
```

把主程序定义为一个函数,在主函数内嵌套调用其他函数。注意:在此题嵌套函数定义过程中内外层函数的形参使用了同名变量,但两者并不会相互干扰。运行结果如图 5-16 所示。

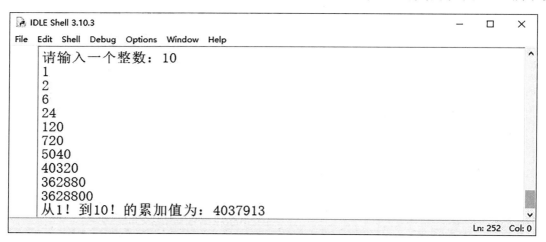

图 5-16 阶乘求和

【例 5-20】 运用递归操作实现对列表数列的排序。

解题思路:在每一轮迭代中找到当前数列中的最大值,然后排在前面,剩余部分重复该过程。代码如下所示:

```
import random
def list_sort(s_list,flag):
    if len(s_list)==1:
        return s_list
    else:
        if flag:
```

```
                    x = min(s_list)    # 找到当前数列中最小的数
                else：
                    x = max(s_list)    # 找到当前数列中最小的数
                nums = [x]            # 将当前找到的最小数变成列表
                s_list.remove(x)         # 删除最小的数
                leftover = list_sort(s_list,flag)    # 对剩余的数字序列重复上述过程
                return nums+leftover        # 将当前找到的最小数与剩余已经排好的数列合并

num_list = [random.randint(0,100) for i in range(10)]
print(f"随机序列为：{num_list}")
DES_result = list_sort(num_list,False)
print(f"降序排列为：{DES_result}")
ASC_result = list_sort(DES_result,True)
print(f"升序排列为：{ASC_result}")
```

运行结果如图 5-17 所示。

IDLE Shell 3.10.3

File Edit Shell Debug Options Window Help

随机序列为：[81, 15, 88, 9, 7, 96, 30, 87, 17, 62]
降序排列为：[96, 88, 87, 81, 62, 30, 17, 15, 9, 7]
升序排列为：[7, 9, 15, 17, 30, 62, 81, 87, 88, 96]

Ln: 178 Col: 0

图 5-17　递归排序

【例 5-21】　递归实现辗转相除法,求解两个数的最大公约数。

解题思路：根据 3.1.2 中的伪代码,编写程序。代码如下所示：

```
def gcd(num1,num2):
    if num2! = 0：
        return gcd(num2,num1%num2)
    else：
        return num1


a = int(input("请输入第一个数:"))
b = int(input("请输入第一个数:"))
print(f"最大公因数为：{gcd(a,b)}")
```

用辗转相除法求解最大公约数时,通常第一个数要大于第二个数,当第二个数大于第一个数时要交换两数位置。在本题代码中隐含了交换两数的功能。运行结果如图 5-18 所示。

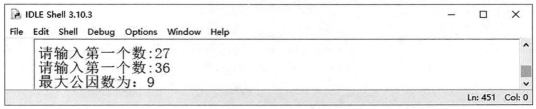

IDLE Shell 3.10.3

File Edit Shell Debug Options Window Help

请输入第一个数:27
请输入第一个数:36
最大公因数为：9

Ln: 451 Col: 0

图 5-18　辗转相除法的递归实现

【例 5-22】 模拟求解汉诺塔问题。相传在古印度圣庙中,有一种被称为汉诺塔(Hanoi)的游戏。该游戏是在一块铜板装置上,有三根杆(编号 A、B、C),在 A 杆上自下而上、由大到小按顺序放置 64 个金盘。

游戏的目标:把 A 杆上的金盘全部移到 C 杆上,并保持原有顺序叠好。

操作规则:每次只能移动一个盘子,并且在移动过程中三根杆上都始终保持大盘在下、小盘在上,操作过程中盘子可以置于 A、B、C 任一杆上。

解题思路:按递归法操作。

①把 n-1 个盘子由 A 移动到 B。

②把第 n 个盘子由 A 移动到 C。

③把 n-1 个盘子由 B 移动到 C。

代码如下所示:

```python
# 定义移动一个盘子的函数 move( )
def move( pillar1 , pillar2 ) :
    print( f" {pillar1} --> {pillar2} " )


# 定义汉诺塔递归函数 hanoi( )
def hanoi( n,A,B,C ) :
    if ( n==1 ) :
        move( A,C )  # 把一个盘子由 A 移动到 C
    else :
        hanoi( n-1,A,C,B )      # 把 n-1 个盘子由 A 移动到 B
        move( A,C )             # 把第 n 个盘子由 A 移动到 C
        hanoi( n-1,B,A,C )      # 把 n-1 个盘子由 B 移动到 C
n = int( input( "输入盘子的数量:" ) )
print( f"汉诺塔移动 {n} 个圆盘的过程:" )
hanoi( n,"A 柱","B 柱","C 柱" )
```

运行结果如图 5-19 所示。

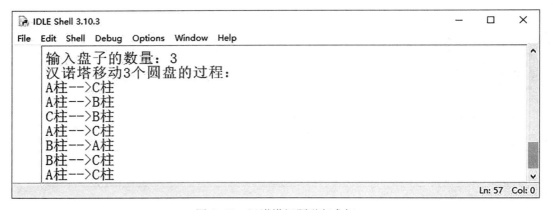

图 5-19 汉诺塔问题递归求解

5.4　程序组织的模块化方法

　　模块化编程是组织程序,特别是大型程序的一种高级形式,是计算思维的一种重要体现。程序员通过调用模块中的函数或常量来实现程序,使编程更加紧凑和高效。这就如同汽车制造厂一般不可能生产所有的零部件,只能采购配套厂商已经测试完的发动机、变速箱、大灯或座椅等零部件进行生产,这些部件其实就是汽车的组成模块。如果一家汽车制造厂所有零部件都要自己生产的话,其生产效率、产品质量和生产周期将很难控制与保障。汽车的生产本质是组装,即将这些模块有机地集合起来,使之成为一辆合格的汽车。

　　模块是 Python 中程序组织的单元,通过模块可以实现对程序与相关数据的封装。封装可以提高代码的重用性,被封装的代码只在创建时需要考虑其细节,使用时无须关心其内部结构与逻辑。

5.4.1　模块的概念

　　模块(module)是组织在一个文件中的变量和函数的集合。模块中的函数与变量通常存在关联,例如 math 模块中的三角函数 sin 和常量 pi。就 Python 而言,模块就是源代码文件,不需要特殊的定义,每个以.py 为后缀的 Python 源代码文件都是一个模块。

　　在前述章节的举例中,简单的代码通过交互式环境就可以进行编写,其优点是可以快速验证自己的想法,缺点是当退出环境后原先输入的变量与函数都已经不存在,需要重新输入。对于代码行数较多、逻辑较为复杂的程序,用文本编辑器进行编辑,完成后存在一个扩展名为.py的文件中实现永久保存,使用时只需执行这个文件就可以了,这是基于模块的源代码模型的基础。

　　与 C 语言将 main( ) 函数作为主程序的入口不同,一般情况下 Python 总是以脚本文件的第一行为开始,在程序运行过程中完成对多个模块功能的调用。Python 程序模块化组织架构如图 5-20 所示。

　　Code1 为程序脚本文件,程序从这个文件启动,当需要实现某个功能(组件)时可以从标准库模块中调用也可以从自建模块中调用。同时这些被调用的自建模块也可以从标准库模块和其他自建模块中调用所需的功能(组件),形成复杂的调用网络。由于模块封装的特性,这种相互调用,并不会相互干扰,反而可以提升程序代码的紧凑性,也使之更加严谨。

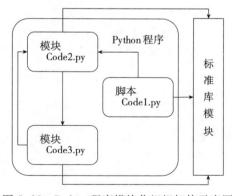

图 5-20　Python 程序模块化组织架构示意图

5.4.2　模块导入原则

　　导入模块时应遵循如下原则:

　　①自定义模块应避免与标准库、扩展模块重名,会产生冲突。

②导入模块语句应置于所有执行脚本代码前,每一个 import 语句导入一个模块。

③自定义模块最后导入。

模块导入参见第 1 章 1.2.3 节。

5.4.3 自定义模块

对大型程序而言,可以通过模块化实现代码的分割,使得不同的程序文件实现不同的功能。因此,Python 提供了自定义模块的方法,允许在一个文件(模块)中实现函数定义与常量定义,通过导入这个模块,主程序或其他模块可以调用这些函数或常量。

如上所述,一个 Python 文件就可以成为一个独立模块,可以理解为文件名其实就是模块名加.py 后缀。Python 语言是动态的,是通过解释器逐行执行的脚本语言,从脚本第一行开始执行,没有统一入口。而编译型语言如 C、C++等都需要一个 main 函数作为程序的入口,程序执行将从 main 函数开始。由于这一特点,Python 语言除了可以被直接执行外还可以被作为模块导入的方式执行。不论是导入还是直接运行,其中的代码都会被执行,这一点在例 5-23 中会体现。

【例 5-23】 在当前文件夹中创建一个计算立方体侧面积、表面积和体积的名为 cube.py 的文件,观察__name__的内容。

创建 cube.py 文件代码如下:

```
length_side=float(input("请输入立方体边长"))
print(f"侧面积={length_side ** 2}")
print(f"表面积={length_side ** 2 * 6}")
print(f"体积={length_side ** 3}")
```

首先,获取当前文件夹路径,将 cube.py 文件存入该文件夹。查找当前路径的命令如下:

```
>>>import os
>>>print(os.getcwd())
    D:\Program Files\Python310
```

在 IDLE 交互环境中导入该文件,输入如下命令:

```
>>>import cube
    请输入立方体边长6
    侧面积=36.0
    表面积=216.0
    体积=216.0
```

注意:模块应和调用他的代码放在同一个路径下。

【例 5-24】 定义一个包含计算球体积函数的模块,导入这个模块并调用该函数。

定义文件 ball_volume.py,代码如下所示:

```
import math
def bv(radius):
    v=math.pi * radius ** 3 * 4/3
    return v
```

```
def main( ) :
    print (f"半径为 1 的圆球体积为:｛bv(1)｝")
    print(__name__)
main( )
```

定义文件 ch5_24_bvolume.py,代码如下所示:

```
import ball_volume
r=float(input("请输入圆球的半径:"))
volume=ball_volume.bv(r)
def main( ) :
    print (f"半径为｛r｝圆球体积为:｛volume｝")
main( )
```

分别独立运行程序 ch5_24_bvolume.py 和 ball_volume.py,结果如图 5-21 所示。

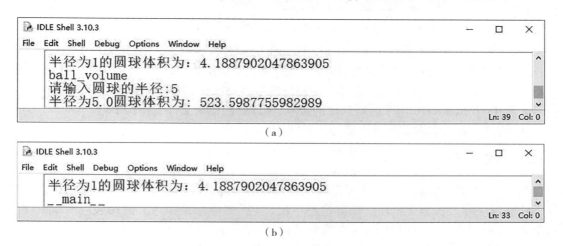

（a）

（b）

图 5-21　模块中的__name__属性

在这个例子中可以看到被调用模块和代用模块的 Python 程序中都包含了 main( )函数,并且都有相应执行该函数的代码 main( )。模块 ball_volume.py 中的 main( )函数主要用来测试模块中函数 bv( )是否能正确执行,对于调用它的代码而言是多余的。那么怎么样可以屏蔽它的执行呢？这时就要引入 Python 文件对象内置属性__name__。

当模块作为主文件直接运行时,__name__属性就为__main__,当被调用时,__name__属性为模块自己的名字。文件 ball_volume.py 中的 main( )函数包含一行输出__name__属性的代码,当运行 ch5_24_bvolume.py 时 ball_volume.py 作为模块被调用,此时结果如图 5-21(a)所示。__name__属性显示的是 ball_volume.py 自己的模块名 ball_volume。当直接运行 ball_volume.py 时,结果如图 5-21(b)所示,为__main__。

利用 Python 模块文件__name__属性的这一特点,构建 if 语句,引入:

if__name__=='__main__':

控制 Python 文件执行的内容。将 ball_volume.py 修改如下:

```
import math
```

```
def bv( radius ) :
    v = math.pi * radius ** 3 * 4/3
    return v
def main( ) :
    print ( f" 半径为 1 的圆球体积为: | bv( 1 ) | " )
    print( __name__ )
if __name__ == '__main__':
    main( )
```

运行 ch5_24_bvolume.py,结果如图 5-22 所示。

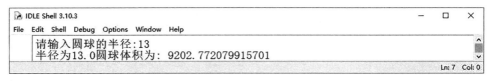

图 5-22　if __name__ == '__main__':

此时可以看到 ball_volume.py 文件中的 main( )函数被屏蔽了,没有结果输出。

为了减少解释执行模块的次数,提高程序对模块的调用效率,Python 会在相应目录下创建 __pycache__ 文件夹,存放每个被翻译好的模块的字节码文件,文件名为"模块名.cpython-310.pyc"。其中 cpython-310 用于区别软件的版本,翻译好的模块文件支持跨平台。

注意:给模块命名时首字符不要使用数字。

5.4.4　自定义包

当需求的功能较简单时,用少量的模块就可以解决问题,但当模块数量很多、层级复杂时,仅仅依靠模块导入将非常烦琐。针对这种情况,"包"的概念被引入。使用包(package)可以将众多的.py 文件有序组织起来,对内部可以互相调用,对外部则可统一调用。包的本质就是文件夹,其目的是实现对模块的管理、提高模块的组织度,方便模块导入使用,提高升程序的结构化性能与可维护性。

一般而言,包含.py 的文件目录就可称为包,自定义包的不同之处在于其中包含一个 __init__.py 的文件,它是包的标识,告诉解释器将该文件目录作为一个包来对待,但在 Python3 中 __init__.py 并不是必需的,可以删除。__init__.py 可以是空文件,也可以包含初始化代码,导入包时,这些初始化代码会被执行。

【例 5-25】　自定义包演示。按照图 5-23 所示,在当前操作的目录中组织一个名为 package0 的文件夹(包)及子文件夹和文件。

在每个文件夹中设置一个 __init__.py 空目录,在 module_12 中定义一个函数:

```
# module_11.py
def test_11( ) :
    print( "This is module_11 speaking " )
```

在 package0 文件夹所处的目录下创建 Python 程序 ch5_25.py,代码如下:

```
import package0.subpackage1.module_11
package0.subpackage1.module_11.test_11( )    # 通过句点运算法进行多层引用
```

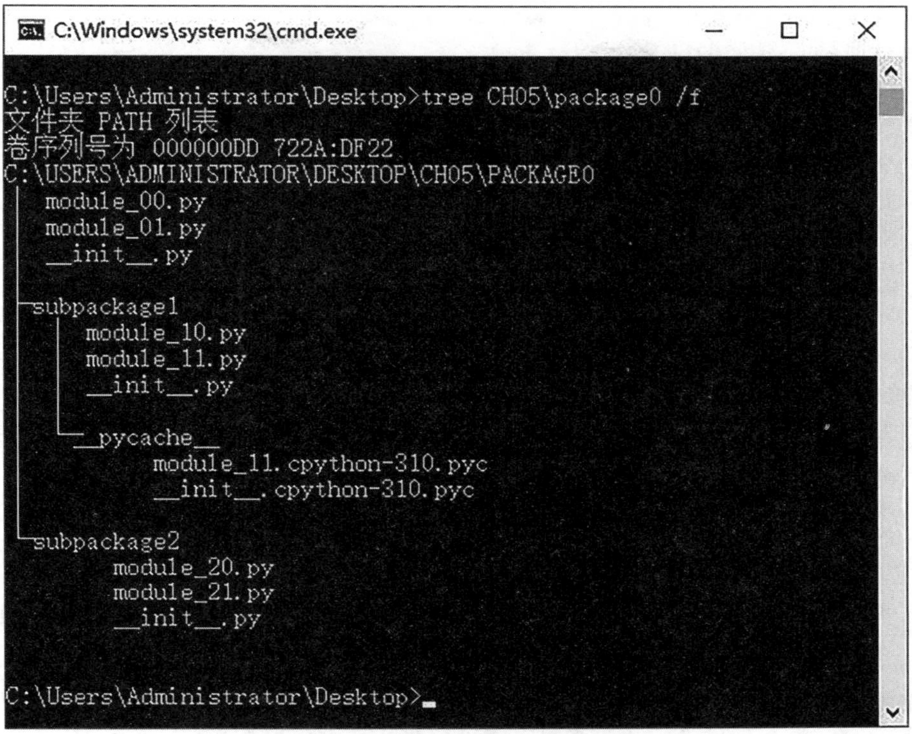

图 5-23　package0 包的组织结构

在导入包时,会执行__init__.py 里面的代码。例如,可以分别在 package0 和 subpackage1
文件夹中的__init__.py 中添加如下代码:

```
# package0/__init__.py
print( "package0 is imported." )
```

```
# package0/subpackage1/__init__.py
print( "subpackage1 is imported." )
```

运行 ch5_25.py,结果如图 5-24 所示。

图 5-24　运行结果

在 ch5_25.py 中必须输入所需模块的全路径才能使用该模块中的函数,当内嵌模块和层
级较多时,显然分开多次导入是极其不合理的。解决这个问题很简单,只需在__init__.py 中设
置导入命令,在加载包时,自动执行。对 package0 文件夹及子文件夹中的所有__init__.py 做

如下修改:

```
# package0/__init__.py
import package0.module_00.py
import package0.module_01.py
import package0.subpackage1
import package0.subpackage2
```

```
# package0/subpackage1/__init__.py
import package0.subpackage1.module_10
import package0.subpackage1.module_11
```

```
# package0/subpackage2/__init__.py
import package0.subpackage2.module_20
import package0.subpackage2.module_21
```

此时可修改 ch5_25.py 直接运行,代码如下所示:

```
import package0
package0.subpackage1.module_11.test_11()
```

可以使用 from…import * 导入包的所有属性,此时需要添加特殊变量__all__来约束导入行为。__all__为一个字符串列表,用于指定可以被导入的属性。例如:

```
>>>from package0 import *
>>>print(list([name for name in dir() if not name.startswith('__')]))
    ['module_00', 'module_01', 'package0', 'subpackage1', 'subpackage2']
```

修改 package0 文件夹中的__init__.py 文件代码如下:

```
# package0/__init__.py
import package0.module_00.py
import package0.module_01.py
import package0.subpackage1
import package0.subpackage2
__all__=['subpackage1'.'subpackage2']
```

重新运行,将只能得到如下结果:

```
['subpackage1', 'subpackage2']
```

注意:__all__只对 from…import * 导入方式有效。

5.4.5 设置模块和包的搜索路径

Python 程序导入模块时,首先需要确定文件的导入位置,即主程序需要知道在什么位置可以找到要导入的文件,这就是模块的搜索路径。一般情况下,Python 会首先搜索默认的目录,如果在默认的目录之外,就需根据 Pyhon 搜索模块路径的机制进行设置。

Python 模块搜索有 5 条路径:程序主目录、PATHONPATH 目录、标准链接库目录、.pth 文件的目录和扩展模块目录。解释器会在程序启动时将上述 5 条路径添加进 sys.path 列表,同时合并重复路径,删除无效路径。每导入新的模块,Python 解释器都将按照 sys.path 列表从左到右的顺序进行搜索,若未找到则报错。

(1)程序的主目录。指包含程序顶层脚本的目录,即当前工作目录。Python 首先在主目录中搜索模块。如果模块完全处于主目录中,将自动完成所有的导入,无须单独配置路径。

(2)PYTHONPATH 目录。PYATHONPATH 目录是指 PYTHONPATH 环境变量中配置的目录,是第二个被搜索的目录。Python 解释器会从左到右搜索 PYTHONPATH 环境变量中设置的所有目录。PYTHONPATH 一般需要手动设置,设置方法参考 1.2.1 节内容。

(3)标准链接库目录。标准链接库目录是 Python 安装标准模块的目录,是在安装 Python解释器时自动创建的目录,是安装标准库时的默认目录。

(4)路径文件(.pth 文件)目录。可以在模块搜索目录中,创建后缀名为.pth 的路径文件,进行路径扩展。Python 解释器会将该文件每一行所列路径都加入搜索列表。加入位置在扩展模块之前,在程序主目录、PYTHONPATH 目录和标准链接库目录之后。

本书 Python 安装目录的顶层是 D:\Program Files\Python310,那么可以在该目录下创建自定义路径文件 mypath.pth,也可以放置在标准库所在的 sitepackages 子目录中(D:\Program Files\Python310\Lib\sitepackages)。

(5)扩展模块目录。扩展模块目录是安装扩展模块的默认目录,也是标准库目录下的子目录,安装扩展模块后无须额外设置搜索路径。

如果主程序和自定义模块不在同一个目录中,建议使用 PYTHONPATH 目录或.pth 进行搜索路径设置。如果希望了解所设置的搜索路径可以输出 sys.path 列表,方法如下:

```
>>>import sys
>>>print( sys.path)
    ['', 'D:\\Program Files\\Python310\\Lib\\idlelib',
    'D:\\Program Files\\Python310\python310.zip', 'D:\\Program Files\\Python310\\DLLs',
    'D:\\Program Files\\Python310\\lib', 'D:\\Program Files\\Python310',
    'D:\\Program Files\\Python310\\lib\\site-packages',
    'D:\\Program Files\\Python310\\lib\\site-packages\\win32',
    'D:\\Program Files\\Python310\\lib\\site-packages\\win32\\lib',
    'D:\\Program Files\\Python310\\lib\\site-packages\\Pythonwin']
```

5.4.6　常用模块的应用

Python 拥有功能丰富的标准库和强大的扩展库,本书在 1.1.3 节和 2.4.2 节已经做了初步的介绍,并在 1.2.3 中介绍了扩展模块的安装方法。下面将再介绍几个常用的模块。

1.time 模块

(1)时间戳与时间元组。Python 提供的 time 模块通常用来格式化时间。其功能包括:获取当前时间、获取操作时间和日期、从字符串中读取日期、将日期格式化为字符串函数等。

日期可以表示为自 1970 年 1 月 1 日 00:00 到当前累计的总秒数,也可以表示为包含 9 个整数的元组。时间元组如表 5-1 所示。

例如：

```
>>>import time
>>>time.time()          # 获取当前 timestamp 时间戳,返回浮点数
    1651369924.862953
>>>time.gmtime()        # 获取当前时间,以 struct_time 形式表示
    time.struct_time(tm_year＝2022, tm_mon＝5, tm_mday＝1, tm_hour＝1, tm_min＝53,
    tm_sec＝27, tm_wday＝6, tm_yday＝121, tm_isdst＝0)
>>>time.ctime()          # 获取当前时间,以 format time 形式表示,以字符串形式返回
    'Sun May  1 09:54:54 2022'
```

表 5-1　时间元组

索引	属性	字段	值
0	tm_year	年	如 2000、2022 等
1	tm_mon	月	范围 1~12
2	tm_mday	日	范围 1~31
3	tm_hour	小时	范围 0~23
4	tm_min	分钟	范围 0~59
5	tm_sec	秒	0~61（60~61 是闰秒）
6	tm_wday	星期	范围 0~6（0 表示周一）
7	tm_yday	儒略日	1 到 366
8	tm_isdst	夏令时	0、1 或-1
N/A	tm_zone	时区	时区名称的缩写
N/A	tm_gmtoff	UTC 东偏	以秒为单位

（2）时间格式化。使用 time 模块的 strftime 方法来格式化日期,语法格式为：
time.strftime(format[, t])
功能说明:第一个参数是格式化字符串,第二个参数是时间元组。格式化符号的含义如表 5-2 所示。

表 5-2　时间格式化字符

格式化符号	描述
%a	缩写星期中每日的名称
%A	星期中每日的完整名称
%b	月缩写名称
%B	月完整名称
%c	适当日期和时间表示
%d	十进制数［01,31］表示的月中日
%H	十进制数［00,23］表示的小时(24 小时制)
%I	十进制数［01,12］表示的小时(12 小时制)
%j	十进制数［001,366］表示的年中日

（续）

格式化符号	描述
%m	十进制数［01,12］表示的月
%M	十进制数［00,59］表示的分钟
%p	本地化的 AM 或 PM
%S	十进制数［00,61］表示的秒
%U	十进制数［00,53］表示的一年中的周数（星期日作为一周的第一天）在第一个星期日之前的新年中的所有日子都被认为是在第 0 周
%w	十进制数［0(星期日),6］表示的周中日
%W	十进制数［00,53］表示的一年中的周数（星期一作为一周的第一天）在第一个星期一之前的新年中的所有日子被认为是在第 0 周
%x	适当日期表示
%X	适当时间表示
%y	十进制数［00,99］表示的没有世纪的年份
%Y	十进制数表示的带世纪的年份
%z	十进制带符号数［-1200,+1200］表示时区
%Z	时区名称
%%	字面的 '%' 字符

例如：

```
>>>import time
>>>print(time.strftime("%Y-%m-%d %H:%M:%S", time.localtime()))
    2022-05-01 10:22:57
>>>print(time.strftime("%a %b %d %H:%M:%S %y %x %X %z %Z", time.localtime()))
    Sun May 01 10:24:36 22 05/01/22 10:24:36 +0800 中国标准时间
```

（3）主要函数。time 模块的主要函数如表 5-3 所示。

表 5-3　time 模块主要函数

函数	描述
asctime([t])	将时间元组转换为字符串
ctime([secs])	将秒转换为字符串
localtime([secs])	将秒转换为当地时间的时间元组
gmtime([secs])	将秒转换为 UTC 时间的时间元组
mktime(t)	将时间元组转换为当地时间
sleep(secs)	休眠 secs 秒
strftime(format[, t])	将字符串转换为时间元组
time()	当前时间，自纪元以来的秒
time.process_time()	第一次调用，返回的是进程运行时的实际时间。而第二次之后的调用是自第一次调用以后到现在的运行时间
time.perf_counter()	返回一个 CPU 级别的精确时间值

2.jieba 模块

jieba 是优秀的中文分词库。所谓分词就是将连续的字序列按照一定的规范重新组合成语义独立的词序列的过程。在英文的行文中,单词之间是以空格作为自然分界符的,而中文只是字、句和段能通过明显的分界符来简单划界,唯独词没有一个形式上的分界符,虽然英文也同样存在短语的划分问题,不过从词的角度看,中文比英文要复杂得多、困难得多。分词是 NLP(natural language understanding)的基础任务,后继工作都依托于分词的精度。jieba 分词原理:依靠中文词库确定汉字之间的关联概率,汉字间关联概率大的组成词组,形成分词结果。

(1)安装 jieba,在控制台输入如下指令:

pip3 install jieba -ihttps://pypi.tuna.tsinghua.edu.cn/simple

(2)jieba 分词的 4 种模式:

①精准模式:把文本精确地切分开,不存在冗余数据,适合文本分析。

②全模式:把文本中所有可能的词语都切分出来,分词速度快,数据有冗余。

③搜索引擎模式:在精确模式的基础上,对长词再次切分,适用于搜索引擎分词。

④paddle 模式:利用飞桨(paddlepaddle)深度学习框架,训练序列标注网络模型实现分词,同时支持词性标注。使用 paddle 模型需要预先安装 paddlepaddle-tiny 模块。

(3)jieba 库函数用法。

①jieba.lcut(str) 精确模式,返回一个列表类型的分词结果。jieba.cut(str) 返回一个迭代对象。例如:

```
>>>import jieba
>>>list_seg=jieba.lcut("五千多年源远流长的文明历史")
    Building prefix dict from the default dictionary ...
    Dumping model to file cache C:\Users\ADMINI~1\AppData\Local\Temp\jieba.cache
    Loading model cost 0.554 seconds.
    Prefix dict has been built successfully.
>>>print(list_seg)
    ['五千多年', '源远流长', '的', '文明', '历史']
```

②jieba.lcut(str,cut_all=True)全模式,返回一个列表类型的分词结果,存在冗余。jieba.cut(str,cut_all=True)返回一个迭代对象。例如:

```
>>>list_seg=jieba.lcut("五千多年源远流长的文明历史",cut_all=True)
>>>print(list_seg)
    ['五千', '五千多', '五千多年', '千多', '千多年', '多年', '源远流长', '远流', '流长', '的',
    '文明', '历史']
```

③jieba.lcut_for_search(str)搜索引擎模式,存在冗余,返回一个列表。jieba.cut_for_search(str)返回一个迭代对象。例如:

```
>>>list_seg=jieba.lcut_for_search("五千多年源远流长的文明历史")
>>>print(list_seg)
    ['五千', '千多', '多年', '五千多', '千多年', '五千多年', '远流', '流长', '源远流长', '的',
    '文明', '历史']
```

④ jieba.add_word(word)向 jieba 分词词典增加新词。例如：

```
>>>word=jieba.add_word("五千多年源远流长的文明历史")
>>>list_seg=jieba.lcut("五千多年源远流长的文明历史")
>>>print(list_seg)
    ['五千多年源远流长的文明历史']
```

⑤ jieba.load_userdict(file_name)指定自定义字典，方便批量增加某一领域的特定词汇，这些词汇并未在 jieba 中包含。

【例 5-26】　利用 jieba 库完成文本词频统计。在当前目录中存放一个名为 a100.txt 的文本文件。本例中文本内容为《在庆祝中国共产党成立 100 周年大会上的讲话》。

解题思路：使用 jieba 将文本进行分词，返回一个列表，然后借鉴例 5-17 的方法统计词频。代码如下所示：

```
import jieba
txt=open("a100.txt","r",encoding='utf-8').read()    # 读取当前目录下已存好的 txt 文档
words=jieba.lcut(txt)                # 进行分词
counts={}
for word in words:
    if len(word)==1:                 # 去掉标点字符和其他单字符
        continue
    else:
        counts[word]=counts.get(word, 0)+1    # 计数
items=list(counts.items())        # 把对象转化为列表形式
items.sort(key=lambda x: x[1], reverse=True)
for i in range(10):
    word, count=items[i]
    print("{0:<10}{1:>5}".format(word, count))
```

对《在庆祝中国共产党成立 100 周年大会上的讲话》进行词频统计，结果如图 5-25 所示。

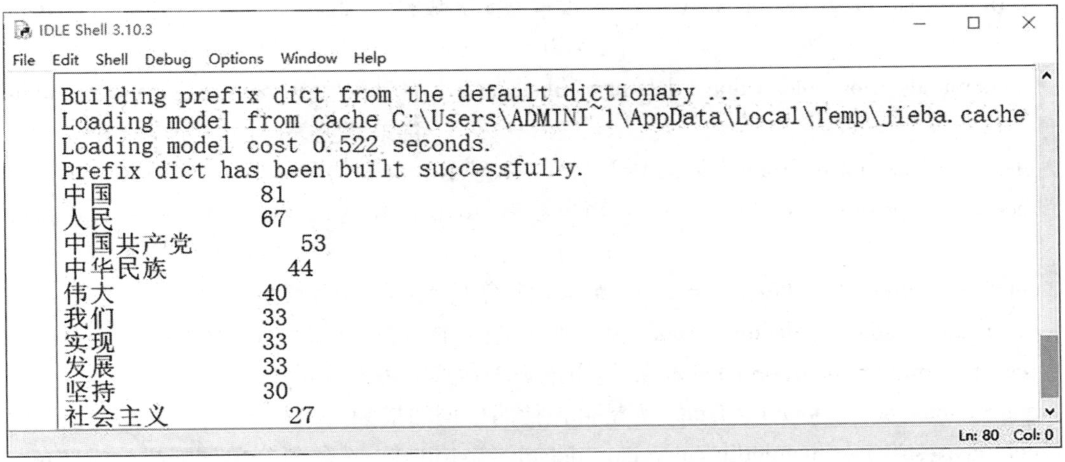

图 5-25　词频统计

3.wordcloud 模块

wordcloud 模块,可以说是 Python 非常优秀的词云展示第三方库。词云以词语为基本单位,以更加直观和艺术的方式展示文本,将词汇组成类似云的彩色图形,通过形成"关键词云层"或"关键词渲染",对高频关键词进行视觉上的突出。

(1)安装 wordcloud,在控制台输入如下指令:

pip3 installwordcloud -i https://pypi.tuna.tsinghua.edu.cn/simple

(2)wordcloud 对象参数。wordcloud 把词云作为一个 wordcloud 对象,wordcloud.WordCloud()代表一个文本对应的词云,根据文本中词语出现的频次绘制词云,词云的形状、颜色、尺寸都可以进行设定。参数如下所示:

font_path:string　　　　# 字体路径,需要展现什么字体就把该字体路径+后缀名写上,如 font_path='黑体.ttf'

width:int（default=400）　# 输出画布的宽度,默认为 400 像素

height:int（default=200）　# 输出画布的高度,默认为 200 像素

prefer_horizontal:float（default=0.90）　# 词语水平方向排版出现的频率,默认为 0.9（所以词语垂直方向排版出现的频率为 0.1）

mask:nd-array or None（default=None）　　# 如果参数为空,则使用二维遮罩绘制词云。如果 mask 非空,设置的宽、高值将被忽略,遮罩形状被 mask 取代。除全白（# FFFFFF）的部分不会被绘制,其余部分会用于绘制词云。如 bg_pic=imread('读取一张图片.png'),背景图片的画布一定要设置为白色（# FFFFFF）,然后显示的形状为除白色外的其他颜色。可以用 ps 工具将自己要显示的形状复制到一个纯白色的画布上再保存

scale:float（default=1）　# 按照比例放大画布,如设置为 1.5,则长和宽都是原来画布的 1.5倍

min_font_size:int（default=4）　# 显示的最小的字体大小

font_step:int（default=1）　# 字体步长,如果步长大于 1,会加快运算但是可能导致结果出现较大的误差

max_words:number（default=200）　# 要显示的词的最大个数

stopwords:set of strings or None　　# 设置需要屏蔽的词,如果为空,则使用内置的 STOPW-ORDS

background_color:color value（default="black"）　# 背景颜色,如 background_color='white',背景颜色为白色

max_font_size:int or None（default=None）　# 显示的最大的字体大小

mode : string（default="RGB"）　# 当参数为"RGBA"并且 background_color 不为空时,背景为透明

relative_scaling:float（default=.5）　# 词频和字体大小的关联性

color_func:callable, default=None　# 生成新颜色的函数,如果为空,则使用 self.color_func

regexp:string or None(optional)　# 使用正则表达式分隔输入的文本

collocations:bool, default=True　# 是否包括两个词的搭配

colormap:string or matplotlib colormap, default="viridis"　# 给每个单词随机分配颜色,若指定 color_func,则忽略该方法

random_state：int or None　　# 为每个单词返回一个 PIL 颜色

【例 5-27】　利用 wordcloud 模板完成文本词频统计。代码如下所示：

```
import wordcloud
txt=open("a100.txt","r",encoding='utf-8').read()　　# 读取当前目录下已存好的 txt 文档
w_c=wordcloud.WordCloud(font_path='C:\Windows\Fonts\simkai.ttf',width=800,height=450,
background_color="white")
w_c.generate(txt)
w_c.to_file("a100.png")
```

运行结果如图 5-26 所示。

图 5-26　wordcloud 词云图

4.pyinstaller 模块

pyinstaller 可以将 Python 程序打包成一个独立可执行的软件包，支持 Windows、Linux 和 Mac OS X。pyinstaller 可以读取分析 Python 脚本，发现脚本执行所需的所有模块和库，然后收集所有这些文件的副本，包括活动的 Python 解释器，并将其与脚本一起放在单个文件夹中或者单个可执行文件中。

注意：在 Windows 下打包的文件只能在 Windows 平台运行，其他平台也同理。

（1）安装 pyinstaller，在控制台输入如下指令：

pip3 installpyinstaller -i https://pypi.tuna.tsinghua.edu.cn/simple

（2）主要特点。

①开箱即用，可与任何 Python 3.6 至 Python 3.9 版本配合使用。

②完全多平台，并使用操作系统支持来加载动态库，从而确保完全兼容。

③正确捆绑主要的 Python 软件包，如 Numpy、PyQt5、PySide2、Django、wxPython、Matplotlib 和其他现成的软件包。

④兼容许多现成的第三方包。确保外部软件包正常工作所需的所有技巧已经集成。

⑤完全支持 PyQt5、PySide2、wxPython、Matplotlib 或 Django 之类的库，而无须手动处理插件或外部数据文件。

⑥与 OS X 上的代码签名一起使用。

⑦在 Windows 上捆绑 MS Visual C++ DLL。

（3）pyinstaller 的常用参数。具体如表 5-4 所示。

表 5-4   pyinstaller 常用参数

参数	描述
-h,--help	查看该模块的帮助信息
-F,--onefile	产生单个的可执行文件
-D,--onedir	产生一个目录（包含多个文件）作为可执行程序
-a,--ascii	不包含 Unicode 字符集支持
-d,--debug	产生 debug 版本的可执行文件
-w,--windowed,--noconsolc	指定程序运行时不显示命令行窗口（仅对 Windows 有效）
-c,--nowindowed,--console	指定使用命令行窗口运行程序（仅对 Windows 有效）
-o DIR,--out=DIR	指定 spec 文件的生成目录。如果没有指定，则默认使用当前目录来生成 spec 文件
-p DIR,--path=DIR	设置 Python 导入模块的路径（和设置 PYTHONPATH 环境变量的作用相似）。也可使用路径分隔符（Windows 使用分号，Linux 使用冒号）来分隔多个路径
-n NAME,--name=NAME	指定项目（产生的 spec）名字。如果省略该选项，那么第一个脚本的主文件名将作为 spec 的名字

【例 5-28】 将例 5-22 中的文件 ch5-22.py 打包成 exe 执行文件。

在 ch5-22.py 最后一行添加代码：

```
n=input("保留控制台窗口")    # 无实际意义,仅用于双击启动时保留控制台窗口
```

进入控制台，切换到 ch5-22.py 所在目录，执行如下命令：

pyinstaller ch5_22.py -F

pyinstaller 默认把脚本文件打包为一个目录，此时当前目录下会增加一个 dist 目录，进入该目录可见到一个与源文件同名的 ch5-22.exe 执行文件。可以双击执行，也可以在控制台进入对应目录，然后执行。使用-F 参数，可以把系统运行支持等库、Python 解释器，以及编译后的 Python 模块统一打包为单一可执行文件。默认方式为单目录方式，所有支持文件及可执行文件放在一个同名目录下。

5.5   文件操作

计算机文件一般是指以计算机外存为载体存储在计算机上的信息集合，可以是数据文件、文档或程序等，本节主要介绍数据文件的相关操作。本书到目前为止，基本所有程序数据的输入输出都是通过 input 函数和 print 函数，或者直接编写在程序代码中，这大大限制了程序处理数据的能力。想象一下，将某个地区最近 100 年的降水量数据通过上述方式输给程序，几乎是不可想象的。如果通过一个文本文件，每一行存储一天的降水量，使用新行、空格、制表符或逗号作为界定符（delimiter）分隔这些值，通过程序阅读文件的方式来批量获取数据，显然在效率上要高得多，同时也方便对数据本身进行编辑和管理。数据通常以记录（record）的方式组织存储，例如记录学生的学籍信息可以在一条记录中存储学号、姓名、性别、专业和籍贯等信息，每读取一条记录就意味着获取了一名学生的基本信息。记录可

能是一行,也可能是多行,记录和记录之间可通过某种分隔符界定,也可以给每条记录设置特定的开头与结尾标志。下面将学习不同的文件格式、组织数据的基本方法,以及如何使用 Python 来处理数据文件。

将独立的数据文件和程序文件分开存储与管理,符合数据与程序分离的原则,符合模块化编程的思想。

5.5.1　文件分类

文件的类型很多,如文本文件、图片文件、音频视频文件以及各类商业程序所支持的特定格式的文件。按不同的存储形式可将文件分为标准输入文件与标准输出文件、文本文件(ASCII 码)与二进制文件、流式文件与记录式文件以及顺序存储文件与随机存储文件。

1.标准输入文件与标准输出文件

一般而言,标准输入文件是指键盘,标准输出文件是指显示器,前者使用 input( ) 函数读取,后者基于 print( ) 函数输出。

2.文本文件与二进制文件

从文件编码的角度看,文件分文本文件和二进制文件。

文本文件存放的是所记录字符对应的编码,可按字符显示的方式直接阅读。下面介绍常用的字符编码标准。

(1)ASCII 编码。1967 年美国制定了一套编码规范,其中规定了 128 个字符与二进制的对应关系,此编码规范称为 ASCII 编码,进制范围是 0~127,每个字节只用了 7 个二进制位,最高位没有使用。后来 ASCII 从 7 位扩展成了 8 位,这就是扩展 ASCII(EASCII)。但 EASCII 局限性依然较大,无法兼容全球各国自有的编码,如汉字双字节编码格式 GB 2312—80。

(2)Unicode 编码。又称国际码,它主要解决各种编码格式之间的不兼容问题。Unicode 只是对各个字符进了编号,但是没有规定对编号如何存储,以及使用几个字节存储。基于这些问题,产生了多种 Unicode 字符集实现方式,其中就包括 UTF-8。

(3)UTF-8 编码。其最主要的优点就是可变长度,字符编码通常由 1~4 个字节来表示(存在 5、6 个字节的字符,但是不在 Unicode 字符集中),相比定长的实现方式,此编码标准能够节省更多的空间。

(4)ANSI 编码。指系统预设的标准文字储存格式。在不同的系统中,ANSI 表示不同的编码。

二进制文件是按二进制编码方式来存放文件的,二进制文件显示的内容为无法阅读的二进制代码。二进制编码比以文本方式存储文件更加节省空间。如强制按文本文件显示,将会出现乱码。

3.流式文件与记录式文件

从组织方式角度可将文件分为流式文件和记录文件。

流式文件又称无结构文件,它将数据按顺序组织成记录并存储,是有序相关信息项的集合,以字节为单位。由于文件没有结构,因此只能通过穷举法遍历文件。但其管理简单,操作方便,通常源文件、目标代码文件等类型适合流式文件。

记录式文件又称有结构文件。按记录的组织方式可分为顺序文件、索引文件、索引顺序文件和散列文件。顺序文件按逐条记录顺序排列,记录可定长或变长,以顺序或链表存储,访问时按顺序搜索。顺序文件有两种结构,分别为串结构和顺序结构,前者按时间排列,后者按关键字顺序排列。索引文件,通过建立索引表实现对文件的高效访问,访问效率远高于顺序文件。索引顺序文件为前两者的结合体,将顺序文件分块,为分块建立索引,在块内使用顺序查找法快速定位。散列文件又称哈希文件(Hash file),给定记录的键值或通过 Hash 函数生成键值直接决定记录的物理位置,散列文件有很高的存取速度。

Python 语言在处理文件时,文件以字符形式或以字节形式存储,因此并不严格区分文件类型,都看作字节流,以字节为单位进行处理,通过程序控制字节流的开始和结束,不受物理符号控制(例如制表符),二进制文件也是流文件。

4.顺序存取文件和随机存取文件

从存取方式角度可将文件分为顺序存取文件和随机存取文件。前者是按文件中记录的逻辑顺序依次存取,只能从前往后顺序访问。后者无顺序限制,按随机定位进行访问。

5.5.2 文件的打开与关闭

1.打开文件

打开文件是指将文件从外存储器导入内存,同时创建一个关联该文件的文件对象(或指针)。程序通过该文件对象才可以对文件进行操作。Python 访问文件时,通过内置函数 open 来打开文件,该函数需要一个绝对或相对路径指向所要打开的文件,并返回一个文件对象。其语法格式如下:

FileObject=open(<filename>[,<mode>[,<buffering>[,<encoding>]]])

功能说明:

①FileObject 表示文件打开后返回的一个文件对象,通过该对象与对应的文件建立关联,可通过文件对象属性获取该文件信息,通过文件对象方法实现对文件的操作。表 5-5 为文件对象的属性,表 5-6 为文件对象的方法。如文件不存在,将抛出 FileNotFoundError 异常。例如:

```
>>>Fobj=open("a100.txt","r",encoding='utf-8')
    Traceback (most recent call last):
        File "<pyshell# 0>", line 1, in <module>
            Fobj=open("a100.txt","r",encoding='utf-8')
    FileNotFoundError:[Errno 2]No such file or directory:'a100.txt'
```

②filename 为所要打开文件的名称,可通过绝对路径或相对路径指定文件。

③mode 表示打开文件的模式,可以是只读(r)、写入(w)、追加(a)等。"+"表示对打开文件进行更新(读/写)。打开模式如表 5-7 所示,其中 b 表示二进制文件,t 表示文本格式文件(可省略)。

④buffering 表示缓冲区的测录选择。若为 0 表示不使用缓存,直接读写,仅二进制模式有效;若为 1 表示行缓存方式,仅用于文本模式;若为 n 且为大于 1 的整数,则表示 n 行缓存策略。若不提供或为负数则使用系统默认缓冲区大小。

⑤encoding 指定文件使用的编码格式,仅在文本模式下使用,如不指定,Windows 系统默认采用 GBK 编码。

表 5-5　文件对象属性

属性	描述
name	返回文件的名字
mode	返回文件的打开模式
closed	若文件被关闭则返回 True
softspace	如果用 print 输出,必须跟一个空格符,返回 False,否则返回 True
encoding	返回文件编码
newlines	返回文件中的换行模式,为一个元组对象

表 5-6　文件对象方法

方法	描述
read([size])	从文件读取 size 个字节或字符返回,若省略[size],则读取到文件末尾,即一次读取文件的所有内容
readline()	从文本文件中读取一行内容
resdlines()	把文本文件中的每一行都作为独立的字符串对象,并将这些对象放入列表中返回
write(str)	将字符串 str 写入文件
writelines(s)	将字符串列表 s 写入文本文件,不添加换行符
seek(offset[,whence])	把文件指针移动到新位置。offset 表示相对于 whence 的位置 whence 值的含义: offset 为正:往结束方向移动。为负:往开始方向移动 0:从文件头开始计算(默认) 1:从当前位置开始计算 2:从文件尾开始计算
tell()	返回文件指针的当前位置
truncate([size])	不论指针在什么位置,只留下指针前 size 个字节的内容,其余全部删除。如果没有传入 size,则从当前指针位置到文件末尾全部删除
flush()	把缓冲区的内容写入文件,但不关闭文件
close()	把缓冲区的内容写入文件,同时关闭文件,并释放资源

表 5-7　Python 文件的打开模式

打开模式	描述
r 或 rt	以只读方式打开已存在的文本文件。文件的指针将会放在文件的开头,这是默认模式。如文件不存在则抛出异常
r+或 rt+	以读/写模式打开已存在的文本格式文件。该文件必须存在,否则抛出异常
w 或 wt	以只写模式打开一个文本格式文件。如果该文件已存在则将其覆盖。如果该文件不存在,创建新文件
w+或 wt+	以读/写模式打开一个文本格式文件。如果该文件已存在则将其覆盖。如果该文件不存在,创建新文件
a 或 at	以追加模式打开一个文本格式文件。如果该文件已存在,文件指针将会放在文件的结尾,新的内容将会被写入已有内容之后。如果该文件不存在,创建新文件进行写入
a+或 at+	以读/写模式打开一个文本格式文件。如果该文件已存在,文件指针将会放在文件的结尾,文件以追加模式打开。如果该文件不存在,创建新文件进行读/写

（续）

打开模式	描述
rb	以只读模式打开已存在的二进制格式文件，文件指针将会放在文件的开头。这是默认模式
rb+	以读/写模式打开已存在的二进制格式文件，文件指针将会放在文件的开头
wb	以只写模式打开已存在的二进制格式文件。如果该文件已存在则将其覆盖。如果该文件不存在，创建新文件
wb+	以读/写模式打开已存在的二进制格式文件。如果该文件已存在则将其覆盖。如果该文件不存在，创建新文件
ab	以追加模式打开二进制格式文件。如果该文件已存在，文件指针将会放在文件的结尾。如果该文件不存在，创建新文件进行写入
ab+	以读/写模式打开二进制格式文件。如果该文件已存在，文件指针将会放在文件的结尾。如果该文件不存在，创建新文件用于读/写

【例 5-29】 打开例 5-26 中的 a100.txt 文件，显示其相关属性。代码如下所示：

```
# 以相对路径可读可写模式读取 a100.txt
Fobj = open("a100.txt","w+",encoding='utf-8')    # a100.txt 与读取程序文件需路径相同
# 以绝对路径可读可写模式读取 a100.txt
# Fobj = open("C:\\Users\\Administrator\\Desktop\\CH05\\a100.txt","w+",encoding = 'utf-8')
print(f"文件对象类型：{type(Fobj)}")
print(f"文件名：{Fobj.name}")
print(f"文件访问模式：{Fobj.mode}")
print(f"文件编码方式：{Fobj.encoding}")
print(f"文件换行方式：{Fobj.newlines}")
print(f"文件缓冲区：{Fobj.closed}")
Fobj.close()
```

运行结果如图 5-27 所示。

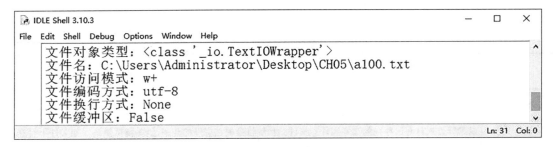

图 5-27　文件对象属性

2.文件关闭与写缓存文件

文件打开后通过关闭文件，程序释放对文件的控制，并将缓冲区数据写入文件。只有当该文件被释放后，其他程序才可以获得该文件的操控权。关闭文件的语法格式如下：

FileObject.close()

文件关闭后将不能再访问该文件对象的方法与属性，若强制操作，将抛出 ValueErroe 异常。文件的妥善关闭，可以避免数据丢失或受损，这是一种烦琐的操作，避免这个问题可以

使用 with…as 语句,使用 with…as 上下文管理器,只需打开文件,按需操作,Python 会在恰当的时候自动将其关闭,这是不需要用户干预的机制,称为预定义清理,具体参考 3.7.5 小节。

如果在不关闭文件的情况下,需要将缓冲区文件写入文件,可以使用 flush( )方法。该方法的语法格式如下:

FileObject.flush( )

5.5.3　文件的读/写操作

1.读取文本文件

程序可以通过文件对象,调用多种方法来读取文件内容。注意:读取文件必须是在支持读取模式的情况下,读取的字符串可以保存在对象中而不送入字符串变量中,读取文件时有位置指针,用来指向当前读取的字节,打开文件时该指针指向第一个字节,每读取一个字节向后移动一个位置,连续读写,直至数据读取完毕。

(1)通过遍历方式读取数据。

【例 5-30】　创建文本文件,如图 5-28 所示,选择文本文件编码格式为 UTF-8。读取文件并输出文件内容。

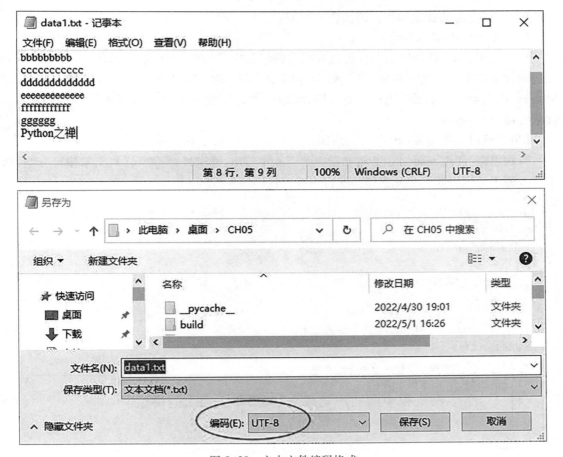

图 5-28　文本文件编码格式

代码如下所示：

```
Fobj = open("data1.txt","r",encoding = 'utf-8')
for line in Fobj:
    print(line,end="")
Fobj.close()
```

如文件编码格式不一致,有可能抛出 UnicodeDecodeError 异常。例如,在 open 函数中将 encoding 参数改为 GBK,结果如图 5-29 所示。

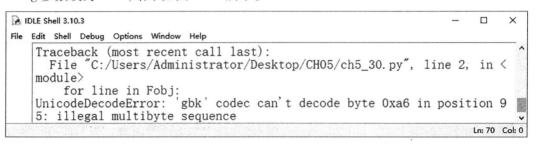

图 5-29 文件编码格式不匹配

（2）read( )方法读取数据。语法格式如下：

FileObject.read([size])

功能说明:从文件指针当前位置读取指定数量的字符,以字符串形式返回,字符串可以为二进制数据或文本数据。size 为非负整数,指定从指针所指位置开始读取指定长度的字符,如果缺省,则读至文件末尾。刚打开的文件,起始位置为 0,将读取文件全部内容。当文件无法读取时返回 False。

【例 5-31】 使用 read( )方法读取例 5-26 中 a100.txt 文件的前 5 行。

解题思路:使用 read( )函数将文章内容存入字符串,通过换行符"\n"对文章按行分割,结果存入列表。列表前 5 个元素即前 5 行内容。代码如下所示：

```
Fobj = open('a100.txt','r',encoding = 'utf-8')
str = Fobj.read()
line_list = str.split('\n')
for i in range(5):
    print(line_list[i])
Fobj.close()
```

运行结果如图 5-30 所示,第 5 行为空白行。

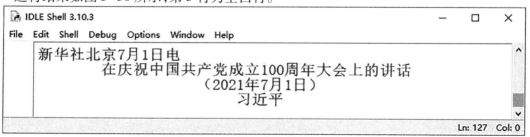

图 5-30 read( )函数读取文件

【例 5-32】　按每 3 个字符一组的形式读取例 5-30 data1.text 文件中的内容,插入"_"后显示。

解题思路:通过 read( )方法返回值判断文件读取是否结束,并以此作为循环读取条件。代码如下所示:

```
Fobj = open('data1.txt','r',encoding = 'utf-8')
str = ''
while 1:
    one_char = Fobj.read(3)
    if not one_char:break
    str+ = one_char+'_'
Fobj.close()
print(str)
```

运行结果如图 5-31 所示。

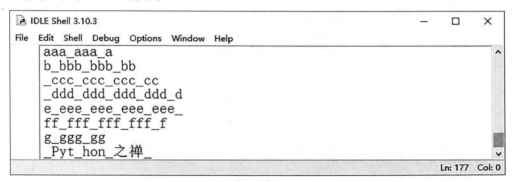

图 5-31　按指定长度读取文件

(3)readline( )方法读取数据。语法格式如下:

FileObject.readline([size])

功能说明:指定从当前行的当前指针所指位置开始读取指定长度的字符,以字符串对象返回。若参数缺省,或参数值大于当前行总字符数量,则读取当前位置至当前行结尾的所有字符(包括换行符\n)。如文件刚打开,则当前读取位置为第一行,读取一行后,文件指针将指向第二行,以此类推,到达文件末尾,返回一个空字符串。

【例 5-33】　使用 readline( )方法读取圆周率文件 pi1000.txt,如图 5-32 所示。显示前 5行,第 6 行分两次读取 11 个字符,然后读取当前行剩余的部分。

图 5-32　圆周率 1000 位

代码如下所示:

```
Fobj = open('pi1000.txt','r',encoding='utf-8')
for i in range(5):
    str = Fobj.readline()
    print(str)
print("-"*60)
print(f"当前位置:{Fobj.tell()}")    # 获取文件当前位置
str1 = Fobj.readline(11)
print(str1)
print(f"当前位置:{Fobj.tell()}")
str1 = Fobj.readline(11)
print(str1)
print(f"当前位置:{Fobj.tell()}")
str1 = Fobj.readline(2000)
print(str1)
print(f"当前位置:{Fobj.tell()}")
Fobj.close()
```

运行结果如图 5-33 所示。

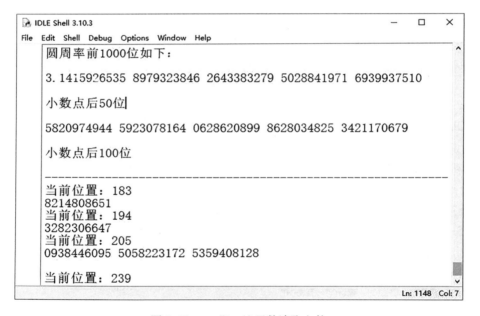

图 5-33 readline()函数读取文件

(4)readlines()方法读取数据。语法格式如下:

FileObject.readlines([size])

功能说明:readlines()方法返回一个列表,文本文件的每一行作为列表的一个字符串元素,如到达文件末尾,则返回一个空列表。size 参数表示读取内容的总长度,即只读取文件的一部分。

【例 5-34】　使用 readlines( )方法读取例 5-33 中的圆周率文件,显示第 7~10 行内容。代码如下所示:

```
Fobj = open('pi1000.txt','r',encoding='utf-8')
str_line = Fobj.readlines()
for line in str_line[6:10]:
    print(line)
Fobj.close()
```

(5)next( )函数获取下一行。内置函数 next( )可从迭代对象中获取下一个项目。若迭代对象为文件则从文件中获取下一行记录。语法格式如下:

next(iterator[,default])

功能说明:iterator 为迭代对象,当 default 缺省时,迭代对象元素取出完毕,返回 StopIterator,不缺省时,返回 default。

例如,在执行例 5-33 程序后[需要注释掉 Fobj.close( )],在交互环境中执行如下代码:

```
>>>Fobj.seek(6)
    6
>>>print(Fobj.readline())
    圆周率前 1000 位如下:

>>>print(next(Fobj))
    3.1415926535 8979323846 2643383279 5028841971 6939937510
```

2.向文件写入数据

当使用只写模式、读/写模式打开文本文件或二进制文件时,可以通过 open( )函数返回的文件对象调用 write( )方法写入字符串或通过 writelines( )方法写入字符串序列。序列包括列表、元组和集合等。

(1)write( )方法写入数据。语法格式如下:

FileObject.write(str)

功能说明:str 参数为写入文件的字符串,写入时无法自动添加换行符。以读/写模式打开文件写入完毕时,文件指针指向末尾,此时可以通过 seek( )函数将指针移至文件起点。

【例 5-35】　创建 UTF-8 编码格式文件 poem.txt,从键盘输入文本内容,存放到文件中。每次新增的内容在末尾被添加,而非覆盖原文件。代码如下所示:

```
Fobj = open('poem.txt','a+',encoding='utf-8')
line = input("输入诗的题目与作者(NO=退出):")
Fobj.write("-" * 10+'\n')
while line.upper() != "NO":
    Fobj.write(line+'\n')
    line = input("输入诗句:")
Fobj.seek(0)    # 将文件指针移至文件起点
str = Fobj.read()
print(str)
```

```
Fobj.write("-"*10+'\n')
Fobj.close()
```

运行结果如图 5-34 所示。

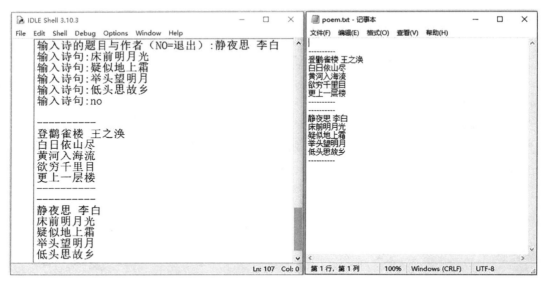

图 5-34　write()方法以追加方式写入文件

（2）writelines()方法写入数据。语法格式如下：

FileObject.writelines(seq_str)

功能说明：seq_str 为写入文件的字符串序列,但在每个元素末尾不会自动添加换行符。

【例 5-36】　使用 writelines()方法在例 5-35 中的 poem.txt 文件中添加内容。代码如下所示：

```
Fobj=open('poem.txt','a+',encoding='utf-8')
str="假作真时真亦假,\n无为有处有还无\n"
poem1=str.split(',')
str="任凭弱水三千,\n我只取一瓢饮\n"
poem2=str.split(',')
Fobj.writelines(poem1)
Fobj.writelines(poem2)
Fobj.close()
```

3.二进制文件的读/写

计算机的所有数据都以二进制形式存储、传输和运算,因此所有的文件本质上存储的只是二进制中的 1 和 0。真正区分文件类型的是编码,文本文件和二进制文件的差别只在于编码方式的不同。通常二进制文件扩展名为.bin,文本文件扩展名为.txt。Python 以字节为单位来表示二进制数据。

（1）字符串数据与字节数据互换。

①encode()方法可以将字符串转换为字节数据。其语法格式如下：

string.encode(<encoding>="UTF-8",<errors>=strict)

功能说明：string 为字符串变量，encoding 表示所用的编码模式，常用 UTF-8，<errors>用于设置错误处理方法，strict 表示若编码出错抛出 UnicodeError 异常。

例如：

```
>>>str=" Flat is better than nested.扁平胜于嵌套"
>>>str_bin=str.encode("UTF-8")
>>>print(str_bin)
   b'Flat is better than nested.\xe6\x89\x81\xe5\xb9\xb3\xe8\x83\x9c\xe4\xba\x8e\xe5\xb5\
   x8c\xe5\xa5\x97'
```

字节数据的表示符为 b，对于字母可以识别，对于汉字则显示其对应的二进制编码。

②decode( )方法可以将字节数转化为字符串数据。其语法格式如下：

string.decode(<encoding>=" UTF-8" ,<errors>=strict)

功能说明：参数含义同 encode( )方法。

例如：

```
>>>str_bin=b'\xe5\xb9\xb3\xe8\x83\x9c\xe4\xba\x8e\xe5\xb5\x8c\xe5\xa5\x97'
>>>str=str_bin.decode("UTF-8")
   print(str)
   平胜于嵌套
```

（2）二进制文件读/写。

【例 5-37】　将菜市场蔬菜价格写入二进制文件并读出显示。

```
veg_0="序号菜名价格\n"
veg_1="2 油麦菜   1.7-1.8\n"
veg_2="16   紫甘蓝   0.8-1.0\n"
veg_3="22   菠菜   4.5- 5.0\n"
byte_0=veg_0.encode("UTF-8")
byte_1=veg_1.encode("UTF-8")
byte_2=veg_2.encode("UTF-8")
byte_3=veg_3.encode("UTF-8")
Fobj=open("veg.bin","wb")
Fobj.write(byte_0)
Fobj.write(byte_1)
Fobj.write(byte_2)
Fobj.write(byte_3)
Fobj.close()
# Fobj=open("veg.bin","rb")
with open("veg.bin","rb") as Fobj:
     str_0=Fobj.readline().decode('UTF-8')
     str_1=Fobj.readline().decode('UTF-8')
     str_2=Fobj.readline().decode('UTF-8')
     str_3=Fobj.readline().decode('UTF-8')
print(str_0,end=")
```

```
print(str_1,end='')
print(str_2,end='')
print(str_3,end='')
```

运行结果如图 5-35 所示。

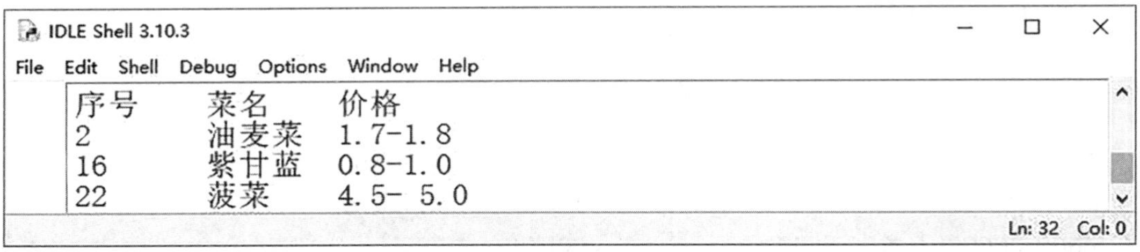

```
IDLE Shell 3.10.3                                          —    □    ×
File  Edit  Shell  Debug  Options  Window  Help
序号      菜名      价格
2         油麦菜    1.7-1.8
16        紫甘蓝    0.8-1.0
22        菠菜      4.5- 5.0
                                                        Ln: 32  Col: 0
```

图 5-35　二进制文件读/写

5.5.4　CSV 文件

1.CSV 文件与数据组织

（1）CSV 简介。CSV（comma-separated values，逗号分隔值）文件可以理解为用逗号分隔的、纯文本形式的、存储表格数据的文件。CSV 文件广泛应用于商业和科学领域用来存储一维或二维数据。CSV 可在不同体系结构的应用程序之间用于交换数据表格信息，解决不兼容数据格式的互通问题。大部分程序都支持 CSV 文件，如果一个用户需要在不同的程序间交换信息，可以从一个数据程序中导出数据为 CSV 文件，然后通过另一个数据程序导入该 CSV 文件，再转为该程序私有的存储格式。

CSV 并不是一种单一的、定义明确的格式。CSV 文件一般仅需具备如下特征：

①纯文本字符序列，基于某种字符集，如 ASCII、Unicode 或 EBCDIC。

②由记录组成，一行对应一条记录。

③每条记录被英文半角分隔符分为多个字段，分隔符可以为逗号、分号或制表符等。

④每条记录有相同的字段序列。

编写 CSV 文件时，一般默认遵循如下规则：

①每行开头无空格，无空行，不跨行。

②如文件包含字段名（列的名称），通常位于第一行。

③以半角逗号"，"作为分隔符，列为空也要表达其存在。

④列的内容如存在半角引号（'或"），则需要进行转义，即用另一种半角引号（"或'）将该字段值包含起来。

⑤文件读/写时对引号和逗号的操作规则互逆。

⑥不支持特殊字符和数字，字段值只有字符串类型，仅通过字符串描述信息。

⑦内码编码格式不限。

CSV 文件可以用记事本、写字板、Word 等文本编辑软件打开，也可以被 Excel 打开。将图 5-35 所示内容用记事本进行编辑，每项内容之间使用半角逗号分隔，如下所示。然后另存为 veg.csv，编码格式选择 ANSI。

```
序号,菜名,价格
2,油麦菜,1.7-1.8
16,紫甘蓝,0.8-1.0
22,菠菜,4.5-5.0
```

用 Word 和 Excel 分别打开上述文件,结果如图 5-36 所示。

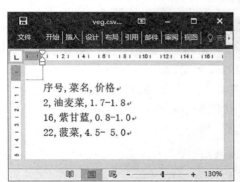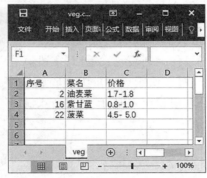

图 5-36　用 Word 和 Excel 打开 veg.csv

(2)数据组织。在 4.3.1 节中用列表对一维数据、二维数据和高维数据做了简单描述。一维数据通常由对等关系的有序或无序数据组成,采用线性方式组织,一维序列或集合的内容都可以称为一维数据。二维数据由关系数据组成,也称为表格数据,适合用 CSV 格式文件存储。高维数据一般指维度在三以上的数据,在 Python 数据格式中,除了以列表或元组嵌套的方式创建高维数据外,还可以通过键值对多层嵌套的方式创建,这是一种对象方式的组织。这类数据在 Web 系统中得到了广泛应用,衍生出 HTML、XML 和 JSON 等不同的数据组织格式。

2.CSV 文件操作

(1)CSV 文件的读取。CSV 文件可以使用 open( )函数按 with…as 方式打开,操作更加便捷。Python 标准库 CSV 模块提供了返回 CSV 文件读/写对象的函数,可以高效处理 CSV 文件中的数据,同时兼容不同 CSV 文件在输入输出格式上的细微差别,使用者不必纠结读/写细节。

【例 5-38】　使用 csv.reader( )读取 veg.csv 文件记录,并显示结果,代码如下所示:

```python
import csv
with open("veg.csv",'r') as csv_Fobj:
    csv_r=csv.reader(csv_Fobj,delimiter=',')
    n=0
    for line in csv_r:
        if n==0:
            print(",".join(line))
        else:
            print(line)
        n+=1
```

运行结果如图 5-37 所示。

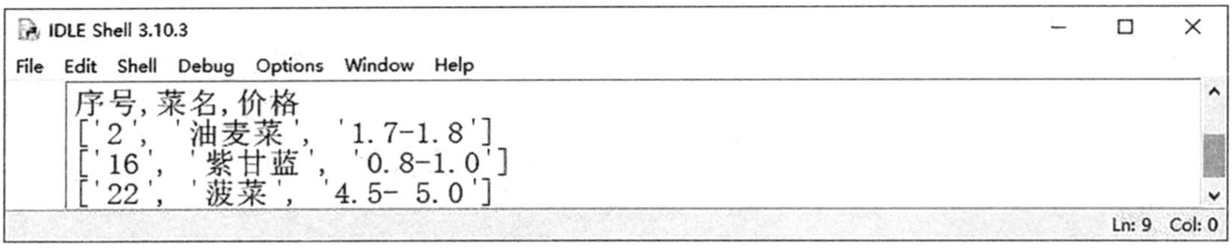

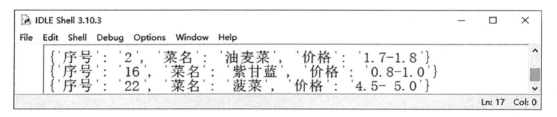

图 5-37　以列表方式读取 CSV 文件

例 5-38 代码中的第三行 csv.reader 参数设置为 delimiter = ','用于指明分隔符。删除分隔符的每行记录作为列表元素返回,字段值对应列表元素。

【例 5-39】　使用 csv.DictReader( )以字典的方式读取 veg.csv,将字段名作为字典的键,将字段名对应的内容作为值,按字典格式输出。代码如下所示:

```
import csv
with open("veg.csv",'r') as csv_Fobj:
    csv_r = csv.DictReader(csv_Fobj,delimiter=',')
    for col in csv_r:
        print(col)
```

运行结果如图 5-38 所示。

图 5-38　以字典方式读取 CSV 文件

（2）CSV 文件的写入。csv.write( )可以返回 write 对象,调用 write_row 方法可写入一条记录。

【例 5-40】　使用 writerow 方法在 veg.csv 中添加记录。代码如下所示:

```
import csv
line1 = ['5','青菜','3.5-4.8']
line2 = ['13','萝卜','1.3-2.2']
with open("veg.csv",mode='a',newline='') as csv_Fobj:
    csv_w = csv.writer(csv_Fobj,delimiter=',')
    csv_w.writerow(line1)
    csv_w.writerow(line2)
```

运行结果如图 5-39 所示。

在例 5-40 代码中打开 CSV 文件增加了参数 newline = ' ',其意义在于正确解析文本中的换行符,从而在写入时可屏蔽额外添加的换行符。

【例 5-41】　基于 csv.DictWriter( ),将字典写入 CSV 文件。代码如下所示:

```
import csv
line1 = {'序号':'9','菜名':'芦笋','价格':'10.7-14.2'}
line2 = {'序号':'26','菜名':'洋葱','价格':'3.9-4.6'}
with open("veg.csv",mode='a',newline='') as csv_Fobj:
    key_name=['序号','菜名','价格']
    csv_dw=csv.DictWriter(csv_Fobj,fieldnames=key_name)
    csv_dw.writeheader()    # 写入字段名
    csv_dw.writerow(line1)
    csv_dw.writerow(line2)
```

在例 5-41 代码中，DictWriter 的参数 fileldnames 代表字段名称列表，没有该参数就没有办法根据键来确定值。运行结果如图 5-39 所示。

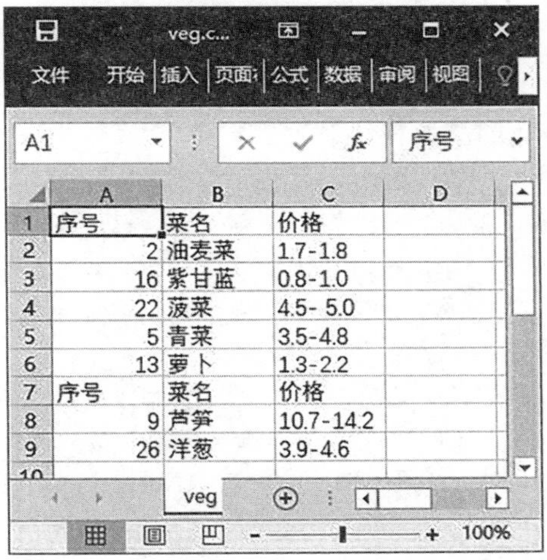

	A	B	C	D
1	序号	菜名	价格	
2	2	油麦菜	1.7-1.8	
3	16	紫甘蓝	0.8-1.0	
4	22	菠菜	4.5- 5.0	
5	5	青菜	3.5-4.8	
6	13	萝卜	1.3-2.2	
7	序号	菜名	价格	
8	9	芦笋	10.7-14.2	
9	26	洋葱	3.9-4.6	

图 5-39　写入 CSV 文件

Python 中的一切都用对象来描述，如何把 Python 对象存入文件呢？Pyhton 提供了 pickle 模块让对象可以通过文件来存储。pickle 可以将对象层级结构转化为字节流保存到外存中，这个过程称为序列化（pickking 或 serialization），反之称为反序列化（unpickling 或 deserailization）。Python 中的列表、元组、字典、集合、类等，都可以用 gpicjle 进行序列化和反序列化。

5.5.5　存储 Python 原生对象

在第 4 章的学习中，程序内部数据存储在不同的容器中，当程序运行结束后，这些数据将不再存在，或者当数据量较大时，需要在编写程序时写入，程序间通信时需要转化为二进制序列，这些都为程序运行带来了诸多的不便。

pickle 模块实现了基本的数据序列化和反序列化。一方面，通过序列化操作能够将程序中运行的对象信息保存到文件中实现永久存储；通过反序列化操作，当前程序就能够从文件中快速恢复上一次程序保存的对象，程序可以不同。另一方面，任何类型的数据，都可以二进制序列的形式在网络上传送，发送方需将传输对象转换为字节序列，放在网络上传输，接收方则需要把字节反序列恢复为对象，通过这个方式实现程序进程间的远程通信。pickle 支持跨平台,在 Windows 下创建的.pkl 文件,在 MacOS 和 Linux 下一样可以读取。

Python 中几乎所有的数据类型,包括列表、元组、字典、集合、类等都可以使用 pickle 进行序列化和反序列化。pickle 主要提供了四种方法进行相应操作,如表 5-8 所示。

表 5-8　pickle 模块的主要方法

方法	描述
pickle.dump( )	将对象序列化以二进制形式写入文件
pickle.loadp( )	将序列化的对象以二进制方式从文件中读取并恢复
pickle.dumps( )	直接返回序列化的 bytes 对象,不写入文件
pickle.loads( )	直接从序列化的 bytes 对象中恢复信息,而非从文件中读取

下面使用 pickle.dump( )和 pickle.load( )实现对象序列化存储与反序列化读取。例如:

```
>>>import pickle
>>>list1 = ['冬瓜','黄瓜','倭瓜','香瓜']
>>>dict1 = {'姓名':'张三','性别':'男','年龄':'37'}
>>>with open('pickle_f.pkl','wb') as pkl_f_w:     # 二进制写模式打开文件
        pickle.dump(list1, pkl_f_w)               # 序列化列表写入文件
        pickle.dump(dict1, pkl_f_w)               # 序列化字典写入文件


>>>with open('pickle_f.pkl','rb') as pkl_f_r:     # 二进制读模式打开文件
    list2 = pickle.load(pkl_f_r)                  # 反序列化读取列表对象
        dict2 = pickle.load(pkl_f_r)              # 反序列化读取字典对象


>>>print(list2,type(list2))
    ['冬瓜', '黄瓜', '倭瓜', '香瓜'] <class 'list'>
>>>print(dict2,type(dict2))
    {'姓名': '张三', '性别': '男', '年龄': '37'} <class 'dict'>
```

pickle.dumps( )和 pickle.loads( )不涉及文件操作。例如:

```
>>>import pickle
>>>list3 = [0,1,2,3,4,5]
>>>pkl_list = pickle.dumps(list3)
>>>print(pkl_list)
    b'\x80\x04\x95\x11\x00\x00\x00\x00\x00\x00\x00]\x94(K\x00K\x01K\x02K\x03K\x04K\x05e.'
>>>print(type(pkl_list))
    <class 'bytes'>
>>>list4 = pickle.loads(pkl_l)
>>>print(list4)
    [0, 1, 2, 3, 4, 5]
```

本章习题

一、选择题

1. 可用来定义函数保留字的是_____。
   A. break 　　　 B. return 　　　 C. def 　　　 D. for

2. 关于 Python 函数阐述错误的是_____。
   A. 不能用保留字作为函数的名字
   B. return 可以返回多个值
   C. 函数调用可以使用关键字作为参数来确定传入的参数值
   D. 函数传递参数时,顺序不能随意改变

3. 设有程序如下,print(b)的输出结果为_____。
```
def Change( a ):
    a = 100      #函数定义完成
b = 5
Change(b)
print(b)
```
   A. 100 　　　 B. 5 　　　 C. 0 　　　 D. 系统报错

4. 设有程序如下,print(b)的输出结果为_____。
```
def Change(a):
    a.append('a')      #函数定义完成
b = [5]
Change(b)
print(b)
```
   A. ['a'] 　　　 B. [5] 　　　 C. [5, 'a'] 　　　 D. 0

5. 关于全局变量和局部变量的说法错误的是_____。
   A. 函数的形参是局部变量
   B. 局部变量的作用范围只在声明该局部变量的函数体内
   C. 在函数体内,全局变量和局部变量不能重名
   D. 全局变量在所有函数体内都可以进行访问

6. 以下程序的输出结果为_____。
```
def func (a):
    return a+1
b = 0
print(func(func(b)))
```
   A. 0 　　　 B. 1 　　　 C. 2 　　　 D. 系统报错

7. 设有以下程序,type(func) 和 type(func())的输出结果为_____。
```
def func():
print(" Python")
```
   A. <class ' function '> 和 <class ' str '>

B.<class 'function '> 和 <class ' function '>

C.<class ' str '> 和 <class ' str '>

D.<class 'function '> 和 <class ' int '>

8.以下说法错误的是_____。

A.函数定义可以放在调用之后

B.当代码中有 main 函数时,程序不一定必须从 main 开始执行

C.可以在函数中定义函数

D.函数可以没有参数和返回值

9.定义函数如下 :f=lam bda x:x+1,则 f(f(2))的输出结果是_____。

   A. 1   B. 2   C. 3   D. 4

10.定义函数如下,则 Fact(3)的输出结果为_____。

```
def Fact(n):
    return 1 if n<=1 else Fib(n-1)+Fib(n-2)
```

   A. 1   B. 2   C. 3   D. 4

11.下列不属于 import 加载的模块类别是_____。

A.使用 Python 编写的代码(.py 文件)

B.已被编译为共享库或 DLL 的 C 或 C++扩展

C.包好一组模块的包

D.一个二进制文本文件

12.想要使用模块,必须先将模块加载进来,可以通过_____关键字进行加载。

   A. import   B. try   C. except   D. for

13.已知 my_mod 模块中有 fun1()函数,运行语句 from my_mod import * 后,调用模块 my_mod 中的函数,正确的方法是_____。

   A.my_mod. fun1()   B. my_mod_ fun1()   C. fun1()   D. 无法调用

14.运行语句 from my_mod import func1 as f1,调用模块 func1 函数,正确的方法是_____。

   A.f1()   B. my_mod. fun1()   C. fun1()   D. 无法调用

15.可以使用_____语句,在该程序作为模块引入(import)时不执行。

   A . if__name__=='__main__':   B. main()   C. define main()   D. 无法实现

16.关于 import 引用,以下选项中描述错误的是_____。

A.使用 import turtle 引入 turtle 库

B.可以使用 from turtle import setup 引入 turtle 库

C.使用 import turtle as t 引入 turtle 库,取别名为 t

D.import 保留字用于导入模块或者模块中的对象

17.以下选项中是 Python 中文分词的第三方库的是_____。

   A. jieba   B. random   C. time   D. turtle

18.以下选项中是 Python 脚本程序转变为可执行程序的第三方库是_____。

   A. pygame   B. PyQt5   C. PyInstaller   D. random

19.以下选项中不是 Python 数据分析的第三方库是_____。

    A. Numpy   B. Scipy   C. Pandas   D. Requests

20.以下程序不可能的输出结果是_____。

```
from random import *
x = [30,45,50,90]
print(choice(x))
```

    A. 30   B. 45   C. 90   D. 55

21.关于文件,下列说法中错误的是_____。

    A.对已经存在和正常关闭的文件进行读/写操作时会自动打开文件

    B. 文件操作完成后如果不关闭,该文件后期不能被修改

    C.二进制文件可以用记事本或其他普通字符处理软件直接进行编辑

    D.png 格式的图片文件、MP4 格式的视频文件是二进制文件

22.当对文件内容操作完成后,一定要关闭文件对象,此时采用的操作函数是_____。

    A. open( )   B. read( )   C. close( )   D.其他

23.如果在打开文件之后和关闭文件之前发生了错误导致程序崩溃,这时文件就无法正常关闭。在管理文件对象时可以使用_____关键字来有效地避免这个问题。

    A. with   B. readline   C. for   D. return

24.下列语句的作用是_____。

```
with open('sample.txt') as fp:
    for line in fp:
        print(line)
```

    A.读取并打印文本文件所有行   B. 读取并显示文本文件的一行

    C.读取文本文件所有行   D. 读取文本文件的一行

25.在进行文件和目录操作前,要使用的一条语句是_____。

    A. import os   B. open( )   C. close( )   D.其他

二、编程题

1.定义一个函数,通过键盘输入一个字符串,如果这个字符串中有 Python 字样,输出其出现的次数。

2.编写一个函数,打印任意输入范围内的所有素数。

3.编写一个函数,输入 n,计算 $1/2^2 + 1/4^2 + \cdots + 1/n^2$ 的值。

4.编写一个随机抽奖函数,定义函数 reward( )返回奖励等级 A、B、C 或无奖。其中 A 中奖概率为 0.1,B 中奖概率为 0.2,C 中奖概率为 0.3。

5.建立一个文本文件 txt,用 input 输入英文字符串,然后将文件中的大写字母转换为小写字母,小写字母转换为大写字母。

6.编写程序,将字典形式的学生成绩:{"张三":100,"李四":90,"王五",80}保存为二进制文件,然后读取和显示。

7.用 input 函数输入学生成绩,以字典形式保存,如{"张三":100,"李四":90,"王五",80},然后保存为文本文件。

8.编写能统计文本文件中英文单词数量的程序。

第6章
面向对象编程

　　如果我们仔细观察周围,就会发现所处的客观世界是由对象(实体)组成的,这些对象具备各自所独有的运动规律和内部状态,并且不同对象之间可以相互作用与通信。进一步分析可以发现这些对象里面,有些对象有着共同的特性(属性),它们可以归并到同一类中。这些对象有静止的状态,也有运动的状态,它们之间的相互作用甚至可以改变对方的状态。人类历史的发展过程中始终伴随着这种审视和理解世界的本能方式,无论是谁都有意无意地在使用这种方式。

　　20 世纪 60 年代末的 simula67 语言首次将这种我们既熟知又陌生的思想引入编程世界,这种思想被称为面向对象思想。20 世纪 80 年代 Xerox 中心的 smalltalk 语言进一步完善了这种思想,实现了面向对象程序设计方法,使得面向对象方法的核心思想在编程语言中得到表达和实现,同时也掀起了面向对象研究的高潮。

　　面向对象的思想认为,应该围绕现实世界中的对象而非围绕功能来构造系统,即软件系统的结构应该直接与现实世界的结构相对应。通过模拟现实世界中的概念抽象,基于类、对象、类的关系及对象之间的消息传递关系来描述问题求解空间,并使之与代码实现解法的解空间在结构上保持高度的一致。

　　面向对象方法可以概括为如下公式:

$$面向对象 = 对象 + 类 + 继承 + 通信(消息传递)$$

6.1　理解面向对象

6.1.1　对象和类的概念

　　在图 6-1 所示的足球场景中,不考虑背景的话有 4 个对象,分别是 2 名小朋友、1 块球场和 1 个足球。2 名儿童属于同一类球员,其中分为客队球员和主队球员,足球属于球类中的足球类,场地属于场地类中运动场地类中的足球场地类,同时也可以理解为人工场地类中的草地类。2 名球员都属于人类,但作为独立的对象因属性不同而有所差异,如性别属性、年龄属性、身高属性、姓名属性等,这些属性分别具有不同的值,不同的值可以描述一个对象,也能区分特定的人(对象)。另外,球员类别,除了静止的属性,还有运动的方法,如跑、跳、投、踢、喊、说、转身等。球员通过跑动的行为,通过喊话的方法,可以将自己的意图传递给其他的对象(己方和对方),如传递消息以协调战术,一场比赛的经验也可以被继承到下一次比赛中继续使用。

　　对象是可以互相区分和识别的客观事物。从一只鸟到整片树林,从一个人到一座城市,从一台机器到整个工厂,乃至复杂的组织机构都可以看作对象。对象不仅能表示有形的实体,也

图 6-1　现实世界中的对象

能表示无形的(抽象的)规则、计划或事件。对象由数据(描述事物的属性)和作用于数据的操作(体现事物的行为)构成一个独立整体,数据和操作封装于对象的统一体中。对象用数据值来描述其状态,用操作来改变其状态。从程序设计者角度来看,对象是系统中用于描述客观事物的一个实体,是构成系统的一个基本单位;从用户来看,对象为他们提供所希望的行为。在对象内的操作通常称为方法。一个对象请求另一个对象为其服务的方式是"发送消息"。

类是对一组有相同数据和相同操作的对象的定义。一个类所包含的操作(方法)与数据描述一组对象的共同行为和属性。类具有属性,它是对象状态的抽象,用数据结构来描述类的属性。类具有操作,它是对象行为的抽象,用操作名和实现该操作的方法来描述。从程序设计者角度看,类是具有相同数据成员和函数成员的一组对象的集合,它为属于该类的全部对象提供了抽象的描述,类实际上就是一种数据类型;从使用者角度看,类是对象之上的抽象,对象则是类的具体化,是类的实例。图 6-2 是关于球图例,描述了球的基本样式,也就是定义了球的"类",各种类别的球都按照这个标准来进行制作。通过对材质、大小、纹理等参数的修改可以制造出多种不同运动使用的球,图 6-2 中展示了 4 个实例对象:篮球、足球、排球和网球,它们都符合球的基本属性,但属性的值是有差异的,例如不同的颜色、不同的大小,这些差异被用于区分和识别特定的实体对象。

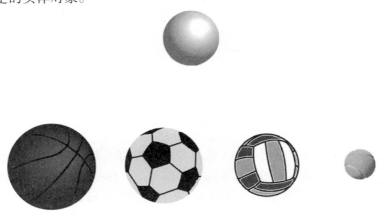

图 6-2　类与对象的关系

6.1.2 面向对象思想在程序设计中的体现

面向对象程序设计的基本原理是,按照问题域的基本事物实现自然分割,按照人们通常的思维方式建立问题域的模型,设计可以直接表现问题求解方法的软件系统。

面向对象开发范式大致为:划分对象→抽象类→将类组织成层次化结构(继承和合成)→用类与实例进行设计和实现上述几个阶段。

面向对象思想在程序设计中的具体体现:

(1)面向对象方法用对象分解取代了结构化方法的功能分解。程序是由代码创建的类与对象的集合,并且简单对象的组合可以构建复杂对象。在编程中,对象可以理解为编程的基本单元。

(2)每个对象都分属各自的类,基于类可以创建对象。基于约定的数据集合与方法集合来定义对象的类。数据代表对象的静态属性,用以描述对象的状态;方法代表对象的动态属性,用以描述对象的行为。

(3)父类(基类)可以派生出子类(派生类),下层类(子类)可以继承上层类(父类)的数据与方法,并可以进行重新定义,实现了一种既继承又发展的机制。继成表达了类与类之间的关系,在减少重复定义的基础上,使系统结构清晰、易于理解与维护。图 6-3 展示了类的继承。

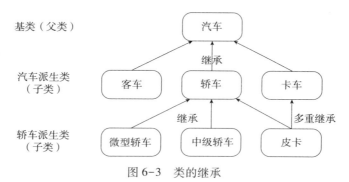

图 6-3　类的继承

(4)对象之间通过消息传递建立相互作用与联系,消息是对象之间进行通信的纽带。当一个对象将消息发送给另一个对象时,消息包含接收方应执行某种操作的信息。发送一条消息至少要包括:接收消息的对象名、发送给该对象的消息名和对参数的说明。参数可以是认识该消息的对象所知道的变量名,或者是所有对象都知道的全局变量名。消息机制实现了问题模型中的数据流和控制流的统一。

6.1.3 面向对象基本特征

1.封装

封装(encapsulation),简单来说就是将代码及其处理的数据绑定在一起,形成一个独立单位,对外实现完整功能,并尽可能隐藏对象的内部细节。具体来说就是将事物抽象为类,露出对外接口,将实现方式和内部数据进行隐藏。其私有的数据被封装在该对象类的定义中,不对外界开放,封装可以将对象的定义和对象的实现分开,对象功能修改或对象实现的修改所带来的影响都限于对象内部,保证了面向对象软件的可构造性和易维护性。

2.继承

继承(inheritance)也称作派生,指的是特殊类的对象自动拥有一般类的全部数据成员与函数成员(构造函数和析构函数除外)。

继承是指这样一种能力:它可以使用现有类的所有功能,并在无须重新编写原来的类的情况下对这些功能进行扩展。通过继承创建的新类称为子类或派生类。被继承的类称为基类、父类或超类。继承的过程,就是从一般到特殊的过程。要实现继承,可以通过继承和组合来实现。在某些面向对象程序设计(object oriented programming,OOP)语言中,一个子类可以继承多个基类。

3.多态

多态性(polymorphism)是指一般类中定义的属性或行为,被特殊类继承之后,可以具有不同的数据类型或表现出不同的行为。

多态性允许将父对象设置成和他的一个或更多的子对象相等,赋值之后,父对象就可以根据当前赋给它的子对象的特性以不同的方式运作。简单地说,即允许将子类类型的指针赋值给父类类型的指针。实现多态有两种方式:覆盖和重载。

综上所述,面向对象基本特征如图 6-4 所示。

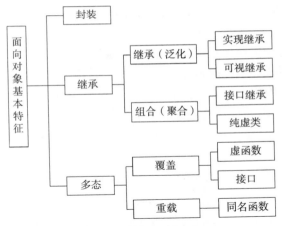

图 6-4　面向对象基本特征

6.1.4　面向过程与面向对象的差异

先举一个例子:如何将大象装进冰箱?

为了解决这个问题,可以采用两种方案,一种是面向过程方案,另一种是面向对象方案。

面向过程:

第一个过程:冰箱门打开(关着门的冰箱),返回值是打开门的冰箱。

第二个过程:把大象装进去(打开门的冰箱),返回值是打开着门的、装着大象的冰箱。

第三个过程:冰箱门关上(打开着门的、装着大象的冰箱),返回值是关着门的、装着大象的冰箱。

面向对象:

第一个动作:冰箱.开门( )。

第二个动作:冰箱.装进(大象)。

第三个动作:冰箱.关门( )。

在这个例子中可以清晰地看到面向过程,即结构化方法与面向对象方法的差异。面向对象方法完全符合我们日常考虑问题的方式。而在结构化方法中,功能与数据是分类的,与现实世界运行的方式不一样,与人的自然思维方式不一样,使得在现实世界的认知与编程之间存在一道很深的鸿沟。在这个例子中可以看到,结构化方法中模块间的控制需要通过上下文之间的紧密调用来进行,造成信息传递路径过长,特别当系统关系复杂时导致程序效率低下,易受干扰,易出错。

面向过程方法求解问题的思想是,将应用程序看成实现某些特定任务的功能模块,其中具体操作的底层功能模块又可以进一步定义为子过程。在复杂的应用系统开发中,面向过程方法逐步暴露出了一些问题,因此面向对象方法应运而生。

1.审视问题域的视角不同

现实世界中存在的对象是问题域中的主角,是人类观察问题和解决问题的主要视角,对象的属性反应对象在某一时刻的状态,对象的行为反映对象能进行的操作,对象可以通过一系列的操作对其外部发生的事件做出响应,从而设置、改变和获取对象的状态。任何问题域,不论其有多复杂,都由一系列的对象组成,系统内部对象之间相互作用、相互关联、相互影响,使整个系统不断运行和发展。

面向过程方法以功能实现为基础,将依附于对象或对象之间的行为抽取出来,用一系列的过程实现来构造应用系统。通过观察可以发现,在任何系统中,对象都是相对稳定的,而行为则是相对不稳定的。结构化设计方法将审视问题的视角定位于不稳定的操作之上,并将对象的属性和行为进行剥离,用数据结构描述待处理数据的组织形式,用算法描述具体的操作过程,导致程序设计、维护和扩展困难,一个微小的变动都会影响整个系统。

2.封装

封装将对象的属性与行为绑定在一起,并用逻辑单元将所描述的属性隐藏起来,外界只能通过提供的用户接口对客体内部属性进行访问,一方面实现对象属性的保护作用,另一方面封装体内部的改变都不会对软件系统的其他部分造成影响,从而提高了软件系统的可维护性。面向过程方法中功能模块可以随意地对没有保护能力的属性数据进行操作,同时描述属性的数据与行为又被分割开来,一旦某个属性的表达方式发生了变化,则可能对其他行为产生耦合效应,进而可能对整个系统产生不可预估的影响。

3.可重用性

可重用是指使用已有软件构建新软件的技术,标志着软件产品的可复用能力,是衡量一个软件产品成功与否的重要标志。面向过程方法的每个模块只是实现特定功能的过程描述,当使用背景改变时往往就失去了自身的意义。在面向对象技术中,类的聚集、实例对类的成员函数或操作的引用、子类对父类的继承等使软件的可重用性大大提高。对象连接与嵌入(object linking and embedding),简称 OLE 技术,给出了软件组件对象的接口标准,使得任何人都可以按此标准独立开发组件或集成若干组件,使得程序开发人员可以将精力集中在系统本身。功能组件可以通过购买的方式获取。可重用性使得软件开发周期大大缩短、软件质量更优、软件开发成本更低、软件维护更容易。

6.2　类的定义和引用

6.2.1　类的定义与创建对象

1.类的定义

在 Python 中"一切皆对象"，Python 中所有的数据类似，甚至函数都是对象。当使用 Python 面向对象思想进行编程时，就需要自定义对象类型及类。类是面向对象编程最基本的结构单位，是实现对象类型机制的基础。类由属性和方法组成，类的属性可以是基本数据类型、构造数据类型、类的实例等；类的方法则是类的内部定义的、用来处理类内数据的操作。类的数据成员都是私有的，而类的方法是公有的，外界可以访问类的方法，但不能直接访问类的私有数据成员。因 Python 并不明确具有和其他面向对象语言一样的"属性"特征，所以在后面的叙述中，类中的变量、私有变量、数据、属性等概念并不做严格区分。

如前所述，类是具有共同属性和方法对象的抽象，因此定义类就是定义同类对象共有的属性和方法。定义类使用 class 关键字，其基本语法格式如下：

```
class <ClassName> ([ <parent-class1>,<parent-class2>,…]):
    [ <class_variable1>=<initial_value1>]
    [ <class_variable2>=<initial_value3>]
    …
    [ def< instance_method1>(self, parameter11, parameter12,…):
        self.class_variable1=initial_value11
        …
        self.instanc_ variable1=initial_value1_1
        …
        variable_name=value2
        …
        return expression1]

    [ def instance_method2>(self, parameter21, parameter22,…):
        …
        return expression1]
    …
```

功能说明：

①类名遵循大驼峰命名规则，以冒号"："作为类定义的开始，可以从多个父类（[<parent-class1>,<parent-class2>,…]）中继承。

②类由类的成员组成，成员包括类变量 class-variable、实例变量 self.instanc_ variable 和 instance_method 方法。类的成员都要缩进，类成员的顺序对程序没有影响，且成员之间可以互相调用。

③<class_variable>=<initial_value>，定义类变量并设定初始值，使用蛇形命名法。

④def< instance_method>(self, parameter1, parameter2,…)，定义类的实例方法，方法名建

议使用动词或动词短语,使用蛇形命名法。

⑤类的方法有三种,分别为实例方法、类方法和静态方法,上述程序中的语法格式为实例方法。

⑥类内定义的方法与类外函数定义的方法不同。在类内,self 为必备参数,且为第一参数,不可省略。self 代表对象自身,在类方法的内部访问类变量时需要用到 self 前缀,如 self.class_variable1 = initial_value11,self 是在类内部对类的表示。在外部通过对象名调用对象方法时,self 参数省略。

⑦variable_name 是定义在类方法内的局部变量。self.instanc_variable1 = initial_value1_1 为在方法内创建的实例变量,实例变量为对象私有,每个对象都会创建和保存一份。

⑧如要在方法中访问类的变量成员 class_variable,需要使用参数。self.class_variable 表示在方法内对方法外定义的类成员进行访问。self.class_variable = value 表示在方法内对方法外定义的类成员进行修改。

⑨方法执行完毕后可以通过 return 返回结果(值),方法也可以没有返回值,默认返回 None。方法可以有多个 return,return 表示立即退出方法的执行。

2.创建对象

类是创建对象的模板,对象是类创建的实例(instance),是自定义的数据结构。一个对象就是一个类的实例,一个类可实例化任意多个对象,对象拥有类的所有属性和方法。

(1)创建对象。创建对象的过程就是对已有的类进行实例化。语法格式如下:

object_name = ClassName( )

功能说明:ClassName 是一个已经定义好的类名称,其功能为创建对象实例,可赋值给一个变量,该变量即 ClassName 类的一个对象实例 object_name。类也是一种类型,因此 object_name 是 ClassName 类型的一个变量。在面向对象编程中为了与普通变量区分开,称 object_name 为对象,而不称之为变量。

(2)对象成员访问。对象访问类变量和方法的语法格式如下:

```
object_name.class_variable    #对象访问实例变量
object_name.instance_method   #对象访问实例方法
```

功能说明:对象名 object_name 和对象类变量 class_variable、对象实例方法 instance_method 之间需要用点运算符"."连接,且必须是对象名而非类名。

【例6-1】 定义一个球的类 Ball,其中包含半径属性和计算球体积的方法。代码如下所示:

```
# 定义 Ball 类
class Ball:
    PI = 3.1415926
    radius = 5
    def volume(self):
        r = self.radius
        v = 4/3 * self.PI * r ** 3
        print(f"半径{r}的球体积为{v}")
if __name__ == '__main__':
```

```
B = Ball( )
print( B.radius)
B.volume( )
```

如果将第 6、第 7 行中类变量 r 和 PI 前的"self."前缀去掉,程序将抛出 NameError 异常,如图 6-5 所示。

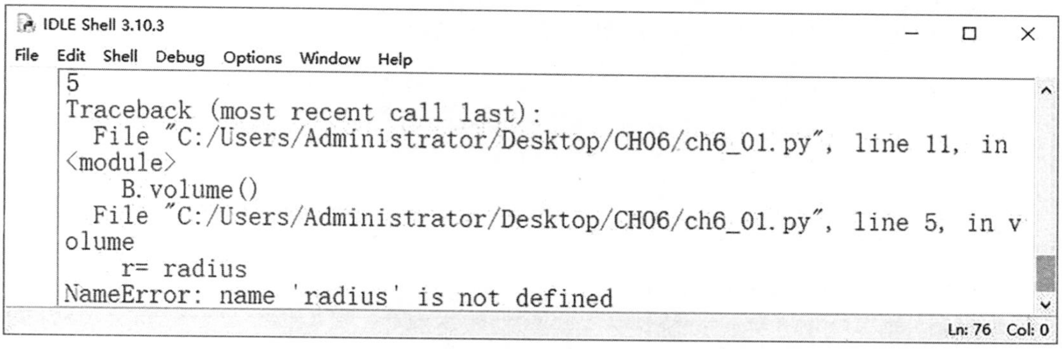

图 6-5　self 参数

【例 6-2】　定义学生类 Student。代码如下所示:

```
# 定义学生类
class Student:
    # 定义类的属性变量
    stu_id = "19221050"
    stu_name = "王一山"
    stu_gender = "男"
    stu_age = 18
    stu_major = "统计"
    stu_GPA = 0
    college = "理学院"
    # 定义类的方法
    def get_info( self):
        print(f"学院:{self.college} \t 专业:{self.stu_major} \t2021 级本科生")
        print(f"学号:{self.stu_id} \t 姓名:{self.stu_name} \t {self.stu_gender} {self.stu_age}" )
    def get_gpa( self):
        return self.stu_GPA

    def set_info( self, ID, nm, gd, ae):
        self.stu_id = ID
        self.stu_name = nm
        self.stu_gender = gd
        self.stu_age = ae
    def set_gpa( self, gp):
        self.stu_GPA = gp
```

```
if __name__ == '__main__':
    # 实例化一个对象
    stu_phy = Student()
    # 调用对象的方法
    stu_phy.get_info()
    stu_phy.set_info('19221039','李莉','女','18')
    stu_phy.set_gpa(3.9)
    stu_phy.get_info()
    print(f"绩点为:{stu_phy.get_gpa()}")
```

运行结果如图 6-6 所示。

图 6-6　创建类和对象

6.2.2　构造函数和析构函数

1.构造函数__init__

（1）构造函数定义。在创建类的对象时,需要初始化对象,即对对象的属性变量赋初值,这个工作通常交给构造函数来完成。构造函数__init__,也被称为初始化函数或构造方法。其语法格式如下:

```
def __init__(self, parameter1, parameter2,…):
    self.class_variable1 = parameter1
    self.class_variable2 = parameter2
    …
    statements
```

功能说明:

①构造函数名称的开头、结尾必须使用双下划线"__",中间没有空格。

②一个类只有一个构造函数,如程序未定义,则 Python 会创建一个默认的构造函数,内容为空。

③构造函数必须包含参数 self,且作为第一个参数。无参构造方法只需要一个 self 参数。self 代表由类产生的实例对象,通过构建有参构造函数__init__( ),就可以在实例化时通过传参对这个对象进行初始化操作。

④构造方法没有返回值,也没有返回类型。

⑤创建对象时会自动调用构造函数,但只调用这一次,外部无法调用构造函数。

（2）构造函数调用。实例化对象时,采用与创建对象相同的方法,不带任何参数,此时调用默认构造函数。

自定义的构造函数可以带参数或者不带参数。如果定义构造函数时,形式参数设置了默认值,若创建对象时不带参数,则构造函数按默认值初始化对象。如果定义构造函数时未设置参数默认值,则创建对象时必须带参数,且与定义时的参数一一匹配。此时语法结构如下:

object_name = ClassName(argument1, argument2, …)

实参可以是数据对象、变量或表达式,实参间用逗号隔开。

【例 6-3】　使用无参构造函数改写例 6-1。代码如下所示:

```python
class Ball:
    def __init__(self):
        self.PI = 3.1415926
        self.radius = 0
        self.v = 0
    def volume(self, r):
        self.radius = r
        self.v = 4/3 * self.PI * self.radius ** 3
        print(f"半径{self.radius}的球体积为{self.v}")


if __name__ == '__main__':
    B = Ball()
    print(B.radius)
    B.volume(5)
    print(B.radius)
```

运行结果如图 6-7 所示。

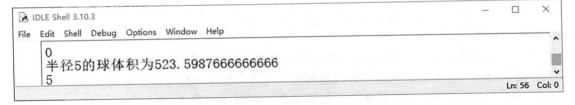

```
IDLE Shell 3.10.3                                    —    □    ×
File  Edit  Shell  Debug  Options  Window  Help
    0
    半径5的球体积为523.5987666666666
    5
                                              Ln: 56  Col: 0
```

图 6-7　不带参数的构造函数

【例 6-4】　使用构造函数改写例 6-2。代码如下所示:

```python
# 定义学生类
class Student:
    # 定义有参构造函数
    def __init__(self, ID="19221050", nm="王一山", gd="男", ae=18):
        self.stu_id = ID
        self.stu_name = nm
        self.stu_gender = gd
        self.stu_age = ae
        self.stu_major = "统计"
```

```
            self.stu_GPA = 0
            self.college = "理学院"

        # 定义类的方法
        def get_info(self):
            print(f"学院:{self.college} \t 专业:{self.stu_major} \t2021 级本科生")
            print(f"学号:{self.stu_id} \t 姓名:{self.stu_name} \t {self.stu_gender}
                {self.stu_age}")

        def get_gpa(self):
            return self.stu_GPA
        def set_gpa(self, gp):
            self.stu_GPA = gp


if __name__ == '__main__':
    # 用默认值实例化一个对象
    stu_phy = Student()
    # 调用对象的方法
    stu_phy.get_info()
    # 用参数实例化一个对象
    stu_phy1 = Student('19221039', '李莉', '女', '18')
    stu_phy1.set_gpa(3.9)
    stu_phy1.get_info()
    print(f"绩点为:{stu_phy.get_gpa()}")
```

上述代码运行结果如图 6-6 所示。通过构造方法可以方便地确定对象中变量的初值，而无须调用一个例 6-2 中特别设计的 set_info( )方法进行值的修改。

2.析构函数

当对象实例终止时，系统将释放其所占用的资源。此时需要用到析构函数 __del__。析构函数与构造函数的作用正好相反。析构函数用来释放对象占用的系统资源，在 Python 垃圾回收机制回收对象占用空间前自动执行。如果函数没有析构函数，Python 也一样会提供一个默认析构函数进行清理。因为 Python 的垃圾回收机制足够好，而析构函数的调用时间并不明确，一般情况下并不需要析构函数，应交由 Python 解释器按默认方式处理。

6.2.3 类变量和实例变量

1.类变量

类变量为独立于类方法定义之外定义的类的变量成员。所有实例对象可以共享类变量。在例 6-1 中的 radius 就是类变量。在类的外部调用类变量，语法格式如下：

ClassName. class_variable

其中，ClassName 是类名，class_variable 是类中定义的类变量名。如果类变量存在，在类变量被修改后，所有创建的对象内部对应的变量值都将和修改后的一致。如果类变量不存在，则

将为该对象添加新的类变量,后面的代码都可以引用新增的类变量。类变量还可以通过另一种语法格式调用:

object_name. class_variable

其中,object_name 为创建的对象名称,但此时只能改变对象内部类变量的值,而不能修改所对应类的内部的类变量值。此方法不推荐使用,类变量一般不作为实例变量使用。

例如,先运行例 6-1 中的代码,然后在交互环境中输入如下代码:

```
        5
        半径 5 的球体积为 523.5987666666666
>>>Ball.radius = 10
>>>Ball.color = ' Blue '
>>>B1 = Ball( )
>>>print( B1.radius )
        10
>>>print( B1.color )
        Blue
>>>print( B1.volume( ) )
        半径 10 的球体积为 4188.790133333333
        None
>>>B1.color = ' Red '
>>>print( B1.color )
        Red
>>>print( Ball.color )
        Blue
```

2.实例变量

实例变量是指在方法内部以 self.instance_ variable 方式定义的变量,该定义方法无法在类方法中使用。与类变量为所有实例对象共享相反,实例变量为实例对象单独拥有,其值独立于其他对象实例和类,即使被修改也不会影响其他对象和类的同名实例变量。当对象被回收后,这些实例变量也将不复存在。

实例变量的访问有两种方式:

①在类外通过对象名访问:object_name. instance_ variable。

②在类内通过 self 访问:self.instance_ variable。

具体使用方式参考例 6-3。

6.2.4 　类的方法

1.实例方法、类方法和静态方法

在 Python 中,类的方法有三种:实例方法、类方法和静态方法。

(1)实例方法。在定义实例方法时,形参列表的第一个参数必须为 self。在方法内部通过“self.类变量”和“self.实例变量”方式访问类的成员变量。实例方法需要通过实例对象进行调用,类不能调用。调用实例方法时,调用实例方法的对象将被赋值给 self 参数,且无须显式添加 self 参数。构造函数属于特殊的实例方法。

（2）类方法。在定义类方法时，使用@ classmethod 进行修饰，且形参列表的第一个参数必须为 cls。语法格式如下：

```
class <ClassName> ([<parent-class1>,[<parent-class2>,…]]):
    [<class_variable>=<initial_value>]
    @classmethod
    [def< class_method>(cls, parameter1, parameter2,…):
        …
        variable_name=cls. class_variable
        …
        return expression1]
    classmember
```

功能说明：

①cls 名称只是 Python 程序员约定俗成的习惯，非 Python 关键字，self 也一样。因此不使用@ classmethod 进行修饰，该方法将被认定为实例方法。

②在 cls.class_variable 中，class_variable 为类变量，无法访问实例变量。

③类方法可通过类名直接调用，也可以通过对象名调用，但一般不鼓励使用后者。调用类方法时，调用类方法的类将被赋值给 cls 参数，且无须显式添加 cls 参数。

（3）静态方法。定义静态方法时，使用@ staticmethod 修饰，参数列表中为默认参数。静态方法可理解为限定在定义它的类命名空间中的函数。其语法格式如下。

```
class <ClassName> ([<parent-class1>,[<parent-class2>,…]]):
    [<class_variable>=<initial_value>]
    @staticmethod
    [def< static_method>(cls, parameter1, parameter2,…):
        statements
        …
        return expression1]
    classmember
```

功能说明：

①静态方法中无 self、cls 等特殊参数。静态方法内部定义的变量在方法外不可使用。静态方法与定义他的类无直接关系，其仅起到类似函数的作用。

②静态方法可通过类名和实例对象名调用，两种调用方法无差别。

③静态方法无法使用任何类和对象的类变量、实例变量、属性与方法。

2.在类的内部调用实例方法

在类的内部调用实例方法有两种形式：

self.class_method(argument1, argument2,…)

或者

ClassName.class_method(self, argument1, argument2,…)

【例 6-5】 通过面向对象的编程方法求解例 5-11，通过圆球最大截面积计算圆球的体积。代码如下所示：

```
class Ball :
    def __init__( self, radius = 0 ) :
        self.radius = radius
        self.PI = 3.1415926
    def cross_section( self ) :
        return self.PI * self.radius * * 2
    def surface_area( self ) :
        return self.cross_section( ) * 4
    def volume( self ) :
        return Ball.surface_area( self ) * self.radius/3


if __name__ == '__main__' :
    r = 5
    B = Ball( r )
    print( f"球半径为{r}" )
    print( f"球体积为：{B.volume( )}" )
    print( f"球表面积为：{B.surface_area( )}" )
    print( f"球最大界面积为{B.cross_section( )}" )
```

运行结果如图 6-8 所示。

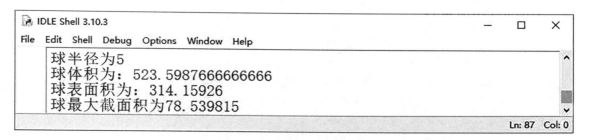

图 6-8　在类的内部调用实例方法

　　在类的内部调用实例方法,本质上和调用实例变量的方法是一样的,都是通过 self 参数指向类的内部成员,差异在于当使用类名指向实例方法时,实参列表中第一个参数必须为 self。

3.实例方法、类方法和静态方法的差异

　　一般情况下,实例方法通过且只能通过实例对象调用,类方法可通过类调用也能被实例调用,静态方法两者都可调用。三者的主要区别如下：

　　（1）实例变量属于实例对象,通过实例调用和实例方法可以修改实例变量值,修改实例变量的值不会改变类变量。

　　（2）类变量属于类,通过类和类方法可以修改类中的实例变量值。对于类方法,无论类调用还是实例调用都是类的成员,不随实例的变化而变化。

　　（3）对于与对象实例关系不大的功能,采用静态方法,这样可以在不创建对象的情况下使用。静态方法不可以访问类成员。

　　【例 6-6】　实例方法、类方法和静态方法的比较。代码如下所示：

```python
class MethodComparison:
    class_var="类变量"
    # 定义实例方法
    def instance_method(self1,x):          # self 非关键字,只是习惯
        var=self1.class_var
        self1.instance_var=x
        print(var)
        print(self1.instance_var)

    # 定义类方法
    @classmethod
    def class_method(cls1,x):    # cls 非关键字,只是习惯
        cls1.class_var=x
        print(cls1.class_var)

    # 定义静态方法
    @staticmethod
    def static_method(x):
      # var=class_var          # 抛出 NameError 异常,class_var 未定义
        var=x
        print(var)


if __name__=='__main__':
    MethodComparison.class_var="类变量 1"   # 用类调用类变量
    print(f"MethodComparison.class_var={MethodComparison.class_var}")
    MethodComparison.class_method('类方法 1')
    # MethodComparison.instance_method('实例方法')        # 类无法访问实例方法
    MethodComparison.static_method('静态方法 1')

    mc=MethodComparison()       # 创建对象实例
    mc.class_var="类变量 2"       # 用类调用类变量
    print(f"mc.class_var={mc.class_var}")        # 对象中的类变量可以改变
    print(f"MethodComparison.class_var={MethodComparison.class_var}")        # 类中的类变量并未改变
    mc.class_method('类方法 2')
    mc.instance_method('实例方法 1')
    mc.static_method('静态方法 2')
```

运行结果如图 6-9 所示。

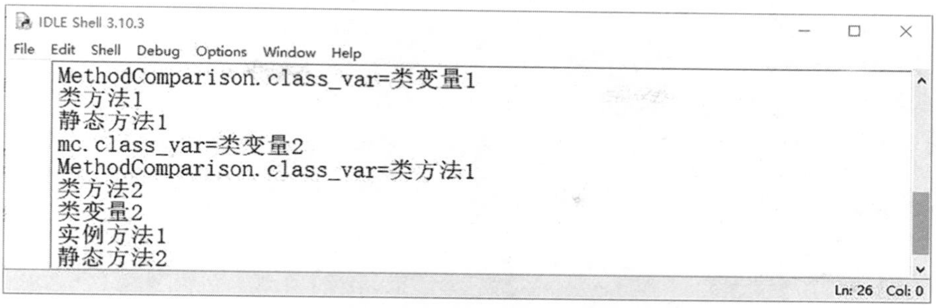

图 6-9　实例方法、类方法和静态方法的差异

6.3　类的封装

封装被称为面向对象编程第一原则,封装对类内的每个成员都指定了外部代码的可访问性。这种明确的区分可以确保封装内的代码的修改,对外部不会产生任何影响。封装将类结构实现的细节隐藏起来,外部通过公共方法进行访问。Python 封装方法有两种:私有成员封装和 @ property 装饰器封装。

1.私有成员封装

通过对象名或类名调用类变量通常是不安全的,这类做法破坏了封装的原则。通常类的属性变量及部分方法应该隐藏起来,仅供类内部或者通过类提供的方法进行间接访问。

Python 缺乏其他面向对象语言所拥有的 Private 修饰符,所以无法保障真正意义上的封装。为避免外界的恶意赋值,通常在需要隐藏的类成员名前用双下划线"__"进行标注起到警示作用。这作为 Python 行业内的建议而被遵守,程序员看到双下划线开头的成员名时,就会避免在外部访问它们。同时 Python 也允许定义可供外部调用的公有方法来专门设置或获取这些隐藏的变量的值。Python 规定以单下划线为前缀的属性为私有属性,不建议修改私有属性。

【例 6-7】　使用封装技术改写例 6-4 的代码。代码如下所示:

```python
# 定义学生类
class Student:
    # 定义有参构造函数
    def __init__(self, ID = "19221050", nm = "王一山", gd = "男", ae = 18):
        self.__stu_id = ID
        self.__stu_name = nm
        self.__stu_gender = gd
        self.__stu_age = ae
        self.__stu_major = "统计"
        self.__stu_GPA = 0
        self.__college = "理学院"

    # 设置私有变量访问方法
    def get_id(self):
        return self.__stu_id
    def set_id(self, ID):
```

```
            self.__stu_id = ID
        def get_name(self):
            return self.__stu_name
        def set_name(self,name):
            self.__stu_name = name
        def get_gender(self):
            return self.__stu_gender
        def set_gender(self,gd):
            self.__stu_gender = gd
        def get_age(self):
            return self.__stu_age
        def set_age(self,ae):
            self.__stu_age = ae
        def get_gpa(self):
            return self.__stu_GPA
        def set_gpa(self,gpa):
            self.__stu_GPA = gpa

        def __test_gpa(self):    # 私有方法
            if self.__stu_GPA >= 3.5:
                return True
            else:
                return False
        def get_info(self):
            if self.__test_gpa():    # 调用私有方法
                print(f"成绩优秀,GPA:{self.__stu_GPA}")
            else:
                print(f"继续努力,GPA:{self.__stu_GPA}")
            print(f"学院:{self.__college}\t 专业:{self.__stu_major}\t2021 级本科生")


if __name__ == '__main__':
    # 用默认值实例化一个对象
    stu_phy = Student()
    stu_phy.set_gpa(3.6)       # 通过方法设置私有变量
    stu_phy.get_info()
    print(f"学号:{stu_phy.get_id()},姓名:{stu_phy.get_name()},性别:{stu_phy.
    get_gender()},年龄:{stu_phy.get_age()}")
```

运行结果如图 6-10 所示。

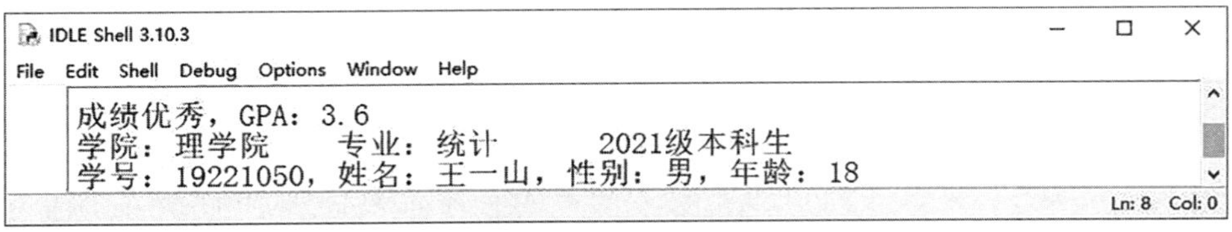

图 6-10   私有成员

2. @ property 装饰器封装

通过特定的方法修改私有变量,比较烦琐。Python 提供了 property( )函数与@ property 装饰器,可以在不破坏封装的前提下使用"对象名.属性名"的方式访问私有属性。

在 6.1 节中提到类的成员有属性和方法,属性可以被赋值和读取。将属性定义为私有的可以进行读和写的字段,更能体现类的封装性。Python 严格意义上没有和其他面向对象语言如 C++一样的属性,而是构造一种属性方法,并称这种属性方法为属性。其实质是实例方法的变种,在调用该方法时,不用加小括号,访问方法时造成类似直接访问属性的假象,从而将实例方法变成"静态属性"。这样就实现了类似其他面向对象语言"对象名.属性名"的方式,实质是隐藏了访问私有变量的方法。

(1)@ property 装饰器定义属性。在定义方法时可以通过@ property 装饰器把一个实例方法变成和其同名的属性,以支持"对象名.属性名"访问方式。即使用@ property 关键字定义获取设置方法时,需要与属性名一致,基于方法名访问,无须添加括号。@ property 定义属性的语法格式如下:

```
@property                    # 定义只读属性,get 属性
def property_name( self):
    statements
@property_name.setter        # 定义修改属性,set 属性
def property_name( self):
    statements
@property_name.deleter       # 定义删除属性,delet 属性
def property_name( self):
    statements
```

【例 6-8】　使用@ property 装饰器定义例 6-7 中的私有变量为属性。代码如下所示:

```
# 定义学生类
class Student:
    # 定义有参构造函数
    def __init__( self,ID = "19221050",nm = "王一山",gd = "男",ae = 18):
        self.__stu_id = ID
        self.__stu_name = nm
        self.__stu_gender = gd
        self.__stu_age = ae
        self.__stu_major = "统计"
        self.__stu_GPA = 0
        self.__college = "理学院"
    # 使用@ property 装饰器定义属性
    # 定义学号属性
    @ property
    def stu_id( self):
        return self.__stu_id
    @ stu_id.setter
```

```python
    def stu_id(self,ID):
        self.__stu_id = ID
    @ stu_id.deleter
    def stu_id(self):
        self.__stu_id = None
    # 定义姓名属性
    @ property
    def stu_name(self):
        return self.__stu_name
    @ stu_name.setter
    def stu_name(self,nm):
        self.__stu_name = nm
    @ stu_name.deleter
    def stu_name(self):
        self.__stu_name = None
    # 定义性别属性
    @ property
    def stu_gender(self):
        return self.__stu_gender
    @ stu_gender.setter
    def stu_gender(self,gd):
        self.__stu_gender = gd
    @ stu_gender.deleter
    def stu_gender(self):
        self.__stu_gender = None
    # 定义年龄属性
    @ property
    def stu_age(self):
        return self.__stu_age
    @ stu_age.setter
    def stu_age(self,ae):
        self.__stu_age = ae
    @ stu_age.deleter
    def stu_age(self):
        self.__stu_age = None
    # 定义 GPA 属性
    @ property
    def stu_GPA(self):
        return self.__stu_GPA
    @ stu_GPA.setter
    def stu_GPA(self,gpa):
        self.__stu_GPA = gpa
    @ stu_GPA.deleter
```

```python
    def stu_GPA(self):
        self.__stu_GPA = None


    def __test_gpa(self):  # 私有方法
        if self.__stu_GPA >= 3.5:
            return True
        else:
            return False
    def get_info(self):
        if self.__test_gpa():  # 调用私有方法
            print(f"成绩优秀,GPA:{self.__stu_GPA}")
        else:
            print(f"继续努力,GPA:{self.__stu_GPA}")
        print(f"学院:{self.__college}\t专业:{self.__stu_major}\t2021 级本科生")


if __name__ == '__main__':
    # 用默认值实例化一个对象
    stu_phy = Student()
    # 设置属性的值
    stu_phy.stu_GPA = 3.4
    stu_phy.stu_id = '19221039'
    stu_phy.stu_name = '李莉'
    stu_phy.stu_gender = '女'
    stu_phy.stu_age = 18
    stu_phy.get_info()
    print(f"学号:{stu_phy.stu_id},姓名:{stu_phy.stu_name},性别:{stu_phy.stu_gender},
        年龄:{stu_phy.stu_age}")
```

运行结果如图 6-11 所示。

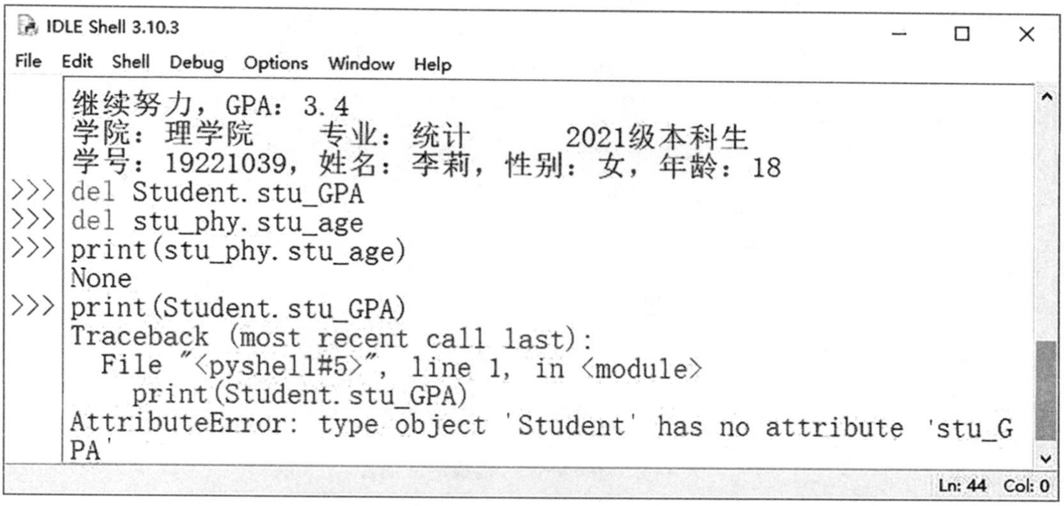

```
IDLE Shell 3.10.3                                     —    □    ×
File  Edit  Shell  Debug  Options  Window  Help

    继续努力，GPA：3.4
    学院：理学院      专业：统计        2021级本科生
    学号：19221039，姓名：李莉，性别：女，年龄：18
>>> del Student.stu_GPA
>>> del stu_phy.stu_age
>>> print(stu_phy.stu_age)
    None
>>> print(Student.stu_GPA)
    Traceback (most recent call last):
      File "<pyshell#5>", line 1, in <module>
        print(Student.stu_GPA)
    AttributeError: type object 'Student' has no attribute 'stu_G
    PA'
                                                      Ln: 44  Col: 0
```

图 6-11　@ property 装饰器定义属性

若对象的属性被删除,则显示 None。当类的属性被删除时,会抛出 AttributeError 异常。

3.property( ) 函数定义属性

使用 property( ) 函数定义属性,语法格式如下:

property_name＝property(<get_name> [,<set_name> [,<del_name> [,< descriptor '>]]])

功能说明:

① property_name 为 property( ) 函数定义的属性名称。

② get_name、set_name 和 del_name 分别为获取属性、设置属性和删除属性的方法名。

③' descriptor '为属性描述信息。

【例6-9】 对例6-8使用 property( ) 函数进行改造,仅保留学生 ID。代码如下所示:

```
# 定义学生类
class Student:
    # 定义有参构造函数
    def __init__(self, ID = "19221050"):
        self._stu_id = ID       # 定义私有属性成员时推荐用单下划线作为前缀

    # 使用 property( ) 函数定义学号属性
    def get_id(self):
        return self._stu_id
    def set_id(self, ID):
        self._stu_id = ID
    def del_id(self):
        self._stu_id = None
    stu_id = property(get_id, set_id, del_id)


if __name__ == '__main__':
    # 用默认值实例化一个对象
    stu_phy = Student()
    print(stu_phy.stu_id)
    stu_phy.stu_id = ' 19221039 '
    print(stu_phy.stu_id)
    del stu_phy.stu_id
    print(stu_phy.stu_id)
```

运行结果如图6-12所示。

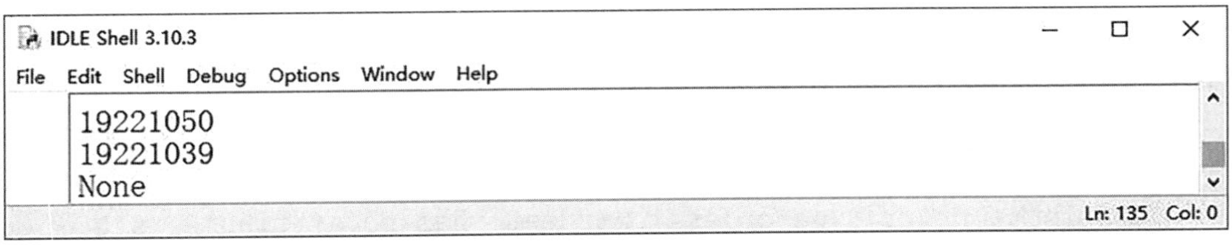

图6-12 property( ) 函数定义属性

6.4　类的继承

对象和对象之间存在关联,类和类之间也非相互孤立。分析类和类之间的关系,可以发现类之间存在层次关系。如图 6-13 所示为狗在欧洲与印度地区的进化路线,体现了清晰的层次关系。层次递进说明了进化的过程,进化的过程体现了一般到特殊的类间关系,这种关系是通过继承来实现的。新品种的狗继承了旧品种的部分特征与行为,同时又具备了新的特征与行为。

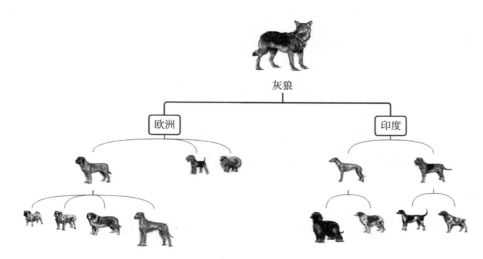

图 6-13　狗在欧洲与印度的进化

为了能体现自然界演化过程中的这种关系,面向对象思想提出了基于继承的类定义方式。从已有的旧类中派生出新类,新类拥有旧类部分或全部的属性和方法,这个过程称为继承,被继承的旧类称为父类或超类,继承产生的新类称为子类。

6.4.1　继承

父类派生出子类,子类具有父类的一切属性,包括静态属性与动态属性,同时子类既可以添加新的属性,又可以改写父类的属性。继承实现了代码的重用,子类无须再重复定义从父类继承来的属性。子类继承父类的语法格式如下:

class <SubClassName> ([<parent-class1>,<parent-class2>,…]):
 [<class_variable1>=<initial_value1>]
 [def __init__(self,parameter1, parameter2,…):
  statement]
 [def< instance_method1>(self, parameter11, parameter12,…):
  statement]
 [classmembers]

功能说明:

① SubClassName 为继承父类([<parent-class1>,<parent-class2>,…])的子类名,Python

的继承为多继承,即一个子类可以拥有多个父类,父类之间用逗号隔开。

②如果未指定父类,Python 将默认指定继承 object 类,object 类为所有类的根类。

③除了父类的私有属性和方法,子类可以继承父类所有的公共属性和方法,可以在子类中通过父类名调用这些属性和方法。

④如果子类不重写构造函数,实例化对象时将自动调用父类的构造函数。

⑤子类中可以添加父类中没有的属性和方法,这称为派生属性和方法。当调用子类对象实例方法时,若有则直接调用,若没有则到父类中找,直至 object 类,若还没有则抛出异常。

【例 6-10】 创建 Person 类,然后通过继承创建 Student 类。代码如下所示:

```python
# 定义父类 Person
class Person:

    def __init__(self, nm="王一山", gd="男", ae=18):
        self.name = nm    # 不能定义为私有属性,否则无法继承
        self.gender = gd
        self.age = ae
    def get_info(self):    # 定义公有实例方法
        print(f"姓名:{self.name},性别:{self.gender},年龄:{self.age}")


# 定义子类 Student
class Student(Person):
    pass


if __name__ == '__main__':
    # 用默认值实例化一个对象
    per1 = Person()
    per1.get_info()
    per2 = Student()
    per2.name = '李莉'
    per2.gender = '女'
    per2.age = 18
    per2.get_info()
```

运行结果如图 6-14 所示。

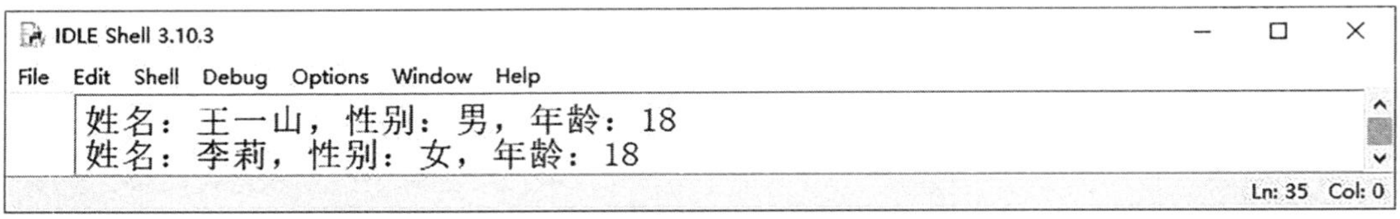

图 6-14 继承

6.4.2 方法重写

除了继承父类方法外,子类往往需要获得更加强大的性能,因此在子类中会对父类的方法

进行重写。重写的范围涉及形参、方法体、返回值等。

子类在重写父类方法时,一般会对父类的形参进行修改,如增加、删除和修改等,对形参数目与顺序没有要求。在实例化对象时将直接调用子类的方法,如未重写则依旧调用父类的方法。另外,子类可以通过显式方法调用父类的方法,语法格式如下:

父类名.父类方法名(self,形参列表)

或

Super( ).父类方法名(形参列表)

第二种是 Python3 的调用方式,其优点在于不会因为父类名称的变动引起子类代码的修改。

【例 6-11】 对例 6-10 中子类的方法进行重写,增加相应的成员和功能。

```python
# 定义父类 Person
class Person:
    def __init__(self,nm="王一山",gd="男",ae=18):
        self.name=nm        # 不能定义为私有属性,否则无法继承
        self.gender=gd
        self.age=ae
    def get_info(self):     # 定义公有实例方法
        print(f"姓名:{self.name},性别:{self.gender},年龄:{self.age}")


# 定义子类 Student
class Student(Person):
    # 构造函数重写
    def __init__(self,ID="19221050",nm="王一山",gd="男",ae=18,gpa=2.0):
        super().__init__(nm,gd,ae)   # 调用父类构造函数
        self.id=ID
        self.GPA=gpa
    def get_info(self):             # 父类方法重写
        super().get_info()          # 调用父类同名方法
        print(f"ID:{self.id},GPA:{self.GPA}")


if __name__=='__main__':
    # 用默认值实例化一个对象
    per1=Person()
    per1.get_info()
    print()
    per2=Student()
    per2.name='李莉'
    per2.gender='女'
    per2.age=18
    per2.get_info()
```

运行结果如图 6-15 所示。

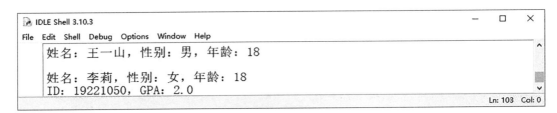

图 6-15　方法重写

6.4.3　多继承

1.多继承

多继承可以看作单继承的扩展。所谓多继承是指子类(派生类)具有多个父类(基类),子类与每个父类之间的关系仍可看作一个单继承。Python 中子类可以继承多个父类,子类中如没有定义构造函数,一般自动调用第一个父类中的构造函数。若多个父类中有同名方法,子类实例化对象将调用第一个父类中的方法。

【例 6-12】　根据图 6-16 所示的关系,构建多继承,分析属性和方法的搜索路径。代码如下所示:

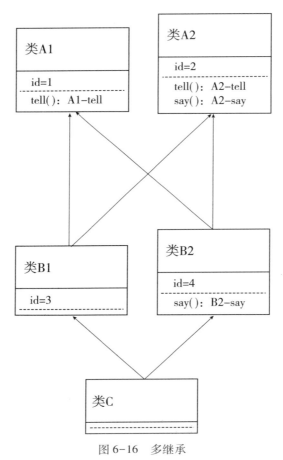

图 6-16　多继承

```python
class A1():
    id = 1
    def tell(self):
        print('A1-tell')

class A2():
    id = 2
    def tell(self):
        print('A2-tell')
    def say(self):
        print('A2-say')

class B1(A1,A2):
    id = 3

class B2(A1,A2):
    id = 4
    def say(self):
        print('B2-say')

class C(B1,B2):
    pass

if __name__ == '__main__':
    print(C.__mro__)    # __mro__属性可显示查找顺序
    obj = C()
    obj.tell()
    obj.say()
    print(f"id:{obj.id}")
```

运行结果如图 6-17 所示。

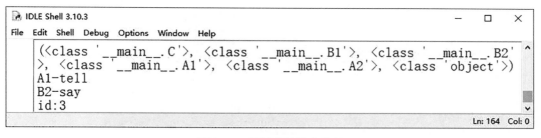

图 6-17　继承中的搜索路径

2.继承关系判定

对 Python 而言,定义一个类相当于定义了一个数据类型。类与 Python 自带数据类型没有本质的不同。Python 提供了两个判断继承的函数:

(1)isinstance(object,class)。

功能说明:用于判断一个对象是否为已知类型。object 为实例对象,class 为直接类或间接类类名、基本类型或它们组成的元组,若符合则返回 True,若不符合则返回 False。

(2)issubclass(subclass,superclass)。

功能说明:用于判断类型 subclass 是否为 superclass 的子类,若符合则返回 True,若不符合则返回 False。

例如:

```
>>>type(obj)
    <class '__main__.C'>
>>>isinstance(obj,C)
    True
>>>isinstance(obj,B1)
    True
>>>issubclass(C,B1)
    True
>>>issubclass(C,A1)
    True
```

6.4.4　多态和运算符重载

1.多态

在强类型语言如 Java 中,多态是指允许父类型的变量引用子类型的对象,根据子类对象特征的不同,得到不同的运行结果,即父类型调用子类方法。

在 Python 中,多态指在不考虑对象类型的情况下使用对象,相应的处理会根据对象的不同而展现不同的处理方式。Python 中的多态,依赖于继承,是继承的进一步扩展,通过在继承中对同名方法的重写来实现。

【例 6-13】　创建父类:Animal 类和 shout 方法,创建对应的子类 Cat 和 Sheep,重写 shout 方法,实现 shout 方法的多态。代码如下所示:

```
class A1():
    id=1
    def tell(self):
        print('A1-tell')

class A2():
    id=2
    def tell(self):
        print('A2-tell')
    def say(self):
        print('A2-say')

class B1(A1,A2):
    id=3
```

```
class B2(A1,A2):
    id = 4
    def say(self):
        print('B2-say')


class C(B1,B2):
    pass


if __name__ == '__main__':
    print(C.__mro__)    # __mro__属性可显示查找顺序
    obj = C()
    obj.tell()
    obj.say()
    print(f"id:{obj.id}")
```

运行结果如图 6-18 所示。

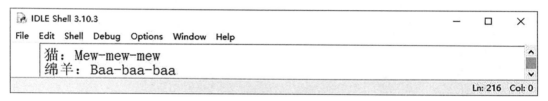

图 6-18　多态

2.运算符重载

运算符重载是对已有的运算符进行重新定义,赋予其另一种功能,以适应不同的数据类型。使得用户定义的对象能够使用二元运算符(如 +、−、*、∕　)或一元运算符(如 − 和 ~)进行运算。某些运算符,如 is、and、or 和 not 等,不能重载。

【例 6-14】　创建一个平面矢量的类,重载"+、−、*",实现矢量加法。代码如下所示:

```
class Vector():
    def __init__(self, x,y):
        self.x = x
        self.y = y
    # 重载加法运算符
    def __add__(self,obj):
        p = []
        p.append(self.x+obj.x)
        p.append(self.y+obj.y)
        return p
    # 重载减法运算符
    def __sub__(self,obj):
        p = []
        p.append(self.x-obj.x)
```

```
            p.append(self.y-obj.y)
            return p
        # 重载乘法运算符
        def __mul__(self,obj):
            p=[]
            p.append(self.x * obj.x)
            p.append(self.y * obj.y)
            return p

if __name__ =='__main__':
    a=Vector(3,9)
    b=Vector(4,7)
    print(f"a=[{a.x},{a.y}]")
    print(f"b=[{b.x},{b.y}]")
    print(f"a+b={a + b}")
    print(f"a-b={a - b}")
    print(f"a * b={a * b}")
```

运行结果如图 6-19 所示。

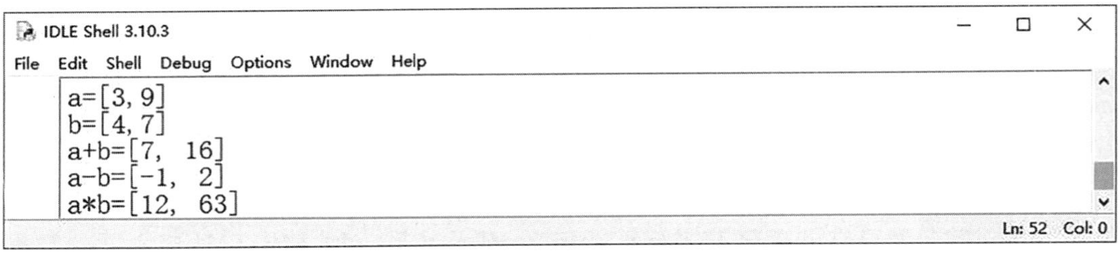

图 6-19 运算符重载

本章习题

一、简答题

1.什么是对象？对象由哪两部分组成？

2.对象的特征是什么？

3.面向对象和面向过程的差异是什么？

4.什么是继承？什么是多继承？

5.阐述类方法、实例方法和静态方法的异同。

6.什么是构造函数和析构函数？

7.简述类变量和实例变量的异同。

8.如何定义类属性？

9.什么是多态？如何实现多态？

10.阐述运算符重载的作用与意义。

二、编程题

1.定义名为 MyDate 的类,其中应有6个实例变量:年 year、月 month、日 day、时 hour、分 minute 和秒 second。设计构造函数,实现对象初始化。将这6个实例变量通过@ property 定义为属性。允许通过属性进行时间和日期设置。

2.创建一个"面条"类,其中有3个属性:浇头(无浇头、青菜肉丝、大排)、重量和汤(清汤和红汤)。设计构造函数初始化3个属性。设计一个实例方法,可以计算出相应的价格。

3.定义一个"猫科"类为父类,创建3个子类,分别为"老虎、豹子和猫",共有属性为身高、体重,共有行为为"吃",私有行为分别对应"吼叫""奔跑"和"爬树"。对"吃"行为进行方法重写,分别对应"吃牛""吃羚羊"和"吃老鼠"。

4.编程实现多态,分别计算立方体、三棱锥、球的体积。

5.编程实现运算符重载,可以对不同质量、不同材质(单价)的材料价格进行加法运算。

参考文献

陈杰华,2018.Python 程序设计:计算思维角度[M].北京:清华大学出版社.

李莹,2018.Python 程序设计与实践:用计算思维解决问题[M].北京:清华大学出版社.

沙行勉,2018.编程导论:以 Python 为舟[M].北京:人民邮电出版社.

嵩天,2019.全国计算机等级考试二级教程:Python 语言程序设计[M].北京:高等教育出版社.

唐培和,徐奕奕,2015.计算思维:计算学科导论[M].北京:人民邮电出版社.

JOHN V. GUTTAG,2018.Python 编程导论[M].陈光欣,译.北京:人民邮电出版社.

MARIA LITVIN,2020.计算思维与 Python 编程[M].王海鹏,译.北京:人民邮电出版社.

PAUL GRIES,JENNIFER CAMPBELL,JASON MONTOJO ,2018.Python 3.6 编程实践指南:计算机科学入门[M].乔海燕等,译.北京:机械工业出版社.

WILLIAM F. PUNCH RICHARD ENBODY,2012.Python 入门经典:要解决计算思维为导向的 Python 编程实践[M].张敏,译.北京:机械工业出版社.

图书在版编目（CIP）数据

Python 语言程序设计 / 谢元澄，沈毅主编 . —北京：
中国农业出版社，2022.7（2024.1 重印）
普通高等教育农业农村部"十三五"规划教材
ISBN 978-7-109-29659-6

Ⅰ.①P… Ⅱ.①谢… ②沈… Ⅲ.①软件工具-程序
设计-高等学校-教材 Ⅳ.①TP311.561

中国版本图书馆 CIP 数据核字（2022）第 117808 号

中国农业出版社出版

地址：北京市朝阳区麦子店街 18 号楼
邮编：100125
责任编辑：李 晓
版式设计：杜 然 责任校对：刘丽香
印刷：中农印务有限公司
版次：2022 年 7 月第 1 版
印次：2024 年 1 月北京第 3 次印刷
发行：新华书店北京发行所
开本：787mm×1092mm 1/16
印张：16.25
字数：390 千字
定价：36.80 元
